浙江省哲学社会科学规划重大课题（24NDJC03ZD）成果

国家社会科学基金重点项目（17AGL019）成果

RESEARCH ON GREENWASHING AND
GOVERNANCE OF CORPORATE
ENVIRONMENTAL REPORTS

企业环境报告漂绿
与治理研究

黄溶冰　著

ZHEJIANG UNIVERSITY PRESS
浙江大学出版社
·杭州·

图书在版编目（CIP）数据

企业环境报告漂绿与治理研究 /黄溶冰著. -- 杭州 ：
浙江大学出版社，2025. 5. -- ISBN 978-7-308-26203-3

Ⅰ. X322

中国国家版本馆 CIP 数据核字第 202508KL27 号

企业环境报告漂绿与治理研究

黄溶冰　著

责任编辑	杨　茜	
责任校对	曲　静	
封面设计	周　灵	
出版发行	浙江大学出版社	
	（杭州市天目山路 148 号　邮政编码 310007）	
	（网址：http://www.zjupress.com）	
排　　版	杭州星云光电图文制作有限公司	
印　　刷	小麦(杭州)印刷科技有限公司	
开　　本	710mm×1000mm　1/16	
印　　张	20	
字　　数	317 千	
版 印 次	2025 年 5 月第 1 版　2025 年 5 月第 1 次印刷	
书　　号	ISBN 978-7-308-26203-3	
定　　价	88.00 元	

前　言

推动绿色发展、建设生态文明、实现"碳达峰碳中和"，已经上升为国家战略。随着党中央、国务院对环保工作的高度重视，环境规制力度不断增强，公众环保意识不断提高，要求企业披露 ESG（environmental，social and governance，环境、社会责任和治理）报告的呼声也越来越高。在崇尚绿色的时代，拥有绿色、环保的形象能为企业带来诸多便利，因此许多企业纷纷在对外披露的环境报告或 ESG 报告中宣传自己的绿色环保形象。不可否认，一些企业确实在生产经营活动中践行了其承诺，达到了其所宣称的绿色环保标准；但仍有不少企业是通过蓄意粉饰等行为给自己披上绿色环保的外衣，实际上却行污染环境之事实，这是典型的漂绿行为。

漂绿给生态文明建设带来了极大危害，如何解决企业环境信息披露中的漂绿问题，实现经济与环境的协调和可持续发展，是值得深入研究的话题。本书的研究内容包括理论研究、实证研究和对策研究三个层面。立足于企业环境信息披露中存在的机会主义行为，力求建立集问题识别、指标设计、理论演绎、实证检验和政策建议于一体的整体研究框架。全书由 5 个部分共 14 章组成。

第一部分，第 1 章和第 2 章，包括绪论和文献综述。这部分主要是分析制度背景，提出研究问题，明确研究框架和方法，探讨可能的创新之处（第 1 章）；对环境信息披露和企业漂绿相关文献进行述评（第 2 章）。该部分力图阐明研究的意义和思路，对国内外相关研究的现状和未来可拓展的研究领域进行梳理，为后续研究奠定基础。

第二部分，第 3 至 6 章，包括信息化工具的污染减排效果、构建漂绿衡量指标体系，以及分析漂绿现象的现实表现。首先，分析了环境信息披露制度作为一种信息化工具的减排效果，研究结果表明，环境信息披露作为一种制度减排措施，并没有对我国"十一五"期间的污染减排产生显著效果，环境信息披露减排效果不佳的原因在于制度执行中的"逆向选择"行为,即上市公司的选择性披露及环境信息披露的整体质量不高(第3章)。在此基础上,从印象管理理论出发,构建漂绿衡量指标体系,解决对漂绿行为的测度问题(第4章)。接着,本书从两个方面探讨了漂绿现象的现实表现。一是从信息披露的视角,漂绿企业夸张地宣传自身环境表现可能与绿色信贷的要求有关。研究结论证实,相较于无融资需求的企业,有外部融资需求企业的漂绿程度更高;机制检验的结果表明,漂绿企业更容易获得银行的债务融资,提高了银行信贷的可得性(第5章)。二是基于审计师信息鉴证的视角,《中国注册会计师审计准则第1631号——财务报表审计中对环境事项的考虑》要求,注册会计师应在财务报表审计中对环境事项给予必要的关注,但本书发现审计师对漂绿程度较高的企业收取相对较低的审计费用,同时未提升非标准审计意见的出具概率。漂绿程度越高的企业,日后被违规处罚的概率越大、盈余管理程度越高,说明这类企业具有较高的重大错报风险和审计风险,而审计师决策受企业漂绿印象管理策略影响,存在审计质量上的瑕疵(第6章)。该部分力图在构建漂绿衡量指标体系的基础上,探讨漂绿现象不良影响的典型事实,增强对漂绿现象及其危害的直观认识。

第三部分,第7至9章,基于演化经济学和制度理论探讨漂绿模仿—扩散效应并开展大样本实证检验,探讨企业漂绿的传播机制。一方面,运用演化经济学的分析框架,对企业漂绿群体演化现象进行研究,认为漂绿是一种具有负外部性的、目的是降低企业成本的创新行为,以规避监管或树立良好形象,并通过模仿—扩散效应实现从微观到宏观的演化。企业漂绿的演化机制本质上是一种打破惯例、变异、创生,并利用选择和遗传机制,通过产业和空间进行扩散的演化过程(第7章)。另一方面,运用制度理论对企业漂绿的同构(同群)行为进行考察,实证研究发现:企业漂绿行为明显受到地区内近邻企业做法的影响(第8章);漂绿同构并未显著提升企业的经营绩效,但相似性增强了企业不确定性环境下的风险承担能力,这为制度理论中关于"组织同构通常是为了获得正当性而不是高效率"的假说提供了经验证据支持(第9章)。该部分力图对企业漂绿中的群体行为规律进行探索性研究,这种视角相比个体行为分析能够更好地提供漂绿现象频发的理论解释和经验证据。

第四部分,第10至13章,探讨企业漂绿的防控措施。从增加制度供给和规则约束的视角,分析基于演化经济学的反漂绿治理机制并开展实证检验。内部治理方面主要探讨完善公司治理、强化责任履行和健全内部控制;外部治理方面主要分析信息失真惩戒机制、信息失真曝光机制、信息披露鉴证机制和主体责任追究机制(第 10 章)。本部分还针对内部控制制度、信息披露鉴证机制和主体责任追究机制开展了单独的实证检验。第 11 章的研究结果表明,内部控制水平与企业漂绿程度呈显著负相关关系,内部控制缺陷与企业漂绿程度呈显著正相关关系,证实了高质量的内部控制有助于减少企业漂绿行为的逻辑成立。从内部控制要素看,内部环境和信息与沟通要素对企业漂绿程度具有显著影响。在内部控制缺陷整改方面,相对于未修正内部控制重大缺陷的样本,整改企业的环境信息披露漂绿程度更低。第 12 章以开展环境报告(或环保专篇)第三方鉴证的样本作为研究对象,采用倾向评分匹配(PSM)和 Bootstrap 自抽样法进行统计推断,研究结论支持了信号传递理论的观点,即第三方鉴证有助于将"漂绿"与"真绿"企业区分开来,从而抑制企业漂绿行为。第 13 章考察了中央环保督察制度对企业漂绿的治理作用,以及地方官员经济绩效考核压力的调节作用。研究发现:中央环保督察制度实施后,一方面,与未被督察地区相比,被督察地区污染企业的漂绿水平显著降低;另一方面,经济绩效考核压力会弱化环保督察制度对企业漂绿的抑制作用,而在政绩考核机制中增加环保指标有助于避免传统政绩观对环保督察制度的弱化作用。该部分力图对企业漂绿治理机制进行理论分析和实证检验,为推进我国资本市场开展漂绿治理提供经验证据和借鉴参考。

　　第五部分,第 14 章,提出相关对策建议。结合前述理论研究、经验研究、案例研究的分析和讨论结果,综合考察外部环境和内部环境,提出加强漂绿治理的制度设计与对策建议,这也是本书研究的最终目的。该部分力图从政府、社会和企业各层面厘清漂绿治理方式的作用条件,并在分析现实的基础上提出对策建议。

　　本书是在浙江省哲学社会科学规划重大课题"推进绿色低碳发展的审计治理研究"(24NDJC03ZD)、国家社会科学基金重点项目"企业漂绿的模仿—扩散效应与治理机制研究"(17AGL019)的资助下完成的。本书虽然几易其稿,但是由于漂绿问题及其治理是一项复杂的系统工程,本书的观点和内容难免会存在某些瑕疵和不成熟之处。随着后续研究的不断深入,笔者期待能够深化对该问题的认识,努力修正本书的缺陷和不足。在此,敬请专家和同仁不吝赐教。

目　录

第 1 章　绪　论

1.1 制度背景

污染治理工具的选择和实施一直是环境经济学与可持续发展研究中的重要议题。根据世界银行的分类,其包括利用市场、创建市场、行政手段、信息公开和公众参与等多种形式。按照不同政策工具的演变历程,又可以划分为三个阶段,每一个阶段的演进都有其制度经济学的理论支撑(罗小芳和卢现祥,2011)。

其中,第一代工具——传统的命令与控制型管制,受到环境干预主义学派的影响,注重从法制入手开展制度设计,包括市场准入与退出规制、产品标准和产品禁令、技术规范、技术标准、排放绩效标准、生产工艺的规制等。第二代工具——市场化工具,受到基于所有权的市场环境主义学派的影响,注重从产权入手开展制度设计,包括排污收费或环境税、排放权交易、环境补贴、押金返还制度、执行鼓励金等。第三代工具——信息化工具及自愿型环境管制,受到环境自主治理学派的影响,注重从协议入手开展制度设计,包括信息公开计划、自愿环境协议、环境标签、环境认证体系等。

信息化工具的核心是要求定期公开环境信息,企业所披露的环境信息是外界了解企业环境污染现状及其治理措施的重要渠道。与传统的会计信息披露制度不同,早期的环境信息公开计划是企业自发进行的。20世纪60年代,蕾切尔·卡逊的著作《寂静的春天》引发了社会各界对环境问题的关注,一些企业开始主动对外披露环境信息。但由于未披露环境信息的企业也不会受到相关法律的制裁和道德谴责,在缺乏有效监管和市场失灵的情况下,很容易产生"劣币驱逐良币"现象,企业环境信息披露的积极性越来越低。随着环境污染问题日益突出,信息化工具开始引起各国重视,各国相继对有关法律法规进行规范和完善,这对企业的环境信息披露形成制度压力。目前已有美国、欧盟、澳大利亚、日本等 90 多个国家和地区制定了专门的信息公开法、信息自由法等保障公众环境知情权的法律法规。

在 20 世纪 80 年代以前,我国的污染治理主要以命令控制工具为主;20 世纪 80 年代引入排污收费制度后,我国开始尝试命令控制工具与市场化工具并重的污染控制策略。进入 21 世纪后,我国又开始在污染治理中引入排放权交易和环境信息披露等新型的政策工具(史贝贝等,2019)。

2003 年,原国家环保总局(2008 年更名为环境保护部,2018 年重新组建为生态环境部)颁布了《关于企业环境信息公开的公告》,首次对企业对外公开环境信息提出要求;深圳证券交易所、上海证券交易所先后颁布了《上市公司社会责任指引》(2006)和《上市公司环境信息披露指引》(2008),鼓励企业以独立报告形式披露环境和社会责任信息。2008 年,环境保护部开始施行《环境信息公开办法(试行)》,标志着我国较全面的环境信息依法公开新阶段的开始。2010年,环境保护部颁布了《上市公司环境信息披露指南(征求意见稿)》,进一步明确了火电、钢铁、水泥和电解铝等重污染行业上市公司应当定期披露环境信息和发布年度环境报告的要求,鼓励上市公司在披露年报的同时,在中国证监会指定网站(如上海和深圳证券交易所网站、巨潮资讯等)和公司网站上同步发布年度环境报告。2011 年,环境保护部发布了《企业环境报告书编制导则》,规定了企业环境报告书的框架结构、编制原则、工作程序、编制内容和方法等,要求企业环境报告书应反映企业的环境管理方针,以及企业为改善环境、履行社会责任所做的主要工作,并在媒体上公开向社会发布。

表 1-1 列示了 2001—2024 年我国与企业环境信息披露相关的制度文件。总体而言,在披露内容上,相关制度对上市公司环境信息披露的要求覆盖了环境方针、环境投入、环境管理、环境业绩、环境风险和环境负债等各个方面。在披露要求上,开始探索强制性环境信息披露和自愿性环境信息披露相结合的路径,鼓励并引导上市公司自愿披露环境信息。在披露方式上,从以往的附属性披露和临时披露逐步转向专门性披露和定期披露,即强调上市公司在定期报告(如环境报告、社会责任报告)中完整、系统地披露企业环境信息(王成利,2017)。

表 1-1　我国企业环境信息披露制度汇总

年度	部门	文件	主要内容
2001	国家环保总局	《关于做好上市公司环保情况核查工作的通知》	申请上市企业应提供拟投资项目符合环境保护要求的说明
2003	国家环保总局	《关于公司环境信息公开的公告》	鼓励重污染行业公司自愿披露环境报告
2006	深圳证券交易所	《上市公司社会责任指引》	鼓励上市公司自愿披露环境和社会责任报告
2007	国家环保总局	《环境信息公开办法(试行)》	明确环境信息公开的主体单位及范围;规定环境信息公开的方式及时间;制定相应的奖惩制度
2008	上海证券交易所	《上市公司环境信息披露指引》	引导上市公司自愿披露在履行环境保护责任方面取得的成绩;要求上市公司披露在污染防治方面的具体措施
2010	环境保护部	《上市公司环境信息披露指南(征求意见稿)》	明确环境信息披露的方式、内容及载体;要求 16 类重污染行业上市公司定期披露环境信息
2013	环境保护部	《国家重点监控企业自行监测及信息公开办法(试行)》	扩大了环境信息披露主体;要求企业环境信息需实时公布相关检测结果;从社会监管、融资、信贷等方面规定环境污染的违规惩罚
2014	环境保护部	《企业事业单位环境信息公开办法》	首次提出对不公开或不按要求公开环境信息的企业事业单位进行惩罚
2016	中国人民银行、财政部等 7 部委	《关于构建绿色金融体系的指导意见》	支持符合条件的绿色企业上市融资和再融资,逐步建立和完善上市公司及发债企业强制性环境信息披露制度
2017	中国证监会、环境保护部	《关于共同开展上市公司环境信息披露工作的合作协议》	进一步落实上市公司环境信息披露制度,督促上市公司切实履行披露义务
2017	环境保护部	新版《企业事业单位环境信息公开办法(征求意见稿)》	落实工业污染源全面达标排放行动;明确企业环境信息公开内容、时限及违规处罚
2018	中国证监会	新版《上市公司治理准则》	确立环境、社会责任和公司治理(ESG)信息披露基本框架
2021	生态环境部	《关于印发〈环境信息依法披露制度改革方案〉的通知》	要求到 2025 年,环境信息强制性披露制度基本形成,重点排污单位、实施强制性清洁生产审核的上市公司、发债企业等,应当依法依规披露企业环境信息

续表

年度	部门	文件	主要内容
2021	生态环境部	《企业环境信息依法披露管理办法》	涉及披露主体、披露时限、披露内容、披露形式等规定
2021	生态环境部	《企业环境信息依法披露格式准则》	对于年度环境信息依法披露报告和临时环境信息依法披露报告的内容与格式进行了规定
2021	中国证监会	《公开发行证券的公司信息披露内容与格式准则第2号——年度报告的内容与格式（2021年修订）》	鼓励公司主动披露积极履行环境保护、社会责任的工作情况
2022	上海证券交易所	《上海证券交易所上市公司自律监管指引第1号——规范运作》	要求上市公司加强社会责任承担工作，对上市公司环境信息披露提出了具体要求
2022	深圳证券交易所	《深圳证券交易所上市公司规范运作指引（2020年修订）》	要求公司在年度报告中披露社会责任履行情况，纳入"深证100指数"的上市公司单独披露社会责任报告，将ESG信息披露作为信息披露工作的考核内容
2022	全国人大	《中华人民共和国公司法》（修订草案）	公司应考虑利益相关者和社会公共利益，鼓励公司公布社会责任报告
2024	财政部等	《企业可持续披露准则——基本准则（试行）》	对企业可持续信息披露提出一般要求，包括披露目标与原则、信息质量要求、披露要素等

1.2 研究问题

党的十八届三中全会以来，我国立足转变传统的经济发展模式，努力实现由工业文明向生态文明转型。环境信息披露作为企业向外部传递其环境责任履行情况及社会各界了解企业环境表现的载体，在政府环境管理政策工具箱中变得越来越重要。

随着可持续发展理念日渐深入人心，越来越多的企业在环境报告书、ESG报告或可持续发展报告中独立披露环境信息，上市公司成为目前我国环境信息披露的主体。但总体而言，我国上市公司环境信息公开情况并不乐观：信息披露流于形式、报喜不报忧的现象十分突出；有些企业虽然披露了环境信息，但关键指标的信息披露不到位，一批高调做出承诺的企业缺乏切实行动①。这些都是漂绿现象的典型表现。

漂绿早期被认为是企业以增加产品销售量为目标的营销手段，随着漂绿范围的扩展和领域的延伸，人们开始从企业信息披露的更深层面认识漂绿问题。漂绿的核心是"信息过滤"，漂绿企业选择性地对外发布对自身有利的环境信息，而有意掩饰负面的环境信息（Lyon & Maxwell，2011）。在信息披露过程中，漂绿企业往往借助文字游戏做表面文章，采取含混、模棱两可、象征性的语言进行"粉饰"，虽然环境信息披露数量较多，但质量普遍较低（Walker & Wan，2012；沈洪涛等，2014）。

实际上，漂绿已经成为企业界的一种"时尚"。无论是跨国公司还是中小企业，无论是产品广告还是环境报告，漂绿现象几乎无处不在。据调查，在北美市场，"绝大多数宣称环保节能的产品都涉嫌漂绿，公司为了卖出更多产品鼓吹自己的行为对环境有益，而实际上在改善环境方面几乎没有作为"②。在国内，"稍有实力的企业都极力宣传自己的环保行为，但听到的更多是口号，主要是在玩概念，如果问那些口口声声讲低碳环保的企业家，你公司的碳排放是多少，他们没有几个知道"③。

高质量的信息披露与企业价值相关，但低质量的信息供给则相反（Iatridis，2013）。漂绿行为可能会引发"滚雪球"效应，导致整个资本市场缺乏诚信之风蔓延。在信息质量较差的情况下，企业的环境报告或 ESG 报告面临着"没人看和看了也不相信"的严峻挑战，这无疑会违背企业环境信息披露制度设计的初衷，抵消人们对环境保护的各种努力。漂绿现象频发已经成为生态文明建设中的一道不和谐音符，亟须加强相关的理论研究和政策规制。

1.3 研究目的

党的十八大以来，推动绿色发展、建设生态文明，已经上升为国家战略。漂

---

① 马军等.寻找蔚蓝——公众环境研究中心 2016 年度报告[R].北京:公众环境研究中心,2017.

② Terra Choice. The Sins of Greenwashing: Home and Family Edition A Report of Environmental Claims Made in the North American Consumer Market[EB/OL].（2010-10-26）[2023-12-02]. http://smr. newswire. ca/en/terrachoice/2010-sins-of-greenwashing-study.

③ 何海宁.不诚实,永远不能提高环保水平[N].南方周末,2009-11-11(14).

绿现象在国内引起关注较晚，相关学术研究成果尚比较薄弱，但实际上问题十分严重。关注企业环境报告漂绿及其治理问题的研究，对于提高企业环境信息披露的透明度、促进社会责任的真实履行、构建环境友好型社会、推动生态文明建设、实现绿色低碳和可持续发展具有重要意义。

本书力求实现如下研究目的：

建立一个理论框架。基于演化经济学和制度理论的视角分析企业漂绿问题，建立漂绿现象识别、模仿—扩散效应及其治理机制的整体框架，探索实现理论创新。

开发一套方法体系。本着数据可取得、可核查、关注信息披露、回应社会关切及可操作性的原则，设计漂绿衡量指标体系，实现对漂绿认知从定性到定量的映射。

探索一组经验证据。采用规范的微观计量方法，研究企业漂绿现象及漂绿同构效应的现实表现和经济后果，为分析我国漂绿防控形势，设计漂绿防控制度提供经验证据。

完善一项制度安排。在理论分析、实证检验、分类比较和逻辑归纳的基础上，提出在生态文明建设中推动企业"真绿"社会责任实践的相关政策建议。

1.4　研究内容

本书的主要内容包括：

首先，本书对国内外有关企业环境信息披露和漂绿问题的研究文献进行了全面梳理（第 1—2 章），分析企业环境信息披露的动因、内容、影响因素，以及企业漂绿的内涵、衡量标准和研究视角、研究方法、重点问题（影响因素、经济后果和治理路径）研究现状等，为后续研究提供文献和理论基础。

其次，本书从宏观层面分析了信息化工具在我国"十一五"期间的污染减排效果（第 3 章），指出漂绿现象频发是信息化工具绩效不彰的可能原因。结合对漂绿概念及内涵的认知，从印象管理理论出发，构建漂绿衡量指标体系（第 4 章），对企业漂绿现象进行总体情况分析及分项目、分行业和分地区的比较分析。

在此基础上，从微观层面探讨企业漂绿的现实表现（第 5—6 章）。一是从信息需求者角度,考察相对于无外部融资需求的企业和有外部融资需求企业在粉饰环境业绩方面的表现及对银行信贷可得性的影响;二是从信息鉴证者角度,分析企业在粉饰环境业绩的同时,是否对审计师决策(审计收费和审计意见)产生影响。

再次,本书对企业漂绿的模仿—扩散效应进行分析(第7—9章)。一方面,基于演化经济学视角开展案例研究,阐述演化经济学理论解释企业漂绿现象的可行性和适当性,以及企业漂绿传播的微观和宏观演化机制,结合"中国漂绿榜"案例对理论分析的结论进行讨论。另一方面,基于制度理论开展经验研究,分析强制同构、模仿同构和规范同构对企业漂绿行为的影响,考察企业漂绿行为是否存在"同构"现象,以及制度理论中关于"同构"通常是为了获得正当性而非高效率的逻辑在中国是否成立。

最后,本书对企业漂绿的治理逻辑开展研究(第10—14章)。基于演化经济学视角,从内部制度安排和外部制度设计两个层面分析增加制度供给与规制约束的路径,分别讨论了完善公司治理、强化责任履行和健全内部控制等内部治理机制,以及信息违规惩戒、信息失真曝光、信息披露鉴证和主体责任追究等外部治理机制。结合上述治理逻辑,提出了漂绿防控的系列对策建议。

本书研究的内容框架如图1-1所示。

基于上述研究内容,本书提出以下主要结论和学术观点:

(1)环境信息披露作为一种制度减排措施,对中国"十一五"期间的污染减排并没有产生显著效果,对污染减排发挥显著影响的仍是以罚款和收费为代表的命令控制工具和市场化工具,同时一些工程减排和结构减排措施也产生了积极效果。进一步地,通过对江苏省样本上市公司环境信息披露的内容分析,发现环境信息披露减排效果不佳的原因在于制度执行中的"逆向选择"行为,即上市公司的选择性披露及环境信息披露的整体质量不高。

(2)为树立绿色印象,企业既有可能进行保护性的印象管理,即采用"报喜不报忧"选择性披露方式,对环境保护中的不作为进行掩饰;也有可能进行获得性印象管理,即通过"多言寡行"乃至"言行不一致"的表述性操纵方式,利用象征性举措而非实质性行动进行漂绿。在治理与结构、流程与控制、输入与输出、守法与合规四个维度构成的漂绿衡量指标体系中,分别采用企业未披露事项占全部应披露事项的比值衡量选择性披露程度,以及象征性举措占企业披露事项

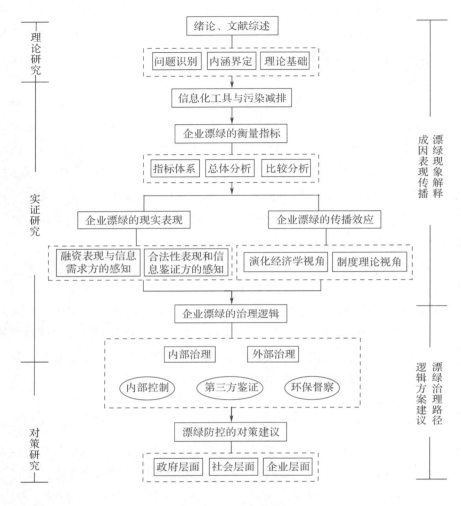

图 1-1　研究内容的逻辑框架

的比值衡量表述性操纵程度,在此基础上构建综合性漂绿程度指标。

（3）企业漂绿在融资方面的表现和信息需求方的感知。外部融资需求与企业漂绿程度呈正相关关系,存在外部融资需求的重污染企业具有更高的漂绿倾向;漂绿企业更容易获得银行债务融资,从而缓解其资金需求压力。在当年有媒体负面环境报道和获得绿色认证的上市公司中,融资需求与企业漂绿的正相关关系不再显著,说明媒体监督和绿色认证能够减少信息不对称,有助于商业银行识别企业的漂绿动机。

（4）企业漂绿在合法性方面的表现和信息鉴证方的感知。审计师对漂绿程度更高的企业,收取相对更低的审计费用;同时,企业漂绿行为并未增加审计师发表非标准审计意见的概率。漂绿程度越高的企业,日后被违规处罚的概率及盈余管理程度越高,说明这类企业具有较高的重大错报风险和审计风险,而审计师决策受漂绿印象管理策略的影响存在审计质量上的瑕疵。基于行业专长的异质性检验表明,具备行业专长的审计师对漂绿程度高的企业发表了更为严格的审计意见,说明行业专长有助于提高审计师辨识环境事项的能力。

（5）演化经济学视角的漂绿成因探讨。漂绿是一种具有负外部性的、目的是降低企业成本的创新行为,以规避监管或树立良好形象,并通过模仿—扩散效应实现从微观到宏观的演化。漂绿一旦被企业选择成为"惯例",将会产生严重的路径依赖,企业的环境责任履行将长期锁定在一种无效状态。为改变这样一种状态,需要利用演化经济学的原理进行"解锁",推动企业环境责任履行走向良性循环的道路。

（6）制度理论视角的漂绿同构效应。企业漂绿行为明显受到地区内近邻企业做法的影响,证实了漂绿"同构"效应的存在。基于产权性质的分析结果表明,国有企业的地区同构行为更加显著,表明国有企业更倾向于通过漂绿的制度同形而获得正当性。进一步的研究结果表明,漂绿同构并未显著提升企业的经营绩效,但相似性增强了企业在不确定性环境下的风险承担能力,这为制度理论中关于"组织同构通常是为了获得正当性而不是高效率"的命题提供了经验证据支持。

（7）演化经济学视角的漂绿治理逻辑。企业之所以实施漂绿行为,一定程度上是因为多个层面和领域存在制度供给不足,导致难以满足企业伦理约束和环境责任履行的制度需求。因此增加制度供给和规则约束,是治理企业漂绿的重要路径。实证研究表明,完善公司治理、强化职责履行的内部治理机制及信息违规惩戒、信息失真曝光的外部治理机制对防范企业漂绿、提高环境信息披露质量有积极影响。

（8）内部控制制度与企业漂绿治理。在企业内部控制实施中,物理（W）、事理（S）、人理（R）相互作用、相互依存。企业内部控制质量越高,环境信息披露的真实性水平越高,说明提升内部控制水平对企业漂绿具有治理效应。内部控制对企业漂绿的遏制作用主要体现在国有企业;内部控制五要素中内部环境和信息与沟通要素对企业环境责任的真实履行具有显著正向影响;内部控制重大缺陷的整改有助于提高企业环境信息披露的真实性水平。

(9)第三方鉴证与企业漂绿治理。开展第三方鉴证有助于抑制企业漂绿行为,减少选择性披露和表述性操纵的印象管理空间。上述结论支持信号传递理论的观点,即第三方鉴证有助于将"漂绿"与"真绿"企业区分开来,促进企业的环境信息披露遵循实质性、可靠性和真实性等环境报告编制指南的要求,提升环境报告的信息价值。

(10)中央环保督察与企业漂绿治理。中央环保督察显著降低了被督察地区污染企业的漂绿水平。环保督察期间,地方政府主要通过加强环境执法促进企业改善环境信息披露;企业漂绿水平的降低在法治化水平高、行业竞争度高且媒体关注度低和非政治关联的样本中更显著;兼顾环境保护与经济发展的政绩考核机制有助于克服传统政绩观对该制度的负面影响。

(11)企业漂绿防控的制度设计。基于上述理论分析和实证研究结论,本书开展了"宏观—微观,外部—内部,政府—社会—企业"有机衔接的漂绿治理制度设计,提出了绿色发展背景下漂绿多中心治理的一系列对策建议。

1.5 研究方法

理论研究方面:以演化经济学、环境经济学、制度理论及印象管理理论等规范研究为先导,综合采用文献法、演绎法和推理法系统阐述企业漂绿的形成机理与治理路径。

实证研究方面:以内容分析、统计分析和案例分析的结论来促进上述规范理论的完善。具体包括:

(1)内容分析。通过构建漂绿衡量指标体系,开展企业环境报告和 ESG 报告(可持续发展报告)环保专篇的内容分析,对企业漂绿现象进行总体分析和比较分析。

(2)统计分析。通过构建计量经济学模型开展大样本检验,并对研究发现进行内生性检验和一系列稳健性检验,以期揭示企业漂绿现实表现与演化特征的规律。

(3)案例分析。结合中国漂绿榜的资料和数据,对漂绿过程中企业的环境承诺与表现,合法形象的建立、丧失及维护等进行解释和讨论。

对策研究方面:结合理论研究、实证研究的结论,采取逻辑法、归纳法、比较法和分类法,提出系统性、有针对性的漂绿防控对策建议。

1.6 创新之处

本书可能的创新点体现在以下方面。

第一,在学术思想上,突破个体、静态思维,关注漂绿行为的群体演化规律。

现有文献对企业漂绿行为的研究主要基于公司独立决策的假设,较少考虑企业漂绿行为的相互影响。本书深入分析了企业漂绿演化机理及其防控的复杂性:一方面,从演化经济学的视角,分析漂绿现象在群体间的传播机制,揭示在缺乏规则约束时漂绿现象蔓延的必然性,进而从内部制度安排和外部制度设计两个层面,探讨了漂绿防控的规制约束,阐释在多中心治理模式下遏制企业漂绿行为的可行性。另一方面,本书基于制度理论关于"同构"现象的理论解释,首次对企业漂绿中的群体行为规律进行实证检验。兼顾组织个体和相互作用机制,采用规范的微观计量方法证实了企业漂绿演化中存在地区同构效应。同时,本书研究发现企业通过漂绿的制度同形是"为了获得正当性而非高效率"的逻辑成立,从而进一步充实和丰富了制度理论的学术文献及在新兴市场国家中的应用。

第二,在学术观点上,突破产品漂绿认知观,注重从企业漂绿认知观研究问题。

本书将企业漂绿行为视为一种"沟通问题"而不单纯是"营销手段",以期更好地解释漂绿形态的多样性和手法的隐蔽性。基于选择性披露与表述性操纵的印象管理视角,研究企业利用信息公开粉饰环境业绩的机会主义行为,构建漂绿衡量指标体系,实现对漂绿程度的定量化测度。本书为考察企业环境信息披露的机会主义行为提供了一个新的视角,扩展了环境会计研究中信息披露质量领域的学术文献。

本书基于信息披露视角,以企业环境报告(ESG 报告)为切入点,重点研究企业粉饰环境业绩的动因、危害及防范,为解决环境信息不对称问题提供经验证据和治理路径。这在研究视角和研究范围上,更加符合我国生态文明建设和绿色低碳发展的客观需要。

第三,在研究方法上,突破传统定性分析框架,强调理论、实证和对策研究的互动与促进。

本书采取规范分析和实证分析相结合的研究方法,对企业漂绿问题开展多层次、多角度的研究;在研究过程中注重逻辑推理和归纳总结,以形成制度建议和政策方案。上述方法的集成综合,有助于弥补传统漂绿研究文献以定性分析为主的不足。

本书包括理论研究、实证研究和对策研究三个层面,立足于当前我国企业环境信息披露中存在的印象管理问题,力求建立集问题识别、理论演绎、实证检验和政策建议于一体的整体研究框架,并形成可供实践借鉴的研究成果,为搭建政府、社会和企业协同的漂绿多中心治理模式提供决策参考。

第 2 章　文献综述

2.1 企业环境信息披露的动因

已有研究对企业环境信息披露的动因给予了不同视角的理论解释,其中一种划分标准是依据环境信息披露的属性特征,将企业公开披露环境信息的动因分为社会政治理论、信号传递理论两大类(Clarkson et al., 2008;吴红军等,2017)。

社会政治理论由政治经济理论、股东理论和合法性理论等组成,认为企业的环境信息披露是一种"防御式披露"。政治经济理论最早被用于环境会计研究,后被引入企业环境信息披露领域,认为企业披露环境信息既是出于对"规范"的顺从,同时也是为显示其特殊而重要的环境价值。股东理论强调企业在做出是否披露环境信息决策时会优先考虑环境规制法律及股东利益的要求,但在确定具体披露内容时,会重点满足作为企业股东的利益需求,以赢得其更多的理解与支持(Moser & Martin,2012)。合法性理论被广泛应用于解释企业环境信息披露的动因。合法性是组织运营的关键性资源(Suchman,1995)。合法性理论认为企业的生存与发展取决于社会是否认同、支持或接受其行为逻辑与整个社会的价值观念体系具有一致性,或至少是尚未越过一种底线状态,即社会认同是企业合法性的重要基础(Borgstedt et al., 2019)。环境合法性指的是企业的生产经营活动或行为符合其与社会所构建的一系列环境规范和道德规范等社会契约的要求。企业环境信息披露成为外界感知企业合法性地位的重要来源之一,对企业的存续与长远发展而言十分重要,基于此,企业环境信息披露实际上是企业为实现其生存正当性而进行的"辩白"行为(肖华和张国清,2008)。

信号传递理论将环境信息披露视为企业的一种自愿而真实的"告白"和郑重"承诺",奉行"进取式披露"理念,且环境信息披露逐渐被视为企业价值评估的重要参考依据之一(武恒光和王守海,2016)。该理论从信号传递视角分析信息披露行为,指出为降低环境信息不对称、实现企业经营目标,环境绩效好的企业会更积极而自愿地对外披露真实的环境信息,以将其区别于环境责任履行欠佳的其他企业。

另一种划分标准是依据信息披露所站立场或角度的不同分为受托责任论和外部压力论(王建明,2008)。

持受托责任论观点的学者多数从委托—代理的视角来解释企业披露环境信息的动因,体现出环境信息需求者的客观要求(王建明,2008)。具体而言,微观企业作为诸多生态资源、能源的耗用者有责任和义务对上述资源、能源的所有者或委托者如实报告其环境责任履行情况,而不只是提供一组财务数字(沈洪涛和刘江宏,2010),由此形成企业环境信息披露的受托责任(Ozen & Kusku,2009)。

而持外部压力论观点的学者则认为企业披露环境信息是因时、因事而定的,准确来说是政府、社会公众等外部群体直接或间接地施加压力所引致的结果(Cho & Patten,2007)。其中,政府的压力是由环境政策法规、环境污染事故等带来的直接压力,是一种硬性约束;社会公众的压力多以公共舆论、新闻媒体等形式发挥作用,是一种软性约束。企业会因此看似"自愿"地披露更多环境信息(Patten & Trompeter,2003),实际上是一种为规避可能的高额政治成本的被迫行为。

如表 2-1 所示,上述理论视角各有侧重,在观点和内容上既有交叉又有补充,共同诠释了企业披露环境信息的动因。这也在一定程度上揭示了企业环境信息披露行为的复杂性,即难以使用单一理论反映问题的全貌。

表 2-1　企业环境信息披露动因的不同理论解释

划分依据	理论依据		理论观点
信息披露的属性特征	社会政治理论	政治经济理论	企业环境信息披露是一种"防御式"披露
		股东理论	
		合法性理论	
	信号传递理论		企业环境信息披露是一种"进取式"披露
信息披露的立场或角度	受托责任论		企业环境信息披露是为了满足内外部利益相关者的客观要求
	外部压力论		企业环境信息披露是外部群体直接或间接施加压力引致的结果

2.2　企业环境信息披露的内容

Wiseman(1982)提倡将企业环境信息披露内容分为经济因素、诉讼、污染缓解和其他环境相关信息等 4 个方面。在此基础上,Patten(1992)、Cormier 和 Magnan(1999)以及 Clarkson(2008)进一步细化了基于财务后果的环境会计体系和内容框架。

在制度层面,联合国国际会计和报告标准政府间专家组 1998 年颁布的《环境会计和报告的立场公告》是国际上第一份关于企业环境会计与报告的国际指南,为环境信息披露制度在更多地区或国家的传播、孕育与发展奠定了基础(陈毓圭,1998)。全球报告倡议组织(Global Reporting Initiative,GRI)是一家独立的国际组织,宗旨是帮助商业、政府及其他机构认识其业务活动在重要的可持续发展议题上产生的影响。该组织先后于 2000 年、2002 年、2006 年、2013 年和 2021 年发布了第 1 至第 5 版《可持续发展报告指南》,目前该指南已经成为企业编制可持续发展报告的主要依据。欧盟在 ESG 报告及相关立法方面一直十分积极主动(黄世忠,2021)。2021 年 4 月,欧盟委员会(EC)发布了《公司可持续发展报告指令》(Corporate Sustainability Reporting Directive,CSRD)征求意见稿,取代其在 2014 年 10 月发布的《非财务报告指令》(Non-Financial Reporting Directive,NFRD),标志着欧盟的 ESG 报告编制理念将从社会责任拓展至可持续发展。此外,气候相关财务信息工作组(Task Force on Climate-Related Financial Disclosure,TCFD)发布的《气候相关财务信息披露工作组建议报告》,以及国际可持续发展准则理事会(International Sustainability Standards Board,ISSB)发布的《国际财务报告可持续披露准则第 1 号——可持续相关财务信息披露的一般要求》(IFRS S1)、《国际财务报告可持续披露准则第 2 号——气候相关披露》(IFRS S2),都是环境与可持续信息披露相关的指导性文件。国外环境信息披露的主要内容框架如表 2-2 所示。

国内对企业环境信息披露的研究起源于 20 世纪 90 年代初葛家澍和李若山(1992)对绿色会计理论的探讨与思考,且呈现出比较明显的依靠政府推动的色彩。自 2001 年以来,环境保护部(现为生态环境部)、中国证监会、中国人民银行、上海证券交易所和深圳证券交易所等先后发布了一系列环境信息披露的制度文件(详见表 1-1)。

表 2-2　国外关于环境信息披露的主要内容框架

依据	内容
《环境会计和报告的立场公告》(1998)	环境成本;环境负债;环境会计政策;其他
《非财务报告指令》(NFRD,2014)	企业经营活动对环境、健康和安全的影响、可再生和不可再生能源使用情况、温室气体排放情况、水资源使用情况和空气污染情况等
《可持续发展报告指南》(G5,2021)	全面说明企业对经济、环境和社会最重大的影响,包括对人权的影响,以及管理影响的方法;将尽职调查纳入报告过程,持续识别和评估影响;使用行业标准(如有)以理解行业背景,检验实质性议题
《公司可持续发展报告指令(征求意见稿)》(CSRD,2021)	企业必须从整个产品和服务价值链的角度评价可持续发展事项受到的外部影响和对外部的影响,引入 ESG 报告的独立鉴证机制
《气候相关财务信息披露工作组建议报告》(TCFD框架,2017)	为金融机构对与气候相关风险和机遇进行适当评估提出框架和建议,以便揭示气候因素对金融机构收入、支出、资产、负债及资本和投融资等方面实际和潜在的财务影响
《国际财务报告可持续披露准则第1号——可持续相关财务信息披露一般要求》(IFRS S1,2023)	要求企业披露所有可合理预期会影响其发展前景的可持续相关风险和机遇,以帮助通用目的财务报告使用者做出向主体提供资源的决策
《国际财务报告可持续披露准则第2号——气候相关披露》(IFRS S2,2023)	要求企业披露在合理预期下会影响其发展前景的气候相关风险与机遇的信息

结合我国环境信息披露的制度规范和实务特征,国内学者对环境信息披露内容的代表性观点概括如表 2-3 所示。

表 2-3　国内学者关于环境信息披露内容的代表性观点

学者	代表性观点
耿建新和焦若静(2002)	环境问题及其影响;对策或方案;环境支出及负债等
李正和向锐(2007)	污染控制;生态恢复;能源节约;废物回收再利用;环保产品及其他环境信息等
王建明(2008)	环境政策;环境责任;环境保护;质量控制;环境信息披露制度;补充披露等
沈洪涛和苏亮德(2012)、沈洪涛和冯杰(2012)、沈洪涛等(2014)	环保方针、目标及成效;资源、能源消耗或耗费总量;环保投资与技术开发;环保设施、设备建设与运行;污染排放种类、数量、浓度或强度、去向;废物处理、处置,废品回收、综合利用;环境费用化支出;其他
毕茜等(2012,2015)	披露载体,环境管理,成本,负债,投资,治理业绩,政府监管与机构认证等 7 个部分,以及重大环境事件发生;"三废"排放及减排;环境认证及审计等 24 项

关于环境信息披露的载体,包括补充报告和独立报告两种模式(许家林和蔡传里,2004)。前者指在公司年报中披露环境信息,相关信息分布在董事会报告、管理层讨论与分析、财务报表及附注、分部报告等部分中。该模式比较符合传统会计思维,操作亦比较简单,但因信息比较分散,不便于查找与阅读。后者则是指在公司年报之外单独编制一份报告披露环境信息,包括独立的环境报告及 ESG 报告或可持续发展报告中的环保专篇等。该模式有助于信息使用者更全面、集中、系统地了解企业披露的环境信息,是企业环境信息披露的主流趋势。

2.3　企业环境信息披露的影响因素

2.3.1　国外研究文献综述

根据已有文献,环境信息披露受到公司内部和外部因素的影响。内部因素主要研究公司特征、行业性质和公司治理等与环境信息披露的关系。外部因素主要考察制度压力、突发事件和媒体监督等公共压力的影响。

(1)企业特征

企业规模被认为与信息披露呈正相关,公司资产规模越大,越倾向于提高环境信息披露水平(Deegan & Gordon,1996;Campbell,2003;Darnall et al.,2010)。业绩较好的企业也会披露更多的环境信息,Al-Tuwaijri 等(2004)采用联立方程式模型分析了环境信息披露、环境绩效和财务绩效三者之间的关系,研究发现,具有较好环境绩效和财务绩效的企业愿意披露更多的环境信息。Tagesson 等(2009)研究了瑞典上市公司年报和网站中的环境信息披露情况,结果表明公司规模和盈利水平与环境信息公开呈正相关关系。

Meng 等(2013a)基于中国资本市场的实证研究表明,公司特征与环境信息披露水平之间的关系是复杂的,所有权与经济绩效对环境信息披露水平的交互影响从自愿性披露阶段到强制性披露阶段都存在显著差异。Lu 和 Abeysekera(2014)的研究发现,在中国,社会和环境信息披露与企业规模、盈利能力有显著的正相关关系。Ghazali(2007)对马来西亚上市公司的研究发现,社会和环境信息披露与产权性质有关,国有企业相比于非国有企业更倾向于披露社会和环境责任信息。Kuo 等(2012)发现中国的情况也是如此,相比民营企业,国有企业的环境信息披露水平更高。Zeng 等(2012)利用 2006—2008 年中国制造业上市公司的数据进行分析,研究发现国有企业的环境信息披露水平较高。Cheng 等(2017)考察了政治关联对中国企业环境信息披露水平的影响,发现虽然政治关联可以影响企业更积极地披露环境信息,但也可以掩盖以保护环境为幌子的政治寻租。此外,现有文献研究还发现,融资需求和财务杠杆等公司特征也能够对环境信息披露产生影响(Brammer & Pavelin,2006;Iatridis,2013;Ortas et al.,2015;Kouloukoui et al.,2019)。

(2)行业性质

现有研究普遍认为行业性质会影响企业环境信息披露。Jose 和 Lee(2007)的研究发现,环境敏感型行业,如电力和石油行业环境信息披露较多;而证券和金融等非环境敏感型行业环境信息披露较少。García-Ayuso 和 Larrinaga(2003)对西班牙资本市场中 112 家工业企业所进行的研究发现,披露环境信息的公司往往分布在有较高潜在环境影响的行业。Brammer 和 Pavelin(2006)选取英国 450 家自愿披露环境信息的企业分析发现,钢铁、煤炭等污染行业的企业,环境信息披露水平更高。Clarkson 等(2011)以澳大利亚上市公司为研究对象,表明国家污染物清单(NPI)中排放数据较高的企业披露了更多的环境信息,并且是按照全球报告倡议组织(GRI)的标准进行客观和可验证的披露。Kuo 等(2012)和 Zeng 等(2012)基于中国的研究得出了类似的结论,环境敏感产业的上市公司对信息披露的重视程度更高。

(3)公司治理

公司治理特征也是影响环境信息披露的重要因素。Iatridis(2013)的实证研究发现,独立董事比例、审计师声誉、审计委员会、高管持股比例、机构投资者持股比例与环境信息披露呈显著正相关关系。Khan 等(2013)的研究发现,公众持股、外资持股、董事会独立性和是否设立审计委员会显著影响社会和环境信息披露。Peters 和 Romi(2014)通过研究发现,设立环境专业委员会和增加董事会会议次数有助于提升环境信息披露水平,而董事会规模的增加则会降低环境信息透明度。Liao 等(2015)的研究发现,董事会的性别多样性与披露温室气体信息的倾向性呈正相关关系。

Giannarakis 等(2019)以美国标准普尔 500 指数的 278 家公司为样本进行研究,研究结果显示,最年轻的董事的年龄对环境信息披露有负面影响,而独立董事的存在加强了环境信息披露的决策。Lagasio 和 Cucari(2019)分析指出,董事会独立性、董事会规模和女性董事身份显著提高了 ESG 的自愿性披露水平；而董事会权力和 CEO 二元性并未提高 ESG 的披露水平。Pucheta-Martínez 和 López-Zamora（2018）分析了机构投资者在西班牙环境报告决策中所扮演的角色，他们的调查结果表明，环境信息披露与特定类型董事的利益相关者有着密切联系。Lewis 等（2014）研究指出，新任命和拥有 MBA 学位的 CEO 更有可能对碳排放披露项目做出反应，而由律师领导的企业则不太可能做出反应。Meng 等（2013a）基于中国资本市场的数据，研究了高管更替与环境信息披露的关系，结果表明高管非自愿更替与环境信息披露充分性呈显著负相关，而高管自愿更替则不存在显著的相关性。

（4）公共压力

企业环境信息披露由内、外部因素共同推动。外部因素主要包括公共压力对环境信息披露水平的影响。公共压力主要产生于管制机构、政治团体、非政府组织、公众或社区群体的关注和焦虑，公司需要对环境责任履行方面的公共压力做出回应，环境信息披露水平是公司所承受公共压力的函数（Cho & Patten，2007）。

面对日益严重的环境问题，越来越多的国家开始制定更严厉的环境保护法规和更严格的环境准入标准，这对企业环境行为的合法性提出了挑战，也对企业环境信息披露形成了制度压力。相关实证研究表明：上市公司会利用环境信息披露来应对制度压力，以达到获得、维护和修复合法性的目的（Campbell，2003；De Villiers & Van Staden，2006；Fifka，2013）。Meng 等（2013b）分析了环境信息自愿披露和强制披露两个阶段的中国企业表现，指出印象管理理论可以用来解释自愿披露期间的企业表现，而合法性理论可以用来解释强制披露期间的企业表现。Yao 和 Liang（2017）发现监管距离对中国企业环境信息披露有负面影响，而政治因素削弱了监管距离的影响。

D'Amico 等（2016）研究发现，意大利的环境信息公开立法影响了定量环境信息披露的内容。Hoang 等（2018）研究了美国公司对环境保护署（Environmental Protection Agency，EPA）的两项信息干预措施的反应，指出公司并不是无条件的漂绿者或环保者；相反，公司在战略性资源配置和环境管理中，会同时考虑到来自包括 EPA 在内的主要利益相关者的多种信号。Barakat 等（2015）比较和评估了巴勒斯坦、约旦两国的社会和环境信息披露水平，虽然在披露数量和内容上存在一定差异，但两国的社会和环境信息披露水平都与法律制度以及公司治理因素存在积极联系。Chelli 等(2018)从制度合法性的角度比较了法国和加拿大公司的环境信息公开实践。分析结果显示,法国议会立法制度在促进环境报告披露方面比加拿大证券交易所的条例更为成功。

环境事故很容易形成一种公共压力。环境事故发生后,信息披露成为企业缓解外部压力和维护社会声誉的重要手段(Cormier & Magnan,2015)。Walden 和 Schwartz(1997)采用 1989 年埃克森(Exxon)公司原油泄漏事件来研究外部公共压力的衡量标准,研究发现漏油事件发生后,4 个相关行业中的 53 家公司的环境信息披露水平在 2 年内都得以显著提升。Heflin 和 Wallace (2017)分析了英国石油(BP)公司墨西哥湾漏油事故的影响,指出在美国海域钻探的石油和天然气公司中,泄漏发生后一年内的环境信息披露水平,特别是灾难准备计划的披露水平明显提高。

社交媒体通过自上而下的干预机制和自下而上的声誉机制,在环境事件中发挥着积极作用,促使重污染企业回应利益相关者的关注(Feng et al.,2024)。新闻媒体的报道,特别是负面报道会推动企业披露更多的环境信息,以消除或减轻不良影响。García-Ayuso 和 Larrinaga(2003)指出,在西班牙,与环境信息披露直接相关的两个因素是行业的潜在环境影响及媒体对该行业企业的报道程度。Bramme 和 Pavelin(2008)基于英国企业的分析指出,媒体曝光度和企业环境信息披露的改善存在显著正相关关系。Aerts 和 Cormier(2009)的研究证实了美国和加拿大上市公司对媒体的负面环境报道反应敏感。Rupley 等 (2012)考察了美国 127 家公司的环境信息披露数据,分析结果显示,媒体环境报道及负面环境报道与自愿性环境信息披露呈较强的正相关关系。Li 等 (2019)基于中国重污染行业上市公司的研究发现,公司高管倾向于通过操纵环境信息披露水平来实现超额薪酬的合理性,而媒体压力削弱了上述关系。

2.3.2　国内研究文献综述

(1)内部因素

汤亚莉等(2006)研究发现,资产规模越大、盈利能力越强的上市公司,环境信息披露数量越多。刘长翠和孔晓婷(2006)发现,净资产收益率与企业的社会责任信息披露呈正相关关系。张秀敏和杨连星(2016)发现,上市公司资产负债率与环境信息披露质量呈正相关关系。吕明晗等(2018)研究了金融性债务契约与经营性债务契约对企业环境信息披露水平的影响,结果表明,金融性债务契约能够显著提升企业环境信息披露水平,而经营性债务契约反而不利于企业环境信息的有效披露。行业和地域特征也会影响企业的环境信息披露,环境敏感型行业与公司的社会责任披露水平呈显著正相关关系(王建明,2008)。李朝芳(2012)探讨了企业所在地区的经济发展水平对环境信息披露的影响,结果表明:经济发达地区的企业更愿意主动披露环境信息,且信息披露质量高于欠发达地区。姚圣等(2016)则检验了企业地理位置与环境信息选择性披露之间的关系,发现企业与政府监管者之间的地理距离越远,环境信息披露越简单。

一些研究表明,高层管理人员的年龄越大、任期越长、学历越高,越倾向于提高企业的环境信息披露水平(沈洪涛等,2010a;张国清和肖华,2016)。在产权性质方面,国有企业的环境信息公开情况要优于非国有企业(吴德军,2011;颉茂华和焦守滨,2013)。但董事会特征与环境信息披露的关系并不明确,例如,赵颖和马连福(2007)的研究发现,独立董事比例及公司董事长兼任总经理并未显著影响公司年报中的社会责任信息披露质量。而沈洪涛等(2010a)的研究结论则表明,独立董事比例与公司年报披露的社会责任信息呈显著正相关关系。此外,已有文献还发现审计委员会、组织地位和机构投资者持股对公司环境信息披露存在显著影响(崔也光等,2016;李大元等,2016;王垒等,2019)。

根据信号传递理论,不同环境表现的上市公司,在进行信息披露时会采取不同的策略与方式(宋建波和李丹妮,2013)。黄珺和陈英(2012)通过实证研究发现,社会贡献度越大,企业越倾向于披露高质量的环境信息,其中,政府贡献率与职工贡献率对环境信息披露的影响尤为显著。沈洪涛等(2014)则认为企业环境表现与环境信息披露之间呈正 U 形关系,即当企业环境表现水平较低时,表现越差的企业越会通过积极披露信息来进行合法性辩护;当企业环境表现水平较高时,表现越好的企业越会积极向外界传递信息。朱炜等(2019)研究指出,不同环境表现的企业其环境信息披露会呈现出不同的侧重点:环境表现较好的企业往往会披露更多定量的环境信息,而环境表现较差的企业则倾向于披露定性的环境信息。

(2)外部因素

沈洪涛和冯杰(2012)指出,政府监管能够显著地正向影响企业的环境信息披露水平。赵萱等(2015)将环境政策区分为命令控制型与经济激励型,研究发现命令控制型政策能否影响企业的环境信息披露取决于政策的严格执行程度，而经济激励型政策对企业环境信息披露的影响取决于企业自身对成本效用的考量。方颖和郭俊杰（2018）重点关注企业被相关部门实施环境处罚时的市场反应，得出环境信息披露政策在我国金融市场基本失效的结论，并认为立法与执法因素导致的环境违法成本过低是该政策失效的根本原因。

近年来，一些学者开始关注某一特定制度对企业环境信息披露的影响。陈璇和钱维（2018）考察了 2015 年《中华人民共和国环境保护法》修订对垄断市场企业与竞争市场企业环境信息披露的影响，研究发现，新修订的环保法能够普遍提升两类企业的信息披露水平，其中竞争市场企业对新法的反应更快。唐国平和刘忠全（2019）则分析了 2016 年颁布的《中华人民共和国环境保护税法》的影响，研究发现新环保税法的实施显著提升了湖北省上市公司的环境信息披露质量，且对国有企业及资产规模较大的企业提升作用更为明显。钱雪松和彭颖（2018）具体研究了深交所出台的《社会责任指引》对上市公司环境信息披露行为的影响，结果表明《社会责任指引》能够有效改善企业环境信息披露水平，并且该指引对于法治环境较好、分析师关注度更高的企业的改善作用相对更强。

环境事故和环境诉讼会造成恶劣的社会影响，从而引发社会对涉事企业和相关行业的极大关注。肖华和张国清（2008）运用事件研究法针对 2005 年发生的"松花江事件"进行了研究，发现涉事企业和同行业内的其他 79 家企业的环境信息披露状况在事件发生后得到明显改善。孟晓华和张曾（2013）针对中海油渤海漏油事件开展典型案例分析，研究发现不同利益相关者对企业环境信息披露的关注点与影响力具有较大的差异，契约型利益相关者（股东、员工、顾客、分销商、供应商、贷款人）几乎没有作用，起作用的主要是公众型利益相关者（监管者、政府部门、压力集团、媒体、当地社区）。

新闻媒体的监督通常被认为能够对企业环境信息披露带来正面影响（沈洪涛和冯杰，2012）。潘爱玲等（2019）构建了媒体压力与企业绿色并购行为的决策模型，实证发现重污染行业企业在负面媒体报道压力下倾向于采取绿色并购行为，但在并购过程中，媒体压力与企业环境信息披露的关系并不明确。

我国经济正处于转型时期，政府与企业之间的非正式机制也会影响企业的环境信息披露决策。林润辉等（2015）研究发现，政治关联对民营企业的环境信息披露有正向促进作用，其中政府补助在两者关系之间发挥中介效应。也有文献探讨了传统文化等其他外部因素对企业环境信息披露的影响。例如,毕茜等 (2015)研究了传统文化中的宗教文化对企业环境信息披露水平的影响,结果显示:上市公司注册地 200 公里内寺庙数量越多,该公司的环境信息披露水平越高。

2.4　企业环境信息披露质量

2.4.1　企业环境信息披露质量的内涵

在资本市场上,上市公司需要进行大量的信息披露,既包括财务信息,也包括非财务信息(汤谷良和栾志乾,2015),广义的信息披露质量包括财务和非财务两个维度,现有研究主要集中于财务信息披露领域。参照《中华人民共和国公司法》《中华人民共和国证券法》等法律法规及相关准则条文的规定,财务信息披露质量指的是企业对外发布的有关公司财务状况、经营成果、现金流量等财务信息符合真实性、准确性、完整性、及时性、公平性等要求的程度。随着环境问题日趋严峻,企业环境保护等非财务信息披露及其质量状况亦开始受到越来越多的关注。但相较于财务信息披露,对环境信息披露的研究仍处于需要深化与完善的阶段(常莹莹和曾泉,2019)。同时,环境问题的典型外部性特征及披露动因的多样化也决定了环境信息披露质量的内涵具有较强的复杂性,以至于已有研究较少涉及对环境信息披露质量内涵的界定,而相关环境政策和制度文件亦未对此给出明确的定义。在已有的研究中,叶陈刚等(2015)认为企业环境信息披露质量是指企业公开披露的环境信息对预期使用者的可参考性水平。环境信息披露数量的多寡与环境信息披露的质量并无相关性。根据信号传递理论,企业一般倾向于报告好的环境信息,而隐瞒或不披露坏的环境信息。合法性理论则认为,环境信息披露可能是企业的一种环境响应策略,虽然披露了大量的环境信息,但环境信息披露质量可能并不高。因此,不论是自愿披露还是强制披露,环境信息披露质量实际上应主要取决于企业所披露的环境信息是全面如实反映,还是报喜不报忧或言行不一致(黄溶冰等,2019)。

2.4.2　企业环境信息披露质量的评价

回顾已有文献,对企业环境信息披露质量的评价主要通过问卷调查、内容分析和语义分析等方法实现。

　　问卷调查是最早用来度量企业环境信息披露质量的方法。这主要是因为在环境信息披露研究初期相关数据资料比较缺乏，披露内容不统一，只能采用问卷的方式。尽管如此，也出现了一些有价值的研究。如王立彦等（1997，1998）通过设计问卷的方式调查企业管理人员的环境意识和环境观念等情况，间接性地解读企业的环境管理水平，进而评价企业环境信息披露的质量。李建发和肖华（2002）设计了涵盖企业基本情况与环境意识、环境收入与支出项目及其会计处理、环境报告现状与环境信息需求、环境报告内容与方式等12个方面的问卷，并以问卷调查结果评价企业环境信息披露的质量。问卷调查的方法有助于搜集第一手的数据资料，且可以根据研究需要灵活设定问卷内容。但问卷调查程序烦琐、成本较高；同时环境问题较为敏感，问卷可能受到一些主观因素的影响。

　　内容分析法也被称作披露评分法、项目评分法或指标评价法，是国内外开展文本分析的主流方法，近年来被较多地应用于对企业环境报告或 ESG 报告的相关研究中。Wiseman（1982）按照环境信息披露内容分项目进行评分，Clarkson 等（2008）进一步将环境信息披露内容按照性质划分为硬信息和软信息并分别评分。Niskala 和 Pretes（1995）、Walden 和 Schwartz（1997）、Jose 和 Lee（2007）分别选择披露载体、披露形式和披露时间等维度予以定量赋值，衡量环境信息披露质量。沈洪涛和苏德亮（2012）采取计算和加总各项环境信息内容行数的方法反映企业环境信息披露水平。毕茜等（2012，2015）按照每一项目披露内容的详细程度（无描述、一般定性描述、定量描述）分别赋值、汇总反映企业环境信息披露水平。沈洪涛和冯杰（2012）、沈洪涛等（2014）按照信息披露的显著性、量化性和时间性三个维度构建环境信息披露指数。朱炜等（2019）基于披露载体和披露方式（定性披露、定量披露）对企业环境信息披露质量进行衡量。内容分析法根据对企业公开披露的环境信息进行搜索、提取、编码和评分，相比问卷调查法具有数据资源可得性以及定性与定量分析相结合等优点，但仍存在低效率等问题。

　　随着信息技术的突飞猛进，基于计算机文本挖掘技术的语义分析法应运而生。Cho 等（2012）、张秀敏等（2016）和李哲（2018）等对语义分析法在环境信息披露中的应用进行了有益的探索。该方法基于网络爬虫等技术，不仅可以处理海量文献，而且能够处理非结构化数据，效率更高。但遗憾的是，目前国内外仍缺乏公认的用于环境信息披露研究的词库表,取而代之的是人工摘录结合专家意见的方法;此外,使用该方式提取的信息也不能直接形成规范、完整的评价指标体系,需要进一步处理。目前,语义分析法在环境信息披露研究领域的应用尚比较有限,但无疑会成为未来研究的趋势。

2.5　企业漂绿研究现状

2.5.1　概念认知

从概念演进的视角,对于漂绿现象的认知大致可以划分为三个阶段。

现象识别和描述阶段。漂绿一词最早出现在 20 世纪 80 年代的美国,首先由环保主义者杰伊·韦斯特维尔德(Jay Westerveld)针对自我粉饰的虚假环保声明而提出[①]。1991 年,*Mother Jones* 杂志上刊登了一篇名为"Greenwash"的文章,揭示出企业或社会组织通过传播虚假绿色信息而获得具有环保责任感的绿色形象(Beers & Capellaro,1991)。在该阶段,由环保主义者开创了漂绿的认知领域,人们开始意识到环境保护中"做的比说的少"这一伪环保行为的存在,并将绿色(green,象征环保)和漂白(whitewash)合成一个新词语。例如,在第十一版《简明牛津辞典》中对漂绿(greenwash)的定义为"一个组织为了在公众面前表现出对环境负责的形象而发布不实信息"[②]。该阶段对漂绿的认知,重点是语义上的修辞。

进入 21 世纪以后,对于漂绿现象的认知分别在产品漂绿和企业漂绿两个层面发生了分野(Delmas & Burbano,2011)。

一是产品漂绿认知观。随着可持续发展理念逐渐深入人心,绿色消费成为一种新的时尚。针对一些企业和组织误导、夸大甚至捏造其产品或服务之环保特性的不实宣传,Karna 等(2001)指出:漂绿是企业宣传绿色环保,实际上却没有环保行动,是一种欺骗消费者的行为。Parguel 等(2011)认为漂绿是一种公司销售策略,是企业在品牌、产品或服务的环境友好性方面对消费者进行误导。该阶段对漂绿的认知始于对产品和包装赋予绿色形象的虚假广告宣传

---

①　韦斯特维尔德用 greenwash 一词讽刺当时一些酒店环保措施不力,却在店内鼓吹环保的行为。

②　CorpWatch. The World of Greenwash[EB/OL]. (1997-01-01)[2024-12-02]. https://www.corpwatch. org/article/world-greenwash.

(Pedersen & Neergaad，2006)，后进一步拓展至产品或服务的绿色营销行为 (Holcomb，2008；Bodger & Monks，2010；Polonsky et al.，2010)。2007 年，美国环境营销公司 Terra Choice 对北美地区的 6 家大型专卖店进行了调查，发现大多数商品都有漂绿之嫌，并据此发布了调查报告《漂绿六宗罪》，产生了很大的社会反响。2009 年，该公司又发布了《漂绿七宗罪》，在其调查报告中列举的"漂绿营销"行为包括隐藏交易、举证不足、模糊描述、无关陈述、避重就轻、虚假陈述、虚假标签等。

二是企业漂绿认知观。企业漂绿认知观认为，漂绿是对社会责任的象征性而非实质性的响应(Walker & Wan，2012；Du，2015)，是一种声誉战略，而非真正行动(Slack，2012)，公司旨在满足自身的某项承诺(如 Self-regulation Program)而不是去解决潜在的环境问题(Ramus & Montiel，2005；Lim & Tsutsui，2012)。Laufer(2003)将混淆(confusion)、前置(fronting)和故作姿态(posturing)作为传播不实环境信息的三个核心要素。Lyon 和 Maxwell(2011)指出，界定漂绿的核心要素是"信息过滤"，漂绿企业往往选择性地对外发布对自身有利的环境信息，而有意掩饰负面的环境信息。从信息披露的角度看，漂绿企业的环境表现要远低于其环境承诺，是企业对环境责任或社会责任绩效的粉饰和误导(Delmas & Burbano，2011；Van Der Ploeg & Vanclay，2013)，是一种信息寻租的机会主义行为(Bowen & Aragon-Correa，2014)。企业漂绿认知观不再局限于产品或服务上，而是拓展至可持续发展的社会责任感知(Gamper-Rabindran & Finger，2013)。

2.5.2 衡量标准

从现有文献可知，漂绿的衡量方法分为 4 类，分别是问卷调查、媒体披露、对标比较及内容分析。

(1)问卷调查

采用问卷调查的方式衡量漂绿源于对漂绿现象概念的认知，利用调查对象的感知来衡量漂绿程度(Nyilasy et al.，2014)，多用于产品漂绿测度。例如，Chen 和 Chang(2013)设计了针对漂绿的调查问卷，采用李克特 5 点量表来测量被测度者从强烈反对到强烈赞成的不同回答。测度内容包括 5 项：(1)该产品对它的环保特征进行了误导性的语言宣传；(2)该产品对它的环保特征通过视觉或图形进行了误导;(3)该产品有模糊或无法证实的绿色标志;(4)该产品夸大了其绿色功能;(5)该产品隐匿了重要信息导致绿色形象宣传超过了其实际情况。

(2)媒体披露

越来越多的环境保护组织和消费者维权团体倾向通过报刊、网络甚至社交媒体披露产品或企业的漂绿信息(Lyon & Montgomery,2013)。例如,绿色生活组织发布的年度报告《Don't Be Fooled》,一些环保公益网站也提供典型的漂绿案例及涉嫌漂绿的企业名单,英国石油公司、福特公司等皆因在产品环境效益或公司绿色实践方面误导、欺骗消费者而被列入榜单。在我国,《南方周末》于 2009 年开始连续发布漂绿排行榜(http://www.infzm.com),将漂绿概念带入中国公众视野。随着 NGO 压力和舆论监督的常态化,媒体披露的漂绿信息也被选择作为衡量企业是否漂绿及漂绿程度的标准(Du,2015)。

(3)对标比较

随着 ESG 评级机构的涌现和 ESG 评级的普及,一些学者开始利用不同评级机构 ESG 评级结果的差异来衡量漂绿程度(Zhang,2022;Hu et al.,2023)。较为常见的做法是以彭博社 ESG 评分作为信息披露的得分,以华证 ESG 评分或万得 ESG 评分作为实际表现得分,考虑行业调整后计算不同评级机构 ESG 评级的差异,作为"言行不一致"的漂绿衡量指标。

(4)内容分析

相比于定性的、非货币化的描述,定量的、货币化的信息披露方式能将企业环境信息更清晰地展现出来。Clarkson 等(2008)、Aerts 和 Cormier(2009)将环境信息披露分为硬信息和软信息,前者指企业环境报告中不易被环境绩效差的企业模仿的客观信息(例如污染物排放数据、环境认证情况、环保投入和预算等),是可以被受众证实、可检验的信息;后者则指诸如环境政策、环境方针和环境目标等相对模糊的、不易被受众验证的信息,可能会被行业内企业模仿。硬信息往往是企业的实际行动,软信息则可能被企业用于宣传(Parguel et al.,2011)。据此,综合分析企业环境信息披露中的"承诺"与"行动"可以作为衡量漂绿的指标(Walker & Wan,2012;Roulet & Touboul,2015)。

上述 4 种衡量方法各有特点,但也难免存在一些不足,对漂绿的问卷调查有助于克服时空限制,搜集到企业的第一手数据,但问卷本身的可靠性(信度)和效度需经过严格检验。媒体披露的信息是公开的,资料易得,但需要考虑媒体自身的客观公正性及胜任能力,避免出现以揭露漂绿名义诋毁竞争对手的"虚假新闻"(Eric,2012)。对标比较可以利用 ESG 评级数据进行计算,这种方法简便易行,但评级机构的分析对象仍是信息披露而非实际行动,计算结果实际上是评级分歧而非漂绿程度。通过内容分析来衡量漂绿是最合理的(Van Der Ploeg & Vanclay,2013),当然其难度也最大,需要通过搜集企业环境和 ESG 报告、新闻报道、监管机构及 NGO 网站的相关信息,以环境保护方面实质性行动与象征性举措的比较来分析漂绿程度。

2.5.3 理论视角

国内外学者主要从新古典经济学、信息经济学和制度经济学等视角对漂绿的动因和驱动机制予以理论阐释。

(1)新古典经济学视角

环境友好的产品或企业不仅会得到消费者的青睐,还可能得到政府的财政补贴和政策扶持,因此标榜为绿色企业可以得到绿色溢价,不断从市场中获得持续收益和竞争优势(Parguel et al.,2011)。从边际分析的角度来看,实施行为的低成本是漂绿现象频繁发生的诱因,漂绿往往只需要企业口头承诺即可,而很少进行实质性投资(Husted & Allen,2009)。因此,当某些企业漂绿但没有受到处罚甚至还取得了成功时,往往会有其他企业进行模仿(Lyon & Montgomery,2013;Julian & Ofori-Dankwa,2013),财务舞弊动因的四因素理论(压力、借口、机会、曝光)同样可以用来解释企业伪社会责任的漂绿行为(肖红军等,2013)。

(2)信息经济学视角

信息公开被称作环境规制工具的"第三次浪潮"(Tietenberg,1998),由于管制压力和非管制压力的存在,环境信息公开可以减少信息不对称,从而影响信息使用者或利益相关者是否愿意与信息提供者建立、维持或改善某种关系的态度(De Villiers & Van Staden,2006;Fifka,2013;Testa et al.,2018)。但实际上,消费者对绿色产品和绿色消费是缺乏知识的(Ricky & Lorett,2000),绿色市场是一个典型的信息不对称市场,发布信息的企业是否真正履行了环保责任,对公众来说是不可知的(Kollman & Prakash,2001)。即使存在绿色产品认证体系,但由于感知和监督等方面的原因,企业也会通过"象征性贯标"与"实质性贯标"的策略选择进行漂绿（King et al.，2005；Christmann & Taylor，2006）。

（3）制度经济学视角

合法性是组织生存和发展的关键性资源,环境表现已经成为现代企业合法性的一个重要方面,而环境信息披露给组织提供了一种不必改变组织经济模式就可以维持合法性的途径（Neu et al.，1998；Roulet & Touboul，2015）。公司虽然公开环境信息,但其意图很可能是迎合监管者的要求及社会公众的诉求（王惠娜,2010）。对于一些环境表现差的企业,因面临着监管压力及合法性威胁,漂绿成为企业获得组织合法性的一种解耦策略（Delmas & Burbano，2011）,合法性形象的取得源于叙事而非真相（Delmas & Montes-Sancho，2010）。在信息披露过程中,上述企业往往借助文字游戏做表面文章,采取含混、模棱两可、象征性语言为企业漂绿（Weaver et al.，1999）,即使环境信息披露数量较多,但质量普遍较低（沈洪涛等,2014）。

2.5.4　研究方法

关于漂绿问题的研究方法,经归纳总结,如表 2-4 所示。

表 2-4　漂绿研究方法汇总

方法分类	代表性成果	优点	局限
理论演绎	Laufer，2003；Delmas & Burbano，2011；Lyon & Montgomery，2013；王惠娜,2010	利用文献建立理论框架,通过归纳、推理等方法来发展一组命题,用于解释漂绿现象	研究结论的客观性可能会受到限制
统计分析	Parguel et al.，2011；Chen & Chang，2013；Nyiliasy et al.，2014；Roulet & Touboul，2015；Du，2015	以观察到的经验事实对漂绿现象进行检验,有助于揭示变量间的相关关系或因果关系	模型设定的内生性和研究结论的稳健性值得关注
案例研究	Holcomb，2008；Matejek & Gössling，2014	资料来源丰富,有助于解释漂绿行为的整体动态特征	用于揭示机理的案例研究目前尚比较薄弱
构建模型	Mahenc，2009；Lyon & Maxwell，2011	根据参数取值及其变化,实现对漂绿机制与不同政策方案的模拟	漂绿现象是一个多样化与复杂性的问题,而模型的简化过程反映的是一种阶段性的认识

（1）理论演绎

通过逻辑推理、总结和归纳，对漂绿现象进行解释，不进行假设检验和实证研究。一方面，目前对于漂绿现象的讨论仍较多体现在定性层面，但研究视角比较分散，多属于对叙事风格的描述。另一方面，一些学者也透过现象看本质，注重文献回顾、理论构建和归因解释，对漂绿现象的驱动机制和特征表现做出较为深入的分析探讨（Laufer，2003；Delmas & Burbano，2011；Lyon & Montgomery，2013；王惠娜，2010）。

（2）统计分析

主要采用公开数据或利用问卷调查开展方差分析、相关性分析和回归分析。通过统计分析有助于客观测量外部制度环境和内部治理因素对企业漂绿决策的影响，以及漂绿行为的市场反应和经济后果。将漂绿因素作为因变量或自变量，可以反映某种相关关系或因果关系，测算相关因素对结果的平均净效应和交互效应。但对于信息披露问题，利用纵向历史数据进行多元回归分析，可能引发模型设定中的内生性及结论的稳健性问题（Bertomeu & Magee，2015）。

（3）案例研究

案例研究更适合处理"怎么样"（how）和"为什么"（why）之类的问题（Robert，2009），有助于对企业漂绿过程中的"黑箱"问题进行解释和讨论。现有文献中，既有单案例研究（Matejek & Gössling，2014），也有多案例研究（Todd，2004；Holcomb，2008）。不过在研究视角上，现有文献主要关注漂绿的现状描述、概念抽象及治理路径，尚未关注其驱动机制（即主要考虑"怎么样"的问题，而不是"为什么"的问题），而这一领域的研究对于深入认识漂绿问题是十分重要的。

（4）构建模型

主要通过数学建模或计算模拟，支持与漂绿相关的分析结论。运用该方法需要在开展严格数理分析的基础上，进一步揭示企业在不同情境下的披露策略及其概率，尤其是关注不同参数取值变化及其对漂绿行为的影响（Lyon & Maxwell，2011），总结其中的政策含义。由于漂绿行为的复杂性，依靠模型方法绝不可能穷尽对漂绿现象的认识，模型本身固有的内在局限性，决定了构建模型方法在漂绿研究中是比较有限的。

2.5.5　重点问题的研究现状

总结现有文献,当前漂绿研究的热点领域和重点问题集中在影响因素、经济后果和治理路径方面,本章对其主要观点、理论视角和研究方法进行了梳理和归纳,具体如表 2-5 所示。

表 2-5　主要问题的研究现状

重点问题	主要观点	理论视角	研究方法	代表性成果
影响因素	制度因素	制度经济学	理论演绎	Delmas & Burbano, 2011
	文化因素	制度经济学	统计分析	Roulet & Touboul, 2015
	媒体因素	制度经济学	理论演绎 案例研究	Lyon & Montgomery, 2013 Holcomb, 2008
	环境因素	新古典经济学	理论演绎 统计分析	杨波,2014 赵晓丽等,2013
经济后果	污染减排的影响	信息经济学	统计分析	Blackman 2015
	行业诚信的影响	新古典经济学	理论演绎	Slaughter, 2008 Chen & Chang, 2013
	企业本身的影响	信息经济学 制度经济学	统计分析 案例研究	Walker & Wan, 2012 王欣等,2015 Matejek & Gössling, 2014
	消费者的影响	信息经济学 制度经济学	理论演绎 统计分析	Gillespie, 2008 Chen & Chang, 2013 Nyilasy et al.,2014
治理路径	政府规制	信息经济学 制度经济学	理论演绎 构建模型	Feinstein, 2013 Lyon & Maxwell, 2011
	非政府力量	信息经济学 制度经济学	理论演绎 统计分析	Lightfoot & Burchell, 2004 Lyon & Montgomery, 2013
	第三方机制	信息经济学	统计分析 构建模型	Parguel et al.,2011 Lyon & Maxwell, 2011
	多中心治理	制度经济学	理论演绎	杨波,2014

(1)影响因素

制度因素。强调监管,规范和认知因素的制度理论框架在企业形成特定行为决策时的影响,具体到漂绿,包括组织外部(如消费者偏好、竞争压力等)、组织内部(如企业特征、激励机制、组织惰性等)和决策者个人(如乐观主义倾向、狭窄的决策框架等)因素的影响(Delmas & Burbano,2011)。

文化因素。在竞争文化占主导的国家中,企业更倾向于采取漂绿行为;而在强调个人责任意识,并将其视为美德的国家中,企业更倾向于采取实际环保行为(Roulet & Touboul,2015)。

媒体因素。在国外,以推特(Twitter)等为代表的新型社交媒体拥有与传统媒体不同的特征,当公众觉察到企业采取漂绿的公关策略时,其负面影响会通过社交媒体得到广泛传播,结果往往适得其反。社交媒体的兴起有助于减少企业漂绿行为的发生(Lyon & Montgomery,2013)。

环境因素。经济、社会环境的剧变带来企业主体行为的不稳定性,使漂绿成为变化的经济、社会环境中的一种"商机",在没有得到有效规范之前,漂绿现象会通过相互模仿的行为不断蔓延(赵晓丽等,2013;杨波,2014)。

(2)经济后果

对污染减排的影响。一些研究结果表明,环境信息公开确实能够为企业减少排放提供正向激励,但也有一些学者对这种环境政策的污染减排效果提出了质疑(Blackman,2008)。Huang 和 Chen(2015)以中国为对象的研究结果表明,环境信息披露作为一种制度减排措施,对中国"十一五"期间的污染减排并没有产生预期的效果,制度执行中的漂绿行为是该制度未充分发挥作用的重要原因。

对行业诚信的影响。如果一家企业以一种不恰当或不诚信的方式,宣称其对环保责任的承诺并从中获益,就会使玩世不恭和缺乏诚信之风蔓延(Aerts et al.,2006),并不可避免地引起反作用——在信息不对称的次品市场,漂绿行为会导致市场的逆向选择,从而使真正绿色环保的商品遭到驱逐(Slaughter,2008;Chen & Chang,2013),抵消了人们对环境保护的各种努力。

对漂绿企业的影响。企业对外宣传社会责任绩效的主要目的是最大化其利益(Julian & Ofori-Dankwa,2013)。但这种"虚假宣传"(hypocrites)一旦被觉察或识别,对企业的财务绩效将产生负面影响(Walker & Wan,2012)。同时,企业漂绿行为被揭露并作为一种"坏消息"被传播,会影响上市公司的股票价格,进而降低其市场估值。Du(2015)及王欣等(2015)利用事件分析法的研究发现,在漂绿行为被曝光的窗口期,漂绿企业的累计超额收益率(cumulative abnormal return,CAR)显著为负。Matejek 和 Gössling(2014)通过案例分析表明,在墨西哥湾漏油事件发生后,英国石油公司股价下跌了 1/3,市值蒸发近 700 亿美元。

对消费者的影响。漂绿现象发生后,消费者对绿色产品的信任可能会被削弱,对宣传环境友好的陈述会产生怀疑(Gillespie,2008),从而导致对品牌的负面态度和较低的购买意愿(Newell et al.,1998)。近年来,一些学者开始利用实证研究方法考察漂绿对消费者的绿色信赖感或购买行为的影响。Chen 和 Chang(2013)基于结构方程模型的分析结果表明,漂绿不仅直接影响消费者的绿色信任,还可能通过对绿色消费风险的感知而间接地对绿色信任产生负面影响。Nyilasy 等(2014)基于归因理论的实证研究发现,企业环境绩效不佳对其品牌购买意愿会产生负面的影响,这一影响在发布"绿色"广告的企业中表现得更加明显。

(3)治理路径

政府规制。一是在面临信息不对称和外部性等市场失灵问题时,需要政府出面对机会主义行为进行遏制,改变漂绿的收益和成本,加大对企业漂绿行为的惩戒力度(Lyon & Maxwell,2011)。二是完善相关法律,在涉及贸易、广告、证券、公司治理及信息公开等的法案中,加强企业宣传绿色产品或绿色形象的合规性要求,制定披露指南(Holcomb,2008;Bodger & Monks,2009;Feinstein,2013;刘传红和王春淇,2016)。

非政府力量。主要指非政府组织引导下的媒体监督、同行监督及公众监督等,这在西方国家被认为是对漂绿行为进行规制的重要力量(Lightfoot & Burchell,2004)。例如,由环境媒介社会营销组织和俄勒冈大学(Enviro Media Social Marketing & University of Oregon)合作推动建立的反漂绿网站(http://www.greenwashingindex.com),是一个开放系统,它将消费者和公众作为反漂绿主体,任何人都可以将涉嫌漂绿的产品或公司信息上传,并对其进行评论,同时也可以评论其他人上传的漂绿信息(Lyon & Montgomery,2013)。

第三方机制。具体包括生态标签、绿色评级、环境管理系统和环境审计等。Lyon 和 Maxwell(2011)构建了一个漂绿策略的博弈模型,分析结果表明,环境管理系统有助于减少环境业绩差的企业实施漂绿行为。Parguel 等(2011)进一步指出,可持续发展评级有助于阻止公司粉饰环境业绩,鼓励良心公司坚持它们的企业社会责任实践。此外,按照全球报告倡议组织(GRI)的要求建立统一信息披露标准,并对环境报告开展独立鉴证,也被认为是治理漂绿的重要制度安排(Laufer,2003;Van Der Ploeg & Vanclay,2013)。

多中心治理。任何单一治理方式都可能存在不尽如人意之处。例如,对于政府规制而言,为避免遭受惩戒,企业可能倾向于较少披露自身的环境表现情况(Lyon & Maxwell,2011)。与发达国家相比,发展中国家的环保非政府组织起步较晚,导致非管制压力薄弱(Huang & Chen,2015)。而在第三方机制中,评级机构可能被漂绿企业收买,导致评级结果不可信(Mahenc,2009)。因此,多种治理方式结合,有助于增强协同性和互补性,推动对漂绿行为实行有效监管(杨波,2014)。

2.6　国内外研究述评

环境问题具有典型的积累性和长期性特征。Carroll(1979)指出,企业应对环境保护等社会问题的方式,依次包括对抗哲学(reaction philosophy)、防御哲学(defense philosophy)、适应哲学(accommodation philosophy)和先动哲学(proaction philosophy)。伴随着法制的完善和时代的进步,近年来,生态环境部、国资委、中国人民银行、证监会等部门先后颁布了一系列法律法规,要求企业积极披露环境和社会责任信息,对企业环境信息披露形成了制度压力。

虽然披露环境信息公司的数量和比例不断增加,但环境信息披露的质量不容乐观。越来越多的企业表面宣传环保行为,但实际上反其道而行之的漂绿现象表明,企业公开环境信息很可能是基于信号传递视角的自利动机,在具体表现上呈现的是一种机会主义行为。

在环境信息披露中,最重要的不是披露了什么,而是没有披露什么及披露的真实性如何。20世纪90年代以来,国际上关于绿色产品和绿色管理的学术文献日渐丰富,漂绿现象及其规制问题引发学术界和政府部门的高度重视(Yang et al.,2020)。国内外学者对于环境信息披露的动因、内容和影响因素等开展了多角度的研究,相关文献具有重要借鉴和参考价值。但对于漂绿问题的研究目前还存在一些亟待解决的理论与实践问题,需要进一步深入分析和探讨,主要表现在:

第一,虽然已经意识到漂绿在企业间存在效仿和追随现象,但国内外学者在分析这种现象的成因时,主要试图从新古典经济学和"费用—效益"的静态、均衡分析框架出发,对漂绿的影响因素及其行为特征进行理论解释;但由于忽视了漂绿形成和传播过程中的群体复杂性,未能很好地揭示漂绿的演化机理问题。

第二,当前针对漂绿的研究成果多数集中在产品漂绿层面。实际上,产品漂绿可以被视为企业漂绿的一种特殊表现形式。从信息披露的视角来看,粉饰企业环境业绩的漂绿行为,与粉饰企业财务业绩的"漂白"行为在性质上同样严重,在某种程度上甚至有过之而无不及(见表 2-6). 关于漂白的研究文献(如盈余管理、会计稳健性等)目前已经十分丰富,相比之下,从信息披露视角对企业层面漂绿的研究尚十分薄弱。

表 2-6　漂绿与漂白的比较

现象	漂白	漂绿
表现	企业粉饰财务报表,发布虚假财务信息	企业选择性地对外发布对自身有利的环境信息,而有意掩饰负面的环境信息
载体	财务报告	财务报告、环境报告、ESG 报告、网站、广告、公司宣传册、标识(logo)
比例	并非某个企业的个案	多数企业都有漂绿行为
行为	虚增收入、转移资产、缩减成本等	隐瞒信息、虚假披露、避重就轻等

第三,中国经济新常态和经济发展方式的转型,必然带来政府职能的深刻调整。作为新兴市场国家,我国在环境保护方面,无论是管制压力还是非管制压力,都有其自身的特殊性。针对漂绿现象,我国现有防控措施的系统性和针对性不强,未能形成完善的漂绿治理体系,无法为生态文明建设提供强有力保障。

上述未被充分探讨的议题,为本书的研究提供了空间。本书从企业漂绿认知观出发,研究漂绿的现实表现、模仿—扩散效应及治理路径等,以期在借鉴前人经验的基础上弥补现有文献的不足。

第 3 章　信息化工具与污染减排

3.1　本章概述

我国开始于 1978 年的改革开放取得了举世瞩目的成绩,目前中国已经成为世界第二大经济体和第一大出口国,但经济的高速增长也付出了巨大的生态环境代价。面对日趋严峻的环境危机,依据"库兹涅茨曲线"假说,在经济增长达到一定程度后自然而然地解决中国的环境问题是不现实的,因为在经济增长还没有达到解决环境问题的能力之前,中国的环境承载力就可能已经趋于崩溃。如何实现经济增长与环境保护的"双赢",成为中国决策者特别关心的问题。

在环境规制中,根据污染控制工具的特征有三种基本分类,即俗称"大棒、胡萝卜、说教"的法律规制、经济激励和信息工具(Bemelmans-Videc et al.,1998)。2006 年,深圳证券交易所发布了《上市公司社会责任指引》,随后上海证券交易所也于 2008 年发布了《上市公司环境信息披露指引》,先后对上市公司环境信息披露的形式、范围和程序做出了具体规定。作为一种信息化工具,环境信息披露完善了我国的环境监管制度,也引发了对其是否有助于实现污染减排目标的关注,这个问题的不同答案,对于进一步建立和完善适应中国国情的环境政策网络具有深远的指导意义。

关于中国环境规制政策及其效果的研究,目前仍主要停留于行政管制和排污收费制度(Dasgupta et al.,2001;2002;Wang,2002;Wang & Wheeler,2003,2005;Wang & Jin,2007;Xu et al.,2010),虽然一些学者开始研究中国的环境信息披露,但主要集中于企业环境信息披露的行为动因、影响因素及市场反应等方面(Zeng et al.,2010;Li,2011;Kuo et al.,2012;Meng et al.,

2013），而很少将其与污染控制目标联系起来。

本章的研究贡献体现在三个方面：首先，首次对上市公司环境信息披露制度是否有助于中国实现污染减排目标这样一个命题进行了检验，研究结果表明，环境信息披露在中国尚不能成为一种理想的环境规制工具，但环境信息披露与环境行政处罚的交互项对污染减排具有显著正向的影响，从而进一步补充和丰富了以发展中国家为背景的信息披露与污染控制关系的研究文献。其次，研究发现，我国环境信息披露减排效果不佳，源于在转型经济中常常存在较弱的执法制度（Garrod，2000），信息公开计划往往成为上市公司自我标榜社会责任感的工具，而实际上很少采取行动来减少环境风险或负债。最后，前期文献多从企业层面或行业层面分析我国的环境信息披露制度，本章的研究利用中国省际层面上市公司的面板数据开展分析，体现了宏观性，在借鉴前人经验的基础上弥补了前述研究的不足。基于本章的研究发现，不仅对于进一步完善我国的环境信息披露及其监管机制具有参考价值，而且对于同样处于经济转型期的其他发展中国家利用信息化工具开展污染控制也具有借鉴意义。

本章的后续研究安排如下：3.2 节为文献回顾、制度背景与理论分析，3.3 节为"十一五"期间我中国污染减排总体效果分析，3.4 节为研究设计，3.5 节为实证检验，3.6 节为进一步分析，3.7 节是研究结论与启示。

3.2 文献回顾、制度背景与理论分析

3.2.1 文献回顾

污染控制工具的选择和实施一直是可持续发展研究中经久不衰的主题。命令与控制工具能够迅速达到控制与治理污染的目的，不受污染源本身的特性和空间因素等的限制，对于污染减排确实有一定成效（Dasgupta et al.，2001），但命令型管制具有较强的行政色彩，减排成本较高，也不利于激励企业的技术创新（Nordberg-Bohm，1999；Joshi et al.，2001）。相对于命令控制型管制，市场化工具的优点是低成本和高效率，以及对技术创新和扩散的激励效应（Kolstad，1986；Baumol & Oates，1988），因此更受经济学家的青睐。然而市场化工具的实行效果却不尽相同，以排污费为例，一些研究表明排污费的确是一项十分有效的政策工具（Barker & Kfhler，1998；Wang & Wheeler，2005）；

但也有研究发现,排污费对环境改善的影响十分有限,其原因包括现实中难以搜集足够的信息制定合适的税率,实施不力及人为因素的影响等(Cabe & Herriges,1992;Rock,2002;Bruvoll & Larsen,2004)。有研究表明,因制度环境和政治关系,发展中国家在运用市场化工具时会遇到比发达国家更多的问题(Blackman & Harrington,2000)。

　　环境问题的复杂性是污染控制手段持续创新及新工具不断涌现的客观背景。信息公开被称作污染控制工具的"第三次浪潮"(Tietenberg,1998)。信息公开作为一种环境规制工具的流行,可以通过提供、处理、传播相关信息的成本变化和时间效率来解释(Lundqvist,2001;Jordan et al.,2003)。在实践中,有两种类型的环境信息披露方式:一种是仅定期披露污染物排放的数据,如美国的有毒物质排放清单(Toxic Release Inventory,TRI),以及中国的上市公司环境信息披露;另一种是不仅定期披露污染排放数据,而且要求开展绩效评估,例如印度尼西亚的绩效考核和评价项目(Performance Evaluation and Ratings Program,PERP),印度的绿色评级项目(Green Rating Project,GRP),菲律宾的生态观测项目(EcoWatch Program,EWP)及中国的绿色观察项目(Green Watch Program,GWP)等。

　　美国是最早实行有毒污染物信息公开的国家。一些研究表明,美国自 1986 年实行 TRI 后,确实大幅度削减了大气和水中的排污量(Bennear & Olmstead,2008)。García 等(2007,2009)对印度尼西亚实施 PERP 的效果进行了分析,认为 PERP 显著减少了污染物的排放量,外资企业、人口稠密区的企业和环境评级差的企业对于 PERP 更加敏感。Dasgupta 等(2004)分析比较了在中国镇江和呼和浩特两个不同经济发展水平的城市实施 GWP 的效果,在 GWP 实施过程中,企业的环保绩效由好到差被标示为不同颜色(绿色、蓝色、黄色、红色和黑色)并向社会公开,跟踪调查表明,环境信息公开确实能够为企业减少排放提供正向激励。Powers 等(2011)对印度纸浆及造纸行业的实证分析表明,GRP 对于环保记录差的企业(Dirty Plants)减排效果显著,而对环保记录较好的企业(Clean Plant)减排效果并不显著;另外,GRP 在富裕地区比在贫困地区的实施效果要更明显。

　　但也有一些研究者对信息公开计划作为一项环境政策的污染减排效果提出了质疑。Foulon 等(2002)对加拿大不列颠哥伦比亚省的分析表明,与传统命令控制工具相比,信息披露并不能为污染控制提供足够的激励。Koehler 和 Spengler(2007)以美国铝业行业为例分析指出,虽然实施 TRI 之后污染物排放得到大幅削减,但这种削减是包括市场调节和法律管制等在内的多种政策工具综合作用的结果,不能全部归功于 TRI。Uchida(2007)利用动态博弈模型的分析指出,生态标签及全面信息披露不一定会带来污染减排,只有在该产品并未严重污染环境,或者最低排放标准设定得相当低的时候,全面信息披露才可能是有效的。Brouhle 等(2009)对影响美国金属加工行业污染排放的两个政策杠杆进行了评估,通过实证分析发现,新兴政策工具——自愿信息披露的减排效果甚微,而传统政策工具——行政监管则通过了显著性检验。Koehler(2008)采用了一种新的方法对自愿环境项目(VEP)进行了评估,研究发现自愿环境项目的污染减排效果并不理想,这与传统分析方法的结论不一致,该文讨论了各种解释,包括体制约束和参与者动机等。Kathuria(2009)通过案例分析认为,在发展中国家和转型国家,环境信息披露是否有效取决于是否存在一个可信的计划,以便能在不同的关键点上对信息质量进行审查。Blackman(2008,2010)通过对 PERP 运行的成功与失败案例进行综合分析,指出 PERP 在发展中国家仅在特定的条件和情形下才有效,因此急于得出 PERP 在发展中国家是一项有前景的政策工具的结论为时尚早。

3.2.2 制度背景与理论分析

我国是否具备环境信息披露有效运用的情境和条件,需要从两个方面展开分析。

(1)管制压力

我国自改革开放以来保持了 30 多年的高速经济增长,被誉为"增长奇迹",因为按照传统经济学理论,在人均资源禀赋和技术创新等方面,中国并不具备产生这种"增长奇迹"的条件。一些学者提供了这种经济增长的政治经济学解释,指出中国以独特方式解决了对地方政府的强激励问题(Li & Zhou,2005)。

长期以来,地区生产总值的增长率直接影响地方政府官员的政治晋升并决定了当地财政收入水平,正是由于这种激励,地方政府在我国经济增长中扮演着非常重要的角色。当上级政府提出某个经济发展指标时,下级政府往往会竞相提出更高的发展指标,出现层层分解、层层加码的现象,他们那种寻求一切可能的资源进行投资、推动地方经济发展的热情在世界范围内都是罕见的。

恰恰是这种经济发展的锦标赛模式会影响到环境政策的绩效。各地的上市公司都具备一定的资产规模和盈利能力,不仅是当地重要的税源,也是拉动GDP 增长的主要动力。地方政府进行污染控制的意愿往往在经济增长的压力面前妥协,为了不降低这些重点企业的竞争力,地方政府在环境信息披露上往往是"上有政策,下有对策",对上市公司的信息披露行为采取听之任之的态度。在这种缺乏有效监督的情况下,环境信息公开极有可能成为一种漂绿的粉饰行为(Lyon & Maxwell,2011)。

(2)非管制压力

Hettige 等(1996)对南亚及东南亚国家污染治理的研究发现,在这些国家,即使正式的管制压力非常薄弱,但仍然存在一些非常清洁的生产工厂,他们认为在管制压力之外的非正式压力使企业削减了排污量,这些非管制压力主要包括:环保 NGO、消费者及公众对环境污染的抵制和抱怨行为。

与发达国家相比,我国的环保 NGO 起步较晚,面临着规模不大、资金不足、设备和技术缺乏等多重困境。例如,在中国成立的第一家环保 NGO——自然之友,目前有会员 10000 余人,每年会费收入尚不足 100000 美元,只能象征性地开展一些环境教育活动,无法从事大规模的环境保护行动。Ricky 和 Lorett(2000)基于中国的一份调查表明,一方面,生态影响和生态知识与消费者的绿色购买意愿呈正相关关系;另一方面,中国消费者的生态知识和实际绿色购买行为仍相当低,绿色消费在中国仍需要一个漫长的过程。在中国,公众对于环境问题越来越关注,但由于中国社会普遍缺乏一个可行的法律和体制框架,实际上公众无法真正参与环境保护的进程当中(Li et al.,2012)。公众的投诉、信访和抱怨仅仅局限在容易识别的、危险系数不高的污染问题,对那些致命的、难以识别的有毒污染物质,公众的抱怨难以奏效,甚至不会被察觉。

因此,虽然社会各界的环保意识在不断增强,但目前无论是环保 NGO、消费者还是公众对企业环境信息披露的影响都十分有限,尚无直接的经验证据能够证明非管制力量对中国的污染企业构成压力。

综上,由于管制压力和非管制压力的薄弱,极有可能出现的情况是,政府、环保 NGO、消费者和公众对于上市公司的环境信息披露质量都无法进行直接和有效的约束。因此,我们认为:在"十一五"期间,环境信息公开作为上市公司自我宣传的幌子,主要是用来向社会传递一种环境友好的姿态,而真正采取污染控制行动的可能性不大。

3.3 "十一五"期间我国污染减排总体效果分析

"五年计划"是我国政府于 20 世纪 50 年代开始进行的国民经济和社会发展计划。第一个五年计划于 1953—1957 年执行,简称"一五计划",1958 年开始执行第二个五年计划——"二五计划",以此类推。"三五计划"本应该于 1963 年开始,但新中国成立初期的"大跃进"导致国民经济主要比例失调,需要进一步进行调整,造成了 3 年的空窗期,起始年变为 1966 年。2006—2010 年是中国的"'十一五'计划"时期,"十一五"期间,我国的 GDP 年均增长超过了 8%,也正是从 2006 年开始,环境信息披露在我国的上市公司中逐步形成制度化。

首先,我们对于我国"十一五"期间能源消耗的总体情况进行分析。表 3-1 展示了采用全国数据的单位 GDP 能耗及能源消费弹性情况。由表 3-1 可知,我国单位 GDP 能耗在"十一五"期间,一直呈现逐年下降的趋势,"十一五"期末单位 GDP 能耗比"十五"期末下降了 15.99%,达到了"十一五"期间单位 GDP 能源消耗降低 16% 的国家强制性指标。同时,能源和电力的消费弹性系数呈现 V 形,在 2008 年达到最低点,而 2009—2010 年有所上升。

表 3-1 "十一五"期间单位 GDP 能耗及能源消费弹性系数

指标	2005	2006	2007	2008	2009	2010	总降低率/%	约束性指标
单位 GDP 能耗/（吨标煤/万元）	1.23	1.20	1.16	1.12	1.08	1.03	15.99	16
能源消费弹性系数	1.02	0.83	0.66	0.41	0.57	0.58	43.14	—
电力消费弹性系数	1.30	1.26	1.21	0.58	0.78	1.27	0.02	—

表 3-2 是采用全国数据的工业"三废"（废水、废气、固体废弃物）及主要污染物的减排效果,与"十五"期末相比,工业"三废"中工业固体废弃物的减排效果最为明显,整体减排幅度达到 82.69%;而工业废气是"三废"及主要污染物中唯一没有实现减排目标的,2010 年单位工业 GDP 的废气排放量比 2005 年反而上升了 10.92%。

表 3-2 "十一五"期间单位工业"三废"及主要污染物的减排效果

指标	2005	2006	2007	2008	2009	2010	总减排/%	年均减排/%	约束指标/%
工业废水/(万吨/亿元)	31.48	27.55	24.62	21.95	19.59	17.68	43.84	10.89	—
化学需氧量	183.11	163.83	137.95	119.94	106.70	92.15	49.68	12.81	8
氨氮	19.40	16.22	13.21	11.53	10.24	8.95	53.87	14.29	10
工业废气/(亿标方/亿元)	3.48	3.80	3.88	3.67	3.64	3.86	−10.92	−2.22	—
二氧化硫	330.10	296.97	246.39	210.79	184.95	162.64	50.73	13.17	8
烟尘	153.11	124.90	98.49	81.88	70.80	61.71	59.70	16.56	
工业粉尘	117.98	92.73	69.75	53.12	43.73	33.40	71.69	22.27	
工业固体废弃物	214.25	149.37	119.47	71.00	59.34	37.08	82.69	28.96	—

化学需氧量、氨氮、二氧化硫、烟尘、工业粉尘等主要污染物的单位工业 GDP 排放量皆有比较明显的下降,年均减排率在 12.81%～28.96% 不等;减排幅度最大的工业粉尘达到了 71.69%,减排幅度最小的化学需氧量也达到 49.68%。其中化学需氧量、二氧化硫、氨氮的年均减排指标达到了国家环保总局制定的约束性减排指标。

表 3-3 是利用中国 31 个省区市数据计算的"三废"排放量。从表 3-3 可知,中国各个地区的环境绩效表现出比较明显的差异,虽然有些地区的"三废"减排效果比较显著,但仍有部分地区的"三废"排放强度未能得到有效控制。"十一五"期间,单位工业 GDP 排放的废水,在全国范围内都有不同程度的削减,减排幅度在 11.18%～77.88% 不等。单位工业 GDP 排放的废气,减排绩效最好的是西藏,达到 42.47%;减排绩效最差的是宁夏,排放量增加了176.93%。单位工业 GDP 排放的固体废弃物,减排绩效最好的是江西,达到 39.01%;减排绩效最差的是新疆,排放量增加了 73.27%。

根据以上的分析可知,"十一五"期间,虽然各地区的节能减排效果不平衡,但总体上看,中国单位工业 GDP 污染物排放水平呈逐年下降趋势。其中,环境信息披露制度是否发挥了作用及影响程度如何,是我们所关心的问题。

表 3-3　中国各地"十一五"期间单位工业 GDP"三废"排放量

地区	2005 年			2010 年			减排率/%		
	废水/ (万吨/ 亿元)	废气/ (亿标方 /亿元)	固体 废弃物/ (万吨/ 亿元)	废水/ (万吨/ 亿元)	废气/ (亿标方 /亿元)	固体 废弃物/ (万吨/ 亿元)	废水/ (万吨/ 亿元)	废气/ (亿标方 /亿元)	固体 废弃物/ (万吨/ 亿元)
北京	7.506	2.069	0.725	3.000	1.738	0.464	60.03	16.00	36.00
天津	15.958	2.441	0.596	4.542	1.774	0.430	71.54	27.32	27.85
河北	26.694	5.684	3.490	13.465	6.639	3.735	49.56	−16.80	−7.05
山西	15.158	7.150	5.281	13.463	9.498	4.931	11.18	−32.84	6.63
内蒙古	16.894	8.168	4.982	9.808	6.819	4.216	41.94	16.52	15.38
辽宁	30.110	5.990	2.935	9.258	3.489	2.236	69.25	41.75	23.82
吉林	30.199	3.621	1.801	12.258	2.613	1.472	59.41	27.84	18.27
黑龙江	16.748	1.951	1.191	7.864	2.043	1.092	53.05	−4.72	8.31
上海	12.374	2.054	0.476	5.426	1.918	0.362	56.15	6.62	23.95
江苏	31.744	2.164	0.617	14.681	1.737	0.505	53.75	19.73	18.15
浙江	30.307	2.051	0.396	19.752	1.856	0.388	34.82	9.51	2.02
安徽	34.913	3.827	2.308	16.967	4.267	2.189	51.40	−11.50	5.11
福建	46.066	2.204	1.327	20.317	2.210	1.225	55.90	−0.27	7.69
江西	37.081	3.009	4.814	22.632	3.062	2.936	38.97	−1.76	39.01
山东	14.534	2.522	0.959	11.182	2.354	0.861	23.06	6.66	10.22
河南	25.220	3.165	1.262	14.906	2.251	1.062	40.90	28.88	15.85
湖北	37.936	3.860	1.515	17.778	2.606	1.280	53.14	32.49	15.51
湖南	55.911	2.746	1.537	19.323	2.966	1.167	65.44	−8.01	24.07
广东	22.092	1.283	0.276	9.350	1.204	0.273	57.68	6.16	1.09
广西	115.121	6.593	2.759	54.478	4.788	2.055	52.68	27.38	25.49
海南	47.567	5.827	0.813	17.107	4.024	0.627	64.04	30.94	22.88
重庆	82.948	3.572	1.737	18.345	4.443	1.152	77.88	−24.38	33.64
四川	48.511	3.221	2.541	15.706	3.380	1.889	67.62	−4.94	25.66
贵州	20.791	5.393	6.796	10.676	7.700	6.186	48.65	−42.78	8.98
云南	27.886	4.610	3.947	13.260	4.707	4.027	52.45	−2.10	−2.03

续表

地区	2005 年			2010 年			减排率/%		
	废水/ (万吨/ 亿元)	废气/ (亿标方 /亿元)	固体 废弃物/ (万吨/ 亿元)	废水/ (万吨/ 亿元)	废气/ (亿标方 /亿元)	固体 废弃物/ (万吨/ 亿元)	废水/ (万吨/ 亿元)	废气/ (亿标方 /亿元)	固体 废弃物/ (万吨/ 亿元)
西藏	56.693	0.744	0.458	19.696	0.428	0.294	65.26	42.47	35.81
陕西	27.561	3.164	2.953	13.700	4.069	2.076	50.29	−28.60	29.70
甘肃	24.494	6.197	3.279	12.097	4.926	2.951	50.61	20.51	10.00
青海	37.359	6.718	3.182	21.515	9.415	4.248	42.41	−40.15	−33.50
宁夏	93.469	12.415	3.139	46.287	34.381	5.192	50.48	−176.93	−65.40
新疆	20.853	4.664	1.347	15.154	5.552	2.334	27.33	−19.04	−73.27

3.4　研究设计

3.4.1　数据来源

关于环境信息披露与污染减排关系的讨论,以前的研究主要是利用污染企业(Dasgupta et al.,2004;Blackman,2008),污染行业(Brouhle et al.,2009)或者某一个地区(Foulon et al.,2002;Bennear & Olmstead,2008)的数据,我们在研究中采用我国省级层面的面板数据。

上市公司环境信息披露尚没有现成的数据或信息,为此我们采取手工采集的方式。为保持与污染排放的统计口径相一致,我们以工业和公用事业的上市公司作为研究对象。全部资料来源于 2007—2011 年 A 股上市公司的年报,通过深圳证券交易所网站和上海证券交易所网站经整理、计算而得。与污染控制有关的数据来源于 2007—2011 年《中国环境年鉴》,与经济发展有关的数据来源于 2007—2011 年《中国统计年鉴》和各个省区市的统计年鉴。我们最终的样本包含 155 个观测值。

3.4.2　变量定义

遵循 Jiang 等(2002)、Koehler 和 Spengler(2007)的研究,采用主要污染物排放量来衡量污染减排绩效。为减少异常值的影响,我们选择单位工业 GDP

"三废"排放水平(EM)的对数作为被解释变量,"三废"具体包括废水、废气和固体废弃物。

上市公司的透明度需要以一个信息披露指数来进行评估(Cheung et al.,2010)。为衡量中国各个省区市上市公司环境信息披露的质量,进而考察上市公司环境信息披露针对污染减排的有效性,我们通过上市公司年报的内容分析构建了一个环境信息披露指数(INF)作为解释变量,各上市公司环境信息披露评分的总规则是:无信息披露为 0 分,定性信息披露为 1 分,定量信息披露为 2 分,上市公司环境信息披露得分合计除以该地区工业和公用事业上市公司的总数所得数据即为环境信息披露指数。

为了尽量减少其他可能影响因素遗漏对实证结果产生的影响,我们在研究中考虑以下三组控制变量。

第一组控制变量是其他的制度减排工具,包括命令控制工具、市场化工具和信息化工具。在传统的命令控制工具中,环保法制(CRI)的完善有助于平衡负外部性,减少企业的逆向选择行为(Baumol & Oates,1988;Robert,2009),同样,对污染企业的环境行政处罚(SAC)也能够减少废物的过度排放(Dasgupta et al.,2001;Wang & Wheeler,2005)。在市场化工具中,排污费(CH)在中国被认为是一项有效的减排措施(Wang,2002;Wang & Wheeler,2003;Wang & Wheeler,2005;Wang & Jin,2007),排放权交易(TRA)在中国尚未得到普及,我们构建了一个哑变量来分析其在地区污染控制中的效果。除了环境信息披露指数,我们选择各省区市的环境信访状况(CO)作为信息化工具的衡量指标,因为有研究表明,社区的环保意识和居民的抱怨会对污染控制产生积极的影响(Wu,2010)。

第二组控制变量是非制度性减排工具。根据中国政府颁布的《节能减排"十二五"规划》,节能减排的措施包括制度减排、工程减排、结构减排和技术减排四大方面。在工程减排工具中,我们选择政府用于污染治理的公共投资(IN)作为衡量指标,因为环保投资被认为和污染控制具有显著的正相关关系。在结构减排工具中,选择关闭和迁移污染企业数(CLO)作为衡量指标,在技术减排措施中,选择环境保护专利申请数(PAT)作为衡量指标,上述两个方面虽没有基于中国的经验证据,但作为中国节能减排的发展规划和总体安排,我们认为这些措施对中国的污染控制将产生影响。

我们在回归模型中加入了可能影响中国各地区污染物排放的固有因素：(1)国有企业比重(STA)，用工业部门中国有企业的职工占全部工业企业职工的比值表示；(2)经济发展水平(ECL)，用人均 GDP 与同期各地人均生产总值均值的比值表示；(3)外商直接投资(FDI)，用外商直接投资的存量占地区生产总值的比值表示。我们加入了国有企业的比重，是由于 Wang 和 Jin(2007)的研究发现，相对于民营企业，国有企业具有相对较差的环境绩效，因此我们认为国有企业比重越大，地区环境质量可能越低。我们加入了经济发展水平，是由于依据库兹涅茨曲线，经济发展水平较高的地区，环境质量也会较高(Grossman & Krueger，1995)。我们加入了外商直接投资，是由于有充分证据表明外商直接投资会对中国的地区环境质量产生一定的影响(Kang & Liu，2009；Bao et al.，2011；Lan et al.，2012)。

各变量的定义如表 3-4 所示。

表 3-4　变量定义

变量名	变量描述	变量定义
lnEM	"三废"排放水平	各类污染物排放量/地区工业 GDP，取自然对数
INF	环境信息披露指数	$\sum$ 地区上市公司环境信息披露得分/地区工业与公用事业上市公司数
CRI	环保法制	当年颁布的环境法规、规章和标准数
SAC	环境行政处罚	当年做出环境行政处罚决定的案件数
CH	排污费	各类污染物缴纳的排污费/工业污染物排放量
TRA	排放权交易	实施污染物排放权交易的地区为 1，否则为 0
CO	环境信访情况	针对各类污染物的来访批次
IN	污染治理公共投资	各类污染治理项目当年完成投资合计
CLO	关闭和迁移污染企业数	当年关闭和迁移的污染企业数
PAT	环境保护专利数	当年授权的环境保护专利数
STA	国有企业比重	工业部门中国有企业的职工占全部工业企业职工的比例
ECL	经济发展水平	人均 GDP 与同期各地人均生产总值均值的比值
FDI	外商直接投资	外商直接投资的存量占地区生产总值比重

3.4.3 描述性统计

表 3-5 为主要变量的描述性统计结果。上市公司环境信息披露指数（INF）的均值为 0.487，标准差为 0.361，最大值为 1.155，最小值为 0.047，这表明在我国 31 个省区市中，上市公司的环境信息披露水平有很大差异。同样，由表 3-3 可知，各省区市的"三废"排放也呈现出一定的非均衡性，我们需要在后文的多变量分析中检验这种信息披露程度的差异是不是导致"三废"排放非均衡性的原因。

模型中主要变量的 Person 相关性分析见表 3-6，各解释变量的相关系数都小于 0.55，说明各解释变量之间相关关系较弱，不存在严重的多重共线性问题。

表 3-5 描述性统计结果

变量	样本量	均值	标准差	最大值	中位数	最小值
$lnEM\text{-}w^*$	155	1.705	1.804	2.061	1.857	0.477
$lnEM\text{-}g^*$	155	1.214	1.192	1.536	1.263	−0.369
$lnEM\text{-}r^*$	155	0.553	0.034	0.832	0.560	−0.559
INF	155	0.487	0.361	1.155	0.453	0.047
CRI	155	0.226	0.658	7	1	0
SAC	155	548.923	854.335	31246	689	0
$CH\text{-}w$	155	0.377	0.0984	1.234	0.310	0.051
$CH\text{-}g$	155	4.335	1.027	10.22	53.681	1.327
$CH\text{-}r$	155	0.454	0.312	1.087	0.568	0.171
TRA	155	0.162	0.251	1	0	0
$CO\text{-}w$	155	368.716	356.232	2315	499	2
$CO\text{-}g$	155	498.652	412.334	1896	506	3
$CO\text{-}s$	155	40.234	17.898	151	45	0
$IN\text{-}w$	155	48752.664	10121.556	331316.200	36811.00	1200.100
$IN\text{-}g$	155	68964.210	78541.134	206440.800	50109.300	142.300
$IN\text{-}r$	155	7759.767	6856.975	42266.73	8363.100	0
CLO	155	12.364	18.655	1500	14	0
PAT	155	0.291	0.374	39	1	0
STA	155	0.445	0.112	0.787	0.435	0.208
ECL	155	1	0.705	5.432	1.124	0.435
FDI	155	0.278	0.432	0.576	0.303	0.056

注：标记 $*$ 的 $-w, -g, -r$ 分别代表废水、废气和固体废弃物。

表 3-6　主要变量的相关性分析

	(1)	(2)	(3)	(4)	(5)	(6)	(7)	(8)	(9)	(10)	(11)	(12)	(13)	(14)	(15)	(16)	(17)	(18)	(19)	(20)	(21)
(1)lnEM-w	1.00																				
(2)lnEM-g	0.28	1.00																			
(3)lnEM-r	0.15	-0.21	1.00																		
(4)INF	-0.06	0.12	-0.17	1.00																	
(5)CRI	0.22	0.20	0.42	0.11	1.00																
(6)SAC	0.12	0.17	0.27	0.09	0.23	1.00															
(7)CH-w	0.01	0.08	0.13	-0.1	0.17	0.33	1.00														
(8)CH-g	0.06	0.21	0.16	0.33	0.15	0.20	0.01	1.00													
(9)CH-r	0.30	0.11	0.10	0.25	0.24	0.09	0.18	-0.33	1.00												
(10)TRA	0.06	0.15	0.04	0.18	0.04	-0.1	0.22	0.26	0.02	1.00											
(11)CO-w	0.13	0.15	0.04	0.27	0.09	0.28	0.24	0.03	0.24	0.14	1.00										
(12)CO-g	0.13	0.15	0.03	0.28	0.19	0.36	0.01	0.33	0.12	0.28	0.17	1.00									
(13)CO-s	0.26	0.14	0.06	0.25	0.19	0.23	0.06	0.05	0.22	0.27	0.13	0.05	1.00								
(14)IN-w	0.22	0.25	0.03	-0.3	0.32	0.08	0.24	0.32	0.17	0.18	0.35	0.11	0.06	1.00							
(15)IN-g	0.12	0.26	0.31	0.24	0.02	0.17	0.32	0.17	0.14	0.04	0.05	0.18	0.24	0.08	1.00						
(16)IN-r	0.18	0.33	0.14	0.02	0.17	0.32	0.01	0.18	0.25	0.17	0.33	0.18	0.29	0.15	0.24	1.00					
(17)CLO	0.31	0.05	0.21	0.06	0.21	0.18	0.17	0.10	0.04	0.09	0.30	0.24	0.04	0.14	0.28	0.19	1.00				
(18)PAT	-0.13	0.11	0.05	0.21	0.15	0.26	0.31	0.18	0.14	0.05	0.16	0.31	0.02	0.11	0.29	0.07	0.13	1.00			
(19)STA	0.21	0.10	0.32	0.20	0.08	-0.19	0.28	0.31	0.11	0.14	0.09	0.25	0.08	0.07	0.02	0.10	0.25	0.12	1.00		
(20)ECL	0.21	0.16	0.28	0.17	0.24	0.25	0.07	0.29	0.10	-0.03	0.35	0.21	0.21	0.08	0.22	-0.11	0.13	0.10	0.32	1.00	
(21)FDI	0.27	0.18	0.07	0.06	0.20	0.04	0.01	0.27	0.03	0.24	0.07	0.08	0.29	-0.19	0.06	0.26	0.23	0.13	0.16	0.15	1.00

3.5 实证检验

3.5.1 不含交互项的分析结果

我们首先直接检验环境信息披露与污染减排之间的关系,采取如下的多元回归分析模型:

$$\ln EM = \alpha + \beta_1 L.INF + \beta_2 CRI + \beta_3 SAC + \beta_4 CH + \beta_5 TRA + \beta_6 CO$$
$$+ \beta_7 IN + \beta_8 CLO + \beta_9 PAT + \beta_{10} STA + \beta_{11} ECL + \beta_{12} FDI + \varepsilon_{it} \quad (3\text{-}1)$$

由于上市公司年报都在下一年披露,因此,INF 取值滞后一期,i、t 分别代表省区市和时间。

由于采用的是面板数据模型,我们通过固定效应的冗余变量似然比检验,来比较混合回归模型和固定效应模型的优劣,经计算发现 F 统计量及 LR 统计量相应的概率值都非常小,说明与固定效应变截距模型相比,混合回归模型是无效的,因此我们采取固定效应模型。

根据模型(3-1)的回归结果如表 3-7 所示。在废水、废气、固体废弃物 3 个减排模型中,INF 的系数都为负,但因其 t 值较小,并没有通过显著性检验。这说明环境信息披露与工业污染物排放呈负相关关系,但其影响并不显著。在制度减排措施中,SAC 和 CH 的系数为负,并分别在 1% 的水平上显著。在工程减排措施中,IN 的系数为负,并分别在 1% 或 5% 的水平上显著。在结构减排措施中,CLO 的系数为负,并在 1% 的水平上显著。其余变量没有通过显著性检验。表 3-7 的数据说明制度减排、工程减排和结构减排工具分别对主要工业污染物的控制产生了积极影响。

表 3-7　不含交互项的多元回归分析结果

变量	lnEM-w		lnEM-g		lnEM-r	
	系数	t 值	系数	t 值	系数	t 值
C	1.284	(0.365)	2.369	(0.985)	0.808	(1.598)*
INF	−0.002	(0.051)	−0.032	(0.217)	−0.136	(0.396)
CRI	−0.078	(1.014)	0.198	(0.896)	−0.456	(0.632)
SAC	−0.224	(8.369)***	−0.587	(7.654)***	−1.124	(6.621)***

续表

变量	lnEM-w		lnEM-g		lnEM-r	
	系数	t 值	系数	t 值	系数	t 值
CH-w	−0.385	(10.236)***				
CH-g			−0.851	(14.325)***		
CH-r					−0.489	(3.696)***
TRA	−0.113	(0.002)	0.021	(0.147)	−0.695	(0.704)
CO-w	−0.782	(1.561)*				
CO-g			0.814	(1.036)		
CO-r					0.325	(0.438)
Ⅳ -w	−0.002	(5.689)**				
Ⅳ -g			−0.041	(9.325)***		
Ⅳ -r					−0.073	(11.236)***
CLO	−1.315	(11.366)***	−1.287	(4.656)***	−0.355	(7.958)***
PAT	−0.036	(0.254)	−0.689	(0.112)	0.059	(0.214)
STA	1.302	(2.011)**	1.854	(1.107)	−0.136	(0.036)
ECL	−0.546	(1.178)	−0.687	(3.987)***	−1.102	(2.684)***
FDI	0.008	(3.680)***	0.171	(1.987)**	0.002	(2.056)**
$Adj.R^2$	0.758		0.701		0.796	

注：*、**、***分别表示该系数在10％、5％、1％的水平上显著。

　　"十一五"期间，制度性措施对于我国的"三废"减排确实发挥了积极的影响，例如SAC每增加1万元，污染排放水平将至少下降0.224百分点；CH每增加1万元，污染排放水平将至少下降0.385百分点。但在制度因素中，发挥作用的仍然是传统的命令控制工具和市场化工具，而且主要依靠罚款与收费来实现。发达国家倡导的排放权交易在我国的减排效果尚不明显，这也和前期的研究结果是基本一致的（Wang & Wheeler，2003，2005；Wang & Jin，2007）。与假设相关的检验结果表明，信息化工具在"三废"减排中的作用并不显著，特别是INF，没有通过显著性检验。Blackman（2010）分析认为，在发展中国家，尚不能对环境信息披露的污染控制效果寄予厚望，因为在这些国家激励企业进行污染减排的非管制性因素十分薄弱，同时环境信息的流动也十分有限。我们的研究利用基于中国的经验证据,补充和完善了 Blackman(2010)的观点。

由表 3-7 可知,主要变量对"三废"排放的作用方向及其影响程度基本一致,这也从一个侧面反映了模型的稳健性。

3.5.2 含交互项的分析结果

前期的研究发现,管制性压力的存在是环境信息披露发生效用的条件之一(Brouhle et al.,2009),企业之所以公开环境信息,是因为它们认为不这样做可能会导致更严厉的管制(Lyon & Maxwell,2002;Koehler,2008)。因此,命令控制工具和信息化工具可以作为互补性政策工具结合使用,以达到改善企业环境表现的目的(Foulon et al.,2002)。为此,我们构建了包含交互项的多元回归分析模型:

$$lnEM = \alpha + \beta_1 L.INF + \beta_2 CRI + \beta_3 SAC + \beta_4 L.INF \times CRI$$
$$+ \beta_5 L.INF \times SAC + \beta_6 CH + \beta_7 TRA + \beta_8 CO + \beta_9 IN + \beta_{10} CLO$$
$$+ \beta_{11} PAT + \beta_{12} STA + \beta_{13} ECL + \beta_{14} FDI + \varepsilon_{it} \tag{3-2}$$

模型(3-2)的回归结果如表 3-8 所示。引入信息披露和命令控制工具的交互项之后,在废水、废气、固体废弃物 3 个减排模型中,INF 的系数仍不显著;SAC 的系数在 1% 或 5% 的水平上显著,CRI 的系数不显著。同时,我们发现 $INF \times SAC$ 的系数为负,且在 1% 的水平上显著。说明环境信息披露和环境行政处罚的交互作用对"三废"减排有显著影响。

表 3-8 含交互项的多元回归分析结果

	$lnEM\text{-}w$		$lnEM\text{-}g$		$lnEM\text{-}r$	
C	1.352 (0.105)	0.532 (0.944)	1.231 (0.443)	0.464 (1.041)	−0.969 (0.053)	−1.434 (1.439)
INF	−0.101 (0.765)	−0.568 (0.598)	−0.245 (0.883)	−0.418 (1.086)	−0.786 (0.251)	−0.928 (0.733)
CRI	−0.077 (1.12)	−0.362 (0.484)	0.423 (0.141)	0.738 (0.081)	−0.359 (0.988)	−0.587 (1.100)
SAC	−0.853 (5.638)***	−0.268 (7.771)***	−0.538 (2.534)**	−0.345 (5.130)***	−0.681 (2.077)**	−0.451 (4.423)***
$INF \times CRI$	0.078 (0.564)		0.743 (0.923)		0.112 (0.072)	
$INF \times SAC$		−0.308 (5.968)***		−0.526 (4.570)***		−0.197 (2.347)**

续表

	lnEM-w		lnEM-g		lnEM-r	
CH-w	−0.406 (1.879)*	−0.019 (2.381)**				
CH-g			−0.297 (2.409)**	−0.111 (2.062)**		
CH-r					−0.718 (8.728)***	−0.400 (3.911)***
TRA	−0.089 (0.609)	−0.327 (0.300)	0.170 (1.654)*	0.197 (0.468)	−0.909 (0.030)	−0.626 (1.102)
CO-w	−0.369 (0.654)	−0.138 (0.503)				
CO-g			−0.310 (0.010)	−0.477 (0.773)		
CO-r					−0.599 (0.623)	−0.184 (0.402)
Ⅳ-w	−0.004 (5.897)***	−0.049 (2.138)**				
Ⅳ-g			−0.203 (4.665)***	−0.380 (3.878)***		
Ⅳ-r					−0.234 (2.949)***	−0.351 (2.688)***
CLO	−0.734 (10.876)***	−0.770 (9.930)***	−0.949 (4.593)***	−0.670 (5.455)***	−0.129 (3.539)***	−0.568 (2.557)**
PAT	0.039 (0.783)	0.103 (0.673)	−0.639 (0.037)	−0.324 (1.100)	−0.250 (0.323)	−0.092 (0.029)
STA	1.016 (0.522)	0.845 (1.011)	1.291 (6.532)***	3.521 (3.564)***	−1.001 (0.002)	0.589 (0.104)
ECL	−0.427 (0.587)	−0.513 (1.975)*	−1.124 (7.847)***	−0.752 (10.258)***	−0.361 (4.409)***	−0.521 (2.411)**
FDI	0.003 (3.989***)	0.008 (3.477)***	0.058 (4.454)***	0.021 (1.804)*	0.027 (3.654)***	−0.501 (0.107)
$Adj. R^2$	0.799	0.808	0.776	0.754	0.810	0.814

注：＊、＊＊、＊＊＊分别表示该系数在 10％、5％、1％的水平上显著。

图 3-1 是环境信息披露与环境行政处罚交互项的斜率，该结果表明，对于环境行政处罚力度较低的地区而言，环境信息披露与工业"三废"排放负向作用关系较弱；但对于环境行政处罚力度较高的地区而言，环境信息披露与工业"三

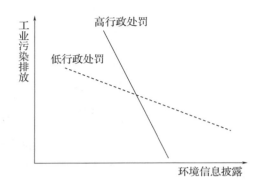

图 3-1　环境信息披露与环境行政处罚交互项的斜率

废"排放之间呈现出更为明显的负向作用关系。

　　表 3-8 的结果表明,在中国当前的形势下,虽然环境信息披露没有发挥预期的减排作用,但在外部管制压力持续存在的情况下,面对监管机构的罚款及其他处罚威胁,被监管企业倾向于通过环境信息披露传达它们愿意削减排污量,以及加强污染治理的信息。其目的是表明一种愿意通过自我报告及纠正违规行为来服从外部环境管制的积极态度。环境信息披露是污染减排的保健因素而非激励因素,环境信息披露的有效性是以管制压力的存在为前提的,环境信息披露的减排效果随着环境行政处罚程度的增加而增强。

3.6　进一步分析

　　在中国,为什么环境信息披露没有实现预期的污染减排效果,这需要对环境信息披露的信息含量进行进一步的分析,以寻求可能的答案。在本章的研究过程中,我们利用内容分析法(content analysis)来量化企业的环境信息披露。作为一种分析文本材料的结构化方法,内容分析法通过一系列的转换范式,将非结构化文本中的自然信息转换成为可以用来定量分析的结构化的信息形态(Harwood & Garry,2003)。在内容分析过程中,我们按照类目设定与材料编码、信度检验及分析汇总等步骤开展研究。

3.6.1　类目设定与材料编码

　　我们选择江苏省的上市公司作为内容分析的对象。其原因有二:首先,江苏省位于中国的长三角地区,是中国经济发展最快的省份之一,也是逐步提高生态效率、缓解资源环境压力的示范区,具有一定的典型性。其次,江苏省上市公司数量一直排在中国各省区市的前三位,在环境信息披露方面也一直处于全国的前列,便于我们的数据采集和分析。

遵循 Jose 和 Lee(2007)的研究方法,我们选择自然编码的方式,遵循详尽、独立与互斥的原则,选择上市公司年报中与环境信息相关的词语作为主题词,抽取样本中的共性关键信息,用于对环境信息披露的内容进行量化标记。经归纳,其类目体系如表 3-9 所示。

表 3-9　环境信息披露的类目体系

序号	内容	特征定义
1	环境政策	企业承担环境保护责任的愿景与使命,环境保护方针及年度环境保护目标,企业可持续发展战略的制定与执行
2	环境风险	国家环保法律、法规给企业带来的政策风险的评价,环境约束对于企业财务及其他经营的挑战,企业因违规面临的被环保部门调查或处罚的风险
3	环境投入	企业环境保护投资情况(为开展减排工作对设备进行改造或者购买新设备所发生的资本性支出),环境保护费用支出情况(在财务报表中披露的研发费、排污费、环保治理费、绿化费等)
4	环境管理	报告期内所采取的主要环境保护措施,ISO14000,HSE(健康、安全和环境)、GB/T 24000 等环境管理体系的认证情况,"三同时"制度的执行情况,环境教育与培训情况
5	环境负债	万元产值能耗、总耗水量、标准煤总量、废水排放总量、SO_2 排放量、CO_2 排放量、烟尘和粉尘排放量、工业固体废弃物产生量等
6	环境业绩	企业获得的有关环境管理的荣誉称号,综合能耗下降和主要污染物的减排情况,节约用水情况等

我们从数量和质量两个方面对样本公司的环境信息披露进行评分。

在对信息披露数量进行评分时,遵循 Niskala 和 Pretes(1995)、Darrell 和 Schwartz(1997)、Jose 和 Lee(2007)及沈洪涛和李余晓璐(2010)的研究,将样本公司年报中与上述 6 项类目内容有关的行数作为数量的得分值。在对信息披露质量进行评分时,选择披露载体、披露形式和披露时间三个维度进行质量评价,其各自的赋值依据如下:

(1)披露载体。未在任何载体中进行披露的,赋值 0 分;仅在年报中非财务部分进行披露的,赋值 1 分;在年报中财务部分进行披露的,赋值 2 分;在年报中非财务部分和财务部分同时披露的,赋值 3 分。

(2)披露形式。未进行任何形式披露的,赋值 0 分;仅是一般文字性定性描述的,赋值 1 分;披露货币化信息或者定量数据的,赋值 2 分;在定量披露的基础上开展数据分析的,赋值 3 分。

(3)披露时间。未披露任何与时间有关信息的,赋值 0 分;仅披露当前状态信息的,赋值 1 分;披露未来状态信息的,赋值 2 分;同时披露当前与未来状态信息的,赋值 3 分。

因此,每一个质量维度的分值为 0—3 分,每一项披露内容的质量得分为 0—9 分。

3.6.2　信度检验

为判断编码者对于环境信息披露的类目界定及评分标准在多大范围内能达成统一的意见(即编码者信度),本章采用科恩(Cohen)的 K 系数法(Kappa 法)进行信度检验,根据经验,当 K 系数超过 0.69 时,就有理由认为通过了信度检验(Kvalseth,1991)。

随机抽取 10 份上市公司的年报,分别由 4 名参与者在了解类目特征和评分规则的基础上,独立对上市公司环境信息披露情况进行评分,然后对评分结果进行一致性检验,其内在一致性系数为 0.935。相隔 4 周后,上述 4 名参与者再次对所抽取的 10 份年报进行评分,比较相隔四周后的评分结果,结果显示其外在一致性系数为 0.914。信度检验结果如表 3-10 所示。我们据此认为,上述类目设定和评分规则可以用于本章的研究。

表 3-10　信度检验结果

信度类型	综合一致性系数(K)
内在一致性信度	0.935($n=40$)
外在一致性信度	0.914($n=40$)

3.6.3　分析结果汇总

"十一五"期末,江苏省共拥有 A 股上市公司 201 家,其中工业与公用事业类上市公司 158 家。表 3-11 的 Panel A 反映了江苏省上市公司在"十一五"期间环境信息披露的总体情况。各上市公司信息披露最多的是环境业绩情况,平均占样本公司的 65.26%,且每年呈递增趋势;接下来依次是环境管理

（53.27％）、环境投入（26.20％）和环境政策（19.72％），披露这 3 个类目的上市公司数量在"十一五"期间都有所增长；较少披露的是环境负债，平均占样本公司的 11.12％；最少披露的是环境风险，仅占样本公司的 2.87％。从均值的检验结果来看，不同年度之间，环境信息披露不存在显著差异；而不同类目之间，环境信息披露存在着显著差异。

表 3-11 的 Panel B 反映江苏省上市公司环境信息披露 6 个类目的数量情况。首先对每家样本公司环境信息披露各个类目的数量进行打分，然后计算所有样本公司 6 个类目的数量得分均值。由 Panel B 可知，在"十一五"期间，江苏省上市公司环境信息披露各个类目的数量无论是值域还是均值都有所增加，从均值的检验结果来看，各年度之间环境信息披露的数量有显著增加。

从具体类目来看，披露环境管理的数量最多，其次为环境政策，在年报中披露的行数均值分别为 3.406 和 3.218，上市公司大多在董事会报告中披露环境保护目标和所采取的主要环境保护措施及环保法规执行情况。披露环境风险的数量最少，行数均值仅为 1.090，其次是环境负债，为 1.732，这些内容所占篇幅极少，往往都是一带而过。从均值的检验结果来看，各个类目之间披露数量的差异显著。

表 3-11 的 Panel C 反映江苏省上市公司环境信息披露 6 个类目的质量情况。首先对每家样本公司环境信息披露各个类目的质量进行打分，然后计算所有样本公司 6 个类目的质量得分均值。由 Panel C 可知，"十一五"期间，江苏省上市公司环境信息披露各个类目质量的均值与值域相比普遍较低，并且变化不大，从均值的检验结果来看，各年度之间披露的质量没有显著提高。

从具体类目来看，环境风险的披露质量最差，环境投入的披露质量最佳，其原因可能是环境风险仅在年报的非财务部分披露，且主要采取文字定性描述；而环境投入可以在年报中的非财务部分和财务部分分别披露，并且有年末和年初费用支出的比较分析。另外，有关环境政策和环境负债的披露质量也偏低。从均值的检验结果来看，各个类目之间的披露质量差异显著。

从内容分析的结果可知，在江苏省上市公司中，环境投入、环境业绩、环境管理等有利于上市公司的类目信息披露的数量较多，质量相对较好；而环境风险、环境负债等不利于上市公司的类目信息披露的数量较少，质量也较差。这种环境信息披露中存在的"自利性"选择，实际上是一种漂绿行为。

表 3-11　江苏省上市公司信息披露内容的分析评价

Panel A:江苏省上市公司环境信息披露的总体情况

内容		2006 年	2007 年	2008 年	2009 年	2010 年	平均
环境政策	比例/%	14.07	18.56	20.13	22.78	23.06	19.72
	数量/家	15	22	26	33	36	27
环境风险	比例/%	3.08	2.59	2.89	2.77	3.01	2.87
	数量/家	3	3	4	4	5	4
环境投入	比例/%	21.78	23.58	26.07	28.67	30.88	26.20
	数量/家	24	28	34	41	49	35
环境管理	比例/%	44.56	48.59	53.08	58.08	62.05	53.27
	数量/家	48	58	69	83	98	71
环境负债	比例/%	10.78	10.99	11.03	11.14	11.67	11.12
	数量/家	12	13	14	16	18	15
环境业绩	比例/%	57.08	59.07	66.34	70.33	73.46	65.26
	数量/家	62	70	87	101	116	87
p 值(年度间,ANOVA 检验)							0.971
p 值(内容间,ANOVA 检验)							0.000

Panel B:江苏省上市公司环境信息披露 6 个类目的数量情况

内容	2006 年		2007 年		2008 年		2009 年		2010 年		平均
	值域	均值	值域	均值	值域	均值	值域	均值	值域	均值	
环境政策	0~7	2.34	0~7	2.42	0~10	3.68	0~11	3.77	0~10	3.88	3.218
环境风险	0~3	0.87	0~2	1.01	0~3	1.11	0~3	1.17	0~3	1.29	1.090

续表

内容	2006 年 值域	2006 年 均值	2007 年 值域	2007 年 均值	2008 年 值域	2008 年 均值	2009 年 值域	2009 年 均值	2010 年 值域	2010 年 均值	平均
环境投入	0~8	2.34	0~6	2.46	0~10	3.26	0~10	3.32	0~10	3.45	2.966
环境管理	0~11	2.68	0~12	2.7	0~14	3.82	0~15	3.88	0~14	3.95	3.406
环境负债	0~4	1.07	0~5	1.09	0~7	2.08	0~6	2.1	0~6	2.32	1.732
环境业绩	0~6	1.08	0~7	1.12	0~10	2.56	0~11	2.67	0~10	2.89	2.064
整体	0~11	1.73	0~12	1.80	0~14	2.75	0~15	2.82	0~14	2.96	2.410
p 值(年度间,ANOVA 检验)					0.082						
p 值(内容间,ANOVA 检验)					0.000						

Panel C:江苏省上市公司环境信息披露 6 个类目的质量情况

内容	2006 年 值域	2006 年 均值	2007 年 值域	2007 年 均值	2008 年 值域	2008 年 均值	2009 年 值域	2009 年 均值	2010 年 值域	2010 年 均值	平均
环境政策	0~9	2.87	0~9	2.99	0~9	3.02	0~9	2.55	0~9	2.80	2.84
环境风险	0~9	1.01	0~9	1.28	0~9	1.13	0~9	1.35	0~9	1.18	1.19
环境投入	0~9	4.45	0~9	4.21	0~9	4.01	0~9	4.16	0~9	4.27	4.22
环境管理	0~9	3.20	0~9	3.32	0~9	3.01	0~9	3.88	0~9	3.54	3.39
环境负债	0~9	2.88	0~9	2.65	0~9	2.39	0~9	2.45	0~9	2.39	2.55
环境业绩	0~9	3.25	0~9	3.65	0~9	3.18	0~9	3.23	0~9	3.82	3.43
整体	0~9	2.94	0~9	3.02	0~9	2.79	0~9	2.93	0~9	3.00	2.94
p 值(年度间,ANOVA 检验)					0.996						
p 值(内容间,ANOVA 检验)					0.000						

3.7 研究结论与启示

本章利用我国在"十一五"期间省际层面的面板数据,通过实证研究发现,作为发展中国家和新兴市场国家,制度减排、工程减排和结构减排都对我国"十一五"期间的环境改善发挥了积极作用。就制度因素而言,传统的命令控制工具和市场化工具,特别是行政处罚和排污收费仍然是遏制环境污染的主要措施。在我国的污染控制政策框架内,环境信息披露对"十一五"期间的工业"三废"排放水平没有显著性影响,但信息披露与行政处罚的交互项通过了显著性检验。作为环境政策工具箱中的新工具,环境信息披露的背景假设是"自愿披露"和"自我管制",但本章的研究表明,这种"自我管制"并不能排他性地取代强制管制,相反强制性管制压力的存在是"自我管制"发挥作用的关键外部因素。在环境规制中,不同规制工具都有发挥作用的空间,可能适合解决不同的环境问题(Stavins,1996),一种规制工具的使用并不会排他性地取代另外一种工具,相反不同规制工具的组合使用可能会取得更好的治理效果(Kathuria,2006)。在我国,环境信息披露的减排绩效依赖管制性压力的强弱,命令控制工具与信息化工具的组合有助于提高污染控制的效果。

江苏省上市公司的环境信息披露情况显示,"十一五"期间,披露节能减排等环境信息的上市公司比例和数量显著增加,但上市公司倾向于有选择地大量披露正面的信息(如环境业绩、环境投入)或难以验证的描述性信息(如环境管理),回避有可能产生负面影响的环境风险和环境负债方面的信息,而且即使披露,其质量也普遍较低。这也正印证了Dye(2001)的观点:"自愿信息披露是博弈论中的一个特例,信息披露的主体只会披露有利于该主体的信息,不会披露不利于该主体的信息。"在我国,上市公司虽然越来越多地公开环境信息,但其意图很可能是迎合监管者及社会公众的需求,以树立良好形象,而真正的减排行动并不积极。在环境信息披露中,最重要的不是披露了什么,而是没有披露什么,我国确实需要加强环境信息披露,但更需要加强对这种信息披露的规范,阻止环境业绩差的公司在信息披露时的漂绿行为(Lyon & Maxwell,2011),唯有如此,才能真正实现环境信息披露的初衷(Huang & Chen,2015)。

第 4 章　企业漂绿衡量指标
体系构建研究

4.1　印象管理与企业漂绿

印象管理理论源于 20 世纪 50 年代末的自我呈现研究。社会学家欧文·戈夫曼(Erving Goffman)在《日常生活中的自我呈现》一书中,将社会生活中个人的印象管理类比为戏剧表演,并将其创造性地运用到社会学研究中。根据该理论,在人际互动过程中,作为行为主体的"演员"在各种情景舞台上面对不同的"观众"从事表演,不同场景可能采取不同的行为模式,"前台"展示是有意演给局外人看的;而"后台"行为则是更为真实的行为。这种自我呈现的目的是控制他人对自己的个人特征的印象(欧文·戈夫曼,1989)。20 世纪 80 年代,随着对印象管理的广泛关注和研究的不断深入,人们对印象管理的内涵有了进一步的认识,印象管理被认为是一种与维持身份有关的行动,是利用行为去沟通关于自己和他人的若干信息,旨在建立、维护和联系个体在他人心目中的形象(Baumeister,1982),是构造受到赞许的社会形象或社会认同的策略(Tetlock & Manstead,1985)。

进入 21 世纪以后,对印象管理的理解开始从个体层面向组织层面拓展,组织印象管理成为印象管理研究的一个新领域,涉及组织及其成员如何保护和提高自己的声誉,以及组织如何通过其行为和信息的调控来影响受众的知觉等(Roberts,2005;Harris et al.,2007;Avery & Mckay,2010)。

许多研究均发现企业会采取积极的印象管理策略来缓解压力、维护合法性和实现组织的战略目标(Graffin et al.,2011)。国内外学者通过对公司年报的研究发现,企业会利用自利性归因、操控可读性和可理解性、图表和颜色渲染等方式影响信息接收者对公司的认识,证实了印象管理行为的存在(Brennan et al.，2009；Osma & Guillamón-Saorín，2011；孙蔓莉,2004)。

环境信息和其他社会责任信息作为相对独立的非财务信息,同样可能成为印象管理的载体。在我国,环境报告和 ESG 报告并不属于审计鉴证的法定范围,留给上市公司自由发挥进行印象管理的空间较大。同时,由于缺乏准则规范及不易验证等原因,企业在主动披露环境信息的同时,出于给受众留下"美好"印象之目的,也有动机和空间通过印象管理对其进行漂绿(Huang & Chen，2015)。

在环境信息披露中,印象管理和漂绿是一个问题的两个方面,印象管理是漂绿的动因,而漂绿则是印象管理的后果,两者的关系可以用印象管理的双元模型进行解释(见图 4-1)。印象管理过程分为印象动机和印象构建两个阶段(Leary & Kowalski，1990)。其中,印象动机按照由低到高的顺序包含 3 个层次:(1)形成某种自己理想的公众形象,定义自身在社会群体中的地位;(2)影响他人的反应,使之与自己的理想反应相吻合;(3)增大理想结果的可能性,回避不理想的结果。在此基础上,印象构建则表现为印象管理的方式和策略,诸如默许、妥协、回避、反抗和操纵等(Oliver，1991)。Mohamed 等(1999)进一步从获得性和保护性两个维度对印象管理的策略进行了分类,其中,获得性印象管理试图使别人积极看待自己的努力;而保护性印象管理则尽可能弱化自己的不足或避免使别人消极地看待自己。

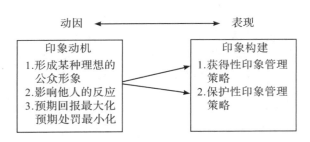

图 4-1　印象管理的双元模型

根据漂绿的内涵和特征,漂绿企业正是以一种"亲环保"的预期形象,影响利益相关者对企业的感知,目标是最大化企业运营中的产出投入比,增大理想结果的可能性。漂绿能够使企业获得遵从合法性带来的好处,故具有最高阶次的印象动机。印象管理中,印象动机决定印象构建,为树立绿色印象,企业既可能进行保护性印象管理,即采用"报喜不报忧"选择性披露方式,对环境保护中的不作为进行掩饰；也可能进行获得性印象管理，即通过"多言寡行"乃至"言行不一致"的表述性操纵方式，利用象征性举措而非实质性行动进行漂绿。

4.2　企业漂绿衡量指标体系的构建

漂绿程度在学术界尚无统一衡量标准。以往研究在分析环境信息披露质量时主要从披露方式、披露载体和披露详细程度等方面加以衡量（Niskala & Pretes，1995；Walden & Schwartz，1997；Jose & Lee，2007），上述考察仅侧重于信号传递的视角。本章在研究中进一步考虑了上市公司在对外传递信息时可能存在的机会主义动机，基于选择性披露和表述性操纵的印象管理视角，构建了漂绿程度的评价指标体系，以期为环境会计研究中衡量信息披露水平提供一个新的视角。

首先，基于前文的分析，我们将企业漂绿策略进一步界定为选择性披露和表述性操纵两种方式，前者指有选择地报告环境事项，后者指通过策略性表述来美化公司形象。

根据相关法律、法规、标准和指南的要求，我们将理想模式下企业环境报告（或环保专篇）中应披露的事项予以归纳，包括治理与结构、流程与控制、输入与输出、守法与合规等 4 个方面共计 20 项，如表 4-1 所示。但实际上，企业可能在有些方面有承诺或有表现，而在有些方面无承诺或无表现。我们采用企业未披露事项占全部应披露事项的比例来衡量选择性披露程度，选择性披露用于反映企业环境信息披露数量上的特征：

选择性披露（$GWLS$）＝100×（1－已披露事项数/应披露事项数）

在环境报告中，企业可以利用多种方式描述其环境保护的绩效，我们需要对企业环境表现到底是实质性行动还是象征性举措进行判断。根据 Clarkson 等（2008）、Delmas 和 Montes-Sancho（2010）、Walker 和 Wan（2012）、猴情雯和蔡宁（2015）、黄溶冰等（2019）的研究，如果企业更多地通过事实陈述、案例说明、定量描述等方式披露可验证的、不易模仿的信息，则其环境信息披露的可靠程度较高，属于实质性行动。例如："公司实施 2 号轧钢机技术改造×××项，共投入×××万元，实现废水减排×××吨/年，COD 减排×××吨/年，节水×××吨/年，带来经济效益×××万元/年。"反之，如果企业在环境报告中主要

表 4-1　漂绿衡量的指标体系

序号	项目		应披露未披露事项	已披露事项	
				象征性披露	实质性披露
1	治理与机构	环保方针与环境战略			
2		环境保护目标及实现			
3		环保规章制度制定与执行			
4		环境管理机构设置与运行			
5	流程与控制	环境认证体系构建与实施			
6		环保荣誉和表彰情况			
7		环保投资和综合整治方案			
8		环境教育培训与公益活动			
9		环保技术研发与工艺创新			
10	输入与输出	能源消耗量及削减措施			
11		水资源消耗量及削减措施			
12		温室气体排放量及削减措施			
13		废气排放量及削减措施			
14		废水产生量及削减措施			
15		固体废弃物产生量及处理措施			
16		绿化、噪声和物流等其他减排措施			
17	守法与合规	遵守环保法律法规的陈述			
18		环境政策带来的风险评价			
19		行业特点对环境影响的陈述			
20		是否发生重大环境污染事故的陈述			
合计					

是纲领性陈述或定性披露,或简单照搬上一年的陈述,表现为难以验证的、容易模仿的信息,则其环境信息披露的可靠程度较低,属于象征性举措。例如:"公司对部分污水处理系统进行改造,生产环境明显改善。报告期内取得了良好的环境效益、经济效益和社会效益。"

我们采用象征性举措占企业披露事项的比值衡量表述性操纵程度,表述性操纵用于反映企业环境信息披露质量上的特征：

$$表述性操纵(GWLE) = 100 \times (象征性披露数/已披露事项数)$$

其次，构建漂绿衡量的指标体系（见表 4-1），评分简则如图 4-2 所示。采用内容分析法对环境信息公开相关事项进行评分，"是"赋值 1，"否"赋值 0。与众多使用内容分析法的步骤一致，在评分过程中，每个样本由两人分别评分，两名评分者在试评阶段的一致性达到 90% 以上才开始正式评分，两人评分差异由第三人进行协调。在数据录入过程中，采取 Excel 函数校验的方式确保数据一致性。

评分简则

1. 环保方针和环境战略：包括战略、方针、愿景、使命和理念等。
2. 环境保护目标及实现：如目标是细化、分层分类表述的，只要符合可以验证和不易模仿的原则，则是实质性披露。
3. 环保规章制度与执行：包括各类规章制度（内部控制）、应急预案和业绩考核等。
4. 环境管理机构与运行：包括组织机构、人员分配及岗位职责等。
5. 环境认证体系与实施：包括 ISO9000、ISO14000、清洁生产审核及能源合同管理等。
6. 环保荣誉和表彰情况：指区（县）级以上的荣誉和表彰或行业协会表彰，最高的是国家级荣誉和表彰。
7. 环保投资和综合整治方案：包括环境投资、环境成本、环境会计、排污费缴纳等数据；综合整治方案主要是上述资金主要是用于"做什么"的解释说明。
8. 环境教育培训和公益活动：包括教育、培训、宣传、公益和捐赠等。
9. 环保技术研发与工艺创新：包括新技术、新工艺及技术改造和工艺升级等。
10. 遵守环保法律法规的陈述：包括"三同时"制度、环境影响评价制度、"三废"排放标准及其他与环保有关的法律法规。
11. 环境政策带来的风险评价：宏观政策环境和法律对企业带来的风险评估、风险应对。
12. 行业特点对环境影响的陈述：企业所处的行业在资源消耗和污染排放上的特点及对周边环境可能带来的危害和影响。
13. 能源消耗量及减排措施：包括电力、煤炭、石油、天然气等。
14. 水资源消耗量及削减措施：包括新水消耗量，以及水的回用量。
15. 温室气体排放量及削减措施：包括二氧化碳（CO_2）、水蒸气（H_2O）、臭氧（O_3）、氧化亚氮（N_2O）、甲烷（CH_4）、氢氯氟碳化物（CFCs，HFCs，HCFCs）等。
16. 废气排放量及削减措施：包括无机污染物（二氧化硫、氮氧化物等）、各类粉尘，以及有机污染物（例如挥发性溶剂、气体等）。
17. 废水产生量及削减措施：常与总磷、总氮、酚类、COD、BOD 等污水处理术语相联系。
18. 固体废弃物产生量及处理措施：固体颗粒、垃圾、废渣、炉渣、污泥、废弃的制品、残次品和危险化学品，废酸、废碱、废油、废有机溶剂等高浓度的液体也归为固体废弃物。
19. 绿化、噪声和物流等其他减排措施：其中物流指绿色采购、绿色运输及绿色包装，该项还包括绿色办公等。
20. 是否发生重大环境污染事故的陈述：包括是和否，否是指象征性披露，是是指实质性披露。

图 4-2　评分简则

根据各企业未披露的事项,以及已披露事项中象征性披露和实质性披露的情况,计算选择性披露和表述性操纵的分值。

最后,利用几何平均数计算各企业的漂绿程度(GWL),即

$$GWL = \sqrt{GWLS \times GWLE}$$

GWL 的分值越高,说明企业漂绿程度越严重。

漂绿程度的计算可以选用算术平均数或几何平均数,算术平均数主要适用于数值型数据;几何平均数适用于品质型数据,即总成果等于所有阶段(环节)连乘积时,以几何平均数来反映总体的一般水平。由于 $GWLS$(选择性披露)相当于一种数量评估,$GWLE$(表述性操纵)相当于一种质量评估,企业漂绿总体情况相当于数量评估与质量评估的乘积,计算漂绿程度(GWL)在理论逻辑上使用几何平均数更合适。

同时,根据均值定理——若干数的几何平均数不超过它们的算术平均数,且当这些数全部相等时,算术平均数与几何平均数相等,本章使用几何平均数不会夸大企业的漂绿程度,如果在此情况下仍能观察到显著的结果,那么其他计算方式下观察到的结果会可能更强,这有助于保证实证检验结果的稳健性。

以宝钢股份 2016 年可持续发展报告为例,应披露数量统一为 20 项,其中:象征性披露 7 项(环保方针与环境战略、环境保护目标及实现、环保规章制度与执行、环境管理机构与运行、环境教育培训与公益活动、遵守环保法律法规的陈述、是否发生重大环境污染事故的陈述),实质性披露 11 项(环境认证体系与实施、环保荣誉和表彰情况、环保投资和综合整治方案、环保技术研发与工艺创新、能源消耗量及削减措施、水资源消耗量及削减措施、温室气体排放量及削减措施、废气排放量及削减措施、废水产生量及削减措施、固体废弃物产生量及处理措施、绿化、噪声和物流等其他减排措施)。根据以上步骤,计算得到选择性披露($GWLS$)得分为 10,表述性操纵($GWLE$)得分为 38.89,漂绿程度(GWL)得分为 19.72。

我们利用上述指标体系对重污染行业上市公司的漂绿情况进行评价。

4.3　企业漂绿程度总体情况分析

4.3.1　企业独立披露环境报告(环保专篇)状况分析

表 4-2 是重污染行业 A 股上市公司 2010—2016 年度以企业环境报告形式

或者采取 ESG 报告、可持续发展报告等环保专篇形式独立披露环境信息的情况,记录了沪、深两市重污染行业 A 股上市公司共计 5704 家公司的年度观测值,其中独立披露环境信息的样本为 1619 个,占总数的 28.4%。从各年度的披露情况来看,披露比例在 25%～30.5%,说明至少有 1/4 的重污染行业上市公司能够按照环境保护部 2010 年《上市公司环境信息披露指南(征求意见稿)》的要求,定期独立披露环境信息;同时,以上披露比例也说明我国环境信息披露制度事实上存在"非完全执行"的情况。

表 4-2　重污染行业 A 股上市公司 2010—2016 年度披露独立环境报告(环保专篇)情况

年度	总数/个	披露数/个	比例/%
2010	691	173	25.0
2011	755	206	27.3
2012	785	227	28.9
2013	793	242	30.5
2014	830	246	29.6
2015	886	258	29.1
2016	964	267	27.7
合计	5704	1619	28.4

《上市公司环境信息披露指南(征求意见稿)》中共认定了 16 个行业(包括 61 个子行业)为重污染行业。在本书的研究中,上市公司的行业代码数据源于 CSMAR 数据库,该数据库使用中国证监会《上市公司行业分类指引》(2012 年)的三位数代码。我们通过对两者进行整理和匹配,最终将 19 个三位数行业代码界定为重污染行业(涵盖了国家环境保护部发布的全部重污染行业范围)[①]。

表 4-3 是分行业披露独立环境报告(环保专篇)的情况。其中,石油和天然气开采业、黑色金属冶炼及压延加工业和黑色金属矿采选业的披露情况居前三

---

　① 具体包括:煤炭开采和洗选业;石油和天然气开采业;黑色金属矿采选业;有色金属矿采选业;食品制造业;酒、饮料和精制茶制造业;纺织业;皮革、毛皮、羽毛及其制品和制鞋业;造纸及纸制品业;石油加工、炼焦及核燃料加工业;化学原料及化学制品制造业;医药制造业;化学纤维制造业;橡胶和塑料制品业;非金属矿物制品业;黑色金属冶炼及压延加工业;有色金属冶炼及压延加工业;金属制品业;电力、热力生产和供应业。

位,披露比例分别为 68.6%、51.2% 和 48.4%;化学原料及化学制品制造业、橡胶和塑料制品业及金属制品业的披露情况居后三位,披露比例分别为 19.1%、15.7% 和 14.5%。

表 4-3 各行业披露独立环境报告(环保专篇)情况

行业	总数/个	披露数/个	比例/%
煤炭开采和洗选业	179	81	45.3
石油和天然气开采业	35	24	68.6
黑色金属矿采选业	31	15	48.4
有色金属矿采选业	149	58	38.9
食品制造业	199	44	22.1
酒、饮料和精制茶制造业	248	96	38.7
纺织业	217	51	23.5
皮革、毛皮、羽毛及其制品和制鞋业	36	11	30.6
造纸及纸制品业	158	53	33.5
石油加工、炼焦及核燃料加工业	89	37	41.6
化学原料及化学制品制造业	1088	208	19.1
医药制造业	1086	230	21.2
化学纤维制造业	138	36	26.1
橡胶和塑料制品业	299	47	15.7
非金属矿物制品业	444	111	25.0
黑色金属冶炼及压延加工业	213	109	51.2
有色金属冶炼及压延加工业	396	182	46.0
金属制品业	249	36	14.5
电力、热力生产和供应业	450	190	42.2
合计	5704	1619	28.4

我国各地经济社会发展水平及面临的资源环境约束情况各异,企业独立披露环境信息的状况也可能存在差异,表 4-4 是分省份样本公司披露独立环境报告(环保专篇)的情况(港澳台除外)。披露情况最好的省份是福建省,在 162 个观测值中,125 个披露了环境信息,比例高达 77.2%;披露情况最差的省份是海南省,共 58 个观测值,仅 8 个披露了环境信息,比例为 13.8%。

表 4-4　各省份披露独立环境报告(环保专篇)情况(港澳台除外)

省份	总数/个	披露数/个	比例/%
北京	314	180	57.3
天津	59	20	33.9
河北	174	41	23.6
山西	177	55	31.1
内蒙古	129	19	14.7
辽宁	152	28	18.4
吉林	111	30	27.0
黑龙江	55	9	16.4
上海	282	91	32.3
江苏	538	75	13.9
浙江	501	132	26.3
安徽	236	57	24.2
福建	162	125	77.2
江西	107	20	18.7
山东	460	116	25.2
河南	239	95	39.7
湖北	141	31	22.0
湖南	186	34	18.3
广东	543	109	20.1
广西	98	25	25.5
海南	58	8	13.8
重庆	109	24	22.0
四川	252	81	32.1
贵州	88	27	30.7
云南	117	71	60.7
西藏	53	18	34.0
陕西	50	15	30.0
甘肃	105	18	17.1
青海	50	22	44.0
宁夏	56	21	37.5
新疆	102	22	21.6
合计	5704	1619	28.4

4.3.2 分项目的披露情况分析①

在定期独立公开环境信息的样本中,结合前文构建的企业漂绿衡量指标体系,重污染企业分项目的披露情况如表 4-5 所示。

表 4-5 重污染企业分项目的披露情况

序号	项目		未披露事项占比/%	已披露事项	
				象征性披露事项占比/%	实质性披露事项占比/%
		(1)	(2)	(3)	(4)
1	治理与机构	环保方针与环境战略	29.2	67.2	3.6
2		环境保护目标及实现	69.0	22.2	8.8
3		环保规章制度制定与执行	38.7	40.6	20.7
4		环境管理机构设置与运行	66.9	25.4	7.7
5	流程与控制	环境认证体系构建与实施	43.3	36.9	19.8
6		环保荣誉和表彰情况	65.2	10.6	24.2
7		环保投资和综合整治方案	38.0	14.1	47.9
8		环境教育培训与公益活动	58.8	21.6	19.6
9		环保技术研发与工艺创新	23.2	23.3	53.5
10	输入与输出	能源消耗量及削减措施	41.5	12.5	46.0
11		水资源消耗量及削减措施	64.8	10.9	24.3
12		温室气体排放量及削减措施	83.1	4.4	12.5
13		废气排放量及削减措施	43.8	17.8	38.4
14		废水产生量及削减措施	44.6	21.4	34.0
15		固体废弃物产生量及处理措施	50.2	21.3	28.5
16		绿化、噪声和物流等其他减排措施	52.5	18.3	29.2
17	守法与合规	遵守环保法律法规的陈述	30.9	55.0	14.1
18		环境政策带来的风险评价	96.1	3.0	0.9
19		行业特点对环境影响的陈述	96.1	3.2	0.7
20		是否发生重大环境污染事故的陈述	62.5	36.4	1.1

① 本书在研究中对独立报告的环境信息披露状况进行内容分析并计算漂绿程度。一方面,年度报告中财务信息和其他信息(包括环境信息)混杂在一起,而独立报告中环境信息披露相对集中,更能反映企业的印象管理动机;另一方面,根据已有的研究,如危平和曾高峰(2018)、李哲(2018)等研究发现,独立报告和财务报告中环境信息披露水平具有较强的相关性,且更加丰富。后文同。

　　根据环境保护部《企业环境报告书编制导则》及上海证券交易所、深圳证券交易所等的相关规定,重污染行业上市公司应披露的环境事项共 20 项,表 4-5中第(3)—(5)列分别表示未披露事项的比例,以及已披露事项中采取象征性披露和实质性披露策略的比例。由列(3)可知,许多企业采取既不按规定报告又不作出特别说明的选择性披露策略,其中 1/2 以上的样本公司未报告的事项超过 11 项(55%),2/3 以上的样本公司未报告的事项超过 5 项(25%)。由列(4)和列(5)可知,在已披露的环境事项中,采取象征性披露事项的比例远高于实质性披露事项的比例,特别是在治理与机构、守法与合规方面的披露普遍存在模糊性和抽象性,未能充分提供有价值的信息。

　　同时,在环保荣誉和表彰情况、环保投资和综合整治方案,以及在输入与输出的能源节约和"三废"减排方面,样本企业实质性披露的比例普遍大于象征性披露的比例,即在涉及环保荣誉、环保投入及节能减排业绩等方面,部分上市公司信息披露的可验证性和质量都相对较好。

4.3.3　企业漂绿程度的描述性统计

　　表 4-6 是企业漂绿程度的描述性统计结果。第(1)行漂绿程度(GWL)的均值为 54.167,标准差为 20.599,中位数为 53.514,最小值为 5,最大值为 97.468,说明整体上漂绿现象十分普遍,且在不同企业之间存在一定差异;均值和中位数接近,表明企业漂绿程度受极端值的影响较小。

表 4-6　企业漂绿程度的描述性统计结果

行数	指标	样本量	均值	标准差	中位数	最小值	最大值
(1)	漂绿程度(GWL)	1619	54.167	20.599	53.514	5	97.468
(2)	选择性披露程度($GWLS$)	1619	55.004	19.364	55.000	1	95
(3)	表述性操纵程度($GWLE$)	1619	56.889	26.783	54.550	1	100
(4)	治理与机构漂绿程度($GWL1$)	1619	60.390	29.170	70.711	1	100
(5)	流程与控制漂绿程度($GWL2$)	1619	37.740	30.331	36.515	1	100
(6)	输入与输出漂绿程度($GWL3$)	1619	41.428	34.953	32.733	1	100
(7)	守法与合规漂绿程度($GWL4$)	1619	77.728	22.403	86.603	7.071	100

　　第(2)—(3)行分别是根据印象管理策略划分的选择性披露程度($GWLS$)和表述性操纵程度($GWLE$),基本统计量特征与第(1)行接近。第(4)—(7)行

分别是根据表 4-1 的 4 类项目构成划分的漂绿程度,在各构成项目中,漂绿程度最高的是守法与合规漂绿程度(GWL4),均值为 77.728;其次为治理与机构漂绿程度(GWL1),均值为 60.390;输入与输出漂绿程度(GWL3)均值为 41.428,漂绿程度最低的流程与控制漂绿程度(GWL2)均值为 37.74。

为更加直观地反映企业漂绿程度的总体情况,我们绘制了直方图,如图 4-4 所示。GWL(漂绿程度)得分在 40~60 分的上市公司最多,分布密集。GWL 得分在 80~100 分的上市公司数量明显超过得分在 0~20 分的上市公司数量,说明部分上市公司的漂绿程度已经非常严重;仅有少数样本公司环保意识强、信息披露真实合规,漂绿程度较低,走在了大部分上市公司的前面。

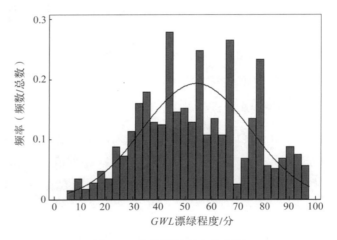

图 4-4　企业漂绿程度直方图

进一步分析,企业漂绿程度得分高的前 5 名和得分低的后 5 名上市公司如表 4-7 所示,企业漂绿程度(极大值)的典型例证分析如表 4-8 所示。

漂绿企业普遍采取选择性披露策略,如果在某一应披露环境事项上毫无作为,例如在关键的环保技术研发与工艺创新方面未采取任何有效措施,则选择闭口不谈,仅在遵纪守法或重视程度方面泛泛而谈,堂而皇之地披露无任何价值的信息;选择性披露还表现为蓄意隐瞒负面信息的情况,例如:∗ST 中孚和吉林敖东的子公司分别在 2015 年和 2010 年被曝光发生污染事故、受到环保处罚,但上述两家企业都在"是否发生重大环境污染的陈述"一项中保持沉默,回避不利于企业形象构建的信息披露。

表 4-7　企业漂绿程度的极值公司

得分前 5 名		漂绿得分	得分后 5 名		漂绿得分
上市公司	年度		上市公司	年度	
天药股份（600488）	2011	97.468	景兴纸业（002067）	2013	5.000
冠豪高新（600433）	2016	97.468	氯碱化工（600618）	2012	5.477
＊ST 中孚（600595）	2015	97.468	云天化（600096）	2012	7.071
吉林敖东（000623）	2010	97.468	氯碱化工（600618）	2014	7.416
天药股份（600488）	2013	97.468	ST 云维（600725）	2016	7.416

表 4-8　典型例证分析

吉林敖东药业集团股份有限公司 2010 年度社会责任报告

……公司在为股东创造价值的同时，还积极履行对国家和社会的全面发展、自然环境保护和资源合理利用等所应承担的社会责任……

（四）环境保护与可持续发展

环境保护工作是在公司发展过程中头等重要的大事，集团公司在对控股公司进行考核时，把环境保护工作作为考核经营目标的一项重要内容，各控股子公司在进行新车间改造和技改项目时，优先采用环保材料及各种新材料，以实际行动践行环境保护工作。公司在继承和发扬中医药优势和特色的基础上，充分发挥公司绿色资源优势，加快标准化基地建设，探索并实行了"公司＋标准化基地＋特许农户"产业链组织模式，充分开发利用绿色无污染药用资源，合理利用资源，保证企业与自然生态环境保持和谐发展。

河南中孚实业股份有限公司 2015 年度社会责任报告

本公司从 2008 年起发布《河南中孚实业股份有限公司年度社会责任报告书》，本次为第八次发布，此前一份报告发布于 2015 年 4 月……

……

（二）履行环保责任，促进生态环境可持续发展

报告期内，依据《中华人民共和国环境保护法》相关法律法规，公司及子公司通过强化环保管理，实现了各类环保设施稳定高效运行。在环保部门的环保监测中，各项污染物排放均达到国家排放标准。

同时，公司建立了完善的事故应急预案，2014 年 1 月份通过了专家组评审，并完成了在河南省环保厅的备案工作。公司成立有应急救援队，配备充足的应急物资，定期针对应急预案开展演练，有较强的处置突发事件的能力。

漂绿企业还普遍采取表述性操纵策略，所公开的环境信息基本上是定性描述，缺乏案例实践、事实陈述和定量数据的支撑，难以核实企业采取环保措施的真实性。无论是＊ST 中孚还是吉林敖东，都声称自己高度重视节能减排和环境保护工作，但是在能源消耗、水资源消耗、"三废"减排上却毫无作为，喊着响

亮的口号,实际上却是"行动的矮子"。尤其值得注意的是,上述两家企业社会责任报告的环保专篇部分与上一年相比,均未进行实质性调整和改进,几乎全部是套用照搬。

4.4　企业漂绿程度的比较分析

4.4.1　企业漂绿程度的分年度比较

表 4-9 是企业漂绿程度的分年度比较情况。样本公司漂绿程度的均值(GWL)在 2010 年最低,为 50.687,随后逐年增加,2013 年达到最大值 55.604,之后有所降低。选择性披露程度的均值($GWLS$)在 2010 年最高,其后有所降低;表述性操纵的均值($GWLE$)各年度变化趋势与 GWL 一致,但得分普遍更高。

表 4-9　企业漂绿程度的分年度比较

年度	N	GWL	$GWLS$	$GWLE$	$GWL1$	$GWL2$	$GWL3$	$GWL4$
2010	173	50.687	58.035	47.754	62.033	36.017	33.083	79.261
2011	206	54.010	55.364	55.729	60.344	35.786	40.593	79.505
2012	227	54.174	54.405	57.065	58.589	36.369	42.015	78.068
2013	242	55.604	54.880	60.069	60.146	39.564	43.893	79.254
2014	246	55.228	54.695	59.604	59.526	39.796	43.394	76.743
2015	258	54.677	55.019	57.749	61.187	37.725	43.723	76.341
2016	267	53.766	53.652	57.337	61.139	37.995	40.716	75.938

2010—2016 年期间,$GWL1$(治理与机构漂绿程度)在 58～63 波动,$GWL2$(流程与控制漂绿程度)在 35～40 波动、$GWL3$(输入与输出漂绿程度)在 33～44 波动、$GWL4$(守法与合规漂绿程度)在 75～80 波动。

从各年度情况来看,虽然有所变化,但差距并不十分明显,说明在我国漂绿现象一直未得到有效改善。

4.4.2　企业漂绿程度的分行业比较

表 4-10 是企业漂绿程度的分行业比较情况。GWL 得分最高的 3 个行业分

别是皮革、毛皮、羽毛及其制品和制鞋业(71.697),橡胶和塑料制品业(67.986)及黑色金属矿采选业(62.947);GWL 得分最低的 3 个行业分别是煤炭开采和洗选业(39.474)、化学纤维制造业(41.183)及石油和天然气开采业(43.669)。$GWLS$ 得分最高的 3 个行业分别是黑色金属矿采选业(71.333)、橡胶和塑料制品业(71.064)及电力、热力生产和供应业(64.526);$GWLS$ 得分最低的 3 个行业分别是化学纤维制造业(41.944)、煤炭开采和洗选业(42.840)及非金属矿物制品业(46.532)。$GWLE$ 得分最高的 3 个行业分别是皮革、毛皮、羽毛及其制品和制鞋业(89.847),橡胶和塑料制品业(70.882)及有色金属冶炼及压延加工业(65.778);$GWLS$ 得分最低的 3 个行业分别是煤炭开采和洗选业(39.367),石油和天然气开采业(39.415)及化学纤维制造业(48.826)。

表 4-10　企业漂绿程度的分行业比较

行业	N	GWL	GWLS	GWLE	GWL1	GWL2	GWL3	GWL4
煤炭开采和洗选业	81	39.474	42.84	39.367	42.444	19.152	19.473	69.716
石油和天然气开采业	24	43.669	51.458	39.415	64.693	21.769	27.471	73.678
黑色金属矿采选业	15	62.947	71.333	59.309	88.949	58.758	47.625	81.305
有色金属矿采选业	58	50.387	48.621	54.893	51.337	28.220	35.792	70.027
食品制造业	44	60.021	61.364	60.950	69.963	43.071	40.866	85.349
酒、饮料和精制茶制造业	96	55.644	52.240	62.615	57.422	40.021	44.046	83.861
纺织业	51	57.191	56.373	60.295	67.771	33.955	58.505	80.493
皮革、毛皮、羽毛及其制品和制鞋业	11	71.697	57.727	89.847	65.062	53.720	84.222	80.824
造纸及纸制品业	53	54.296	51.151	59.871	52.619	35.466	49.682	79.429
石油加工、炼焦及核燃料加工业	37	47.676	50.135	48.840	41.152	29.627	40.023	65.332
化学原料及化学制品制造业	208	50.509	53.245	51.716	53.086	36.323	38.231	75.158
医药制造业	230	58.306	60.087	60.147	65.038	43.742	46.592	81.215
化学纤维制造业	36	41.183	41.944	48.826	51.899	22.347	33.136	70.475
橡胶和塑料制品业	47	67.986	71.064	70.882	73.918	59.793	57.250	89.369

续表

行业	N	GWL	GWLS	GWLE	GWL1	GWL2	GWL3	GWL4
非金属矿物制品业	111	48.784	46.532	53.850	53.781	35.680	34.065	69.685
黑色金属冶炼及压延加工业	109	51.002	49.220	55.262	60.938	30.064	38.027	78.601
有色金属冶炼及压延加工业	182	59.413	55.659	65.778	61.359	43.659	49.521	80.673
金属制品业	36	59.178	55.556	65.152	64.746	45.724	40.553	87.448
电力、热力生产和供应业	190	56.541	64.526	53.475	73.377	39.017	37.070	76.500
合计	1619	54.167	55.004	56.889	60.390	37.740	41.428	77.728

此外,$GWL1$、$GWL2$、$GWL3$ 和 $GWL4$ 得分最高的行业分别是黑色金属矿采选业(88.949),橡胶和塑料制品业(59.793),皮革、毛皮、羽毛及其制品和制鞋业(84.222)及橡胶和塑料制品业(89.369);$GWL1$、$GWL2$、$GWL3$ 和 $GWL4$ 得分最低的行业分别是石油加工、炼焦及核燃料加工业(41.152),煤炭开采和洗选业(19.152),煤炭开采和洗选业(19.473)以及石油加工、炼焦及核燃料加工业(65.332)。

从各行业的情况来看,在重污染行业中不同行业的漂绿程度存在较大差异。

4.4.3 企业漂绿程度的分省份比较

表 4-11 是企业漂绿程度的分省份比较情况。上市公司 GWL 得分最高的 3 个省份分别是重庆(83.172)、天津(73.941)和吉林(73.578);GWL 得分最低的 3 个省份分别是黑龙江(36.263)、云南(41.438)和河北(43.435)。$GWLS$ 得分最高的 3 个省份分别是重庆(77.917)、天津(74.500)和吉林(71.000);$GWLS$ 得分最低的 3 个省份分别是新疆(41.591)、云南(44.859)和广东(46.147)。$GWLE$ 得分最高的 3 个省份分别是重庆(90.089)、吉林(77.621)和贵州(77.068);$GWLE$ 得分最低的 3 个省份分别是黑龙江(26.434)、河北(38.643)和云南(42.712)。

表 4-11 企业漂绿程度的分省份比较

省份	N	GWL	GWLS	GWLE	GWL1	GWL2	GWL3	GWL4
北京	180	51.301	52.639	52.981	58.784	32.767	33.592	80.019
天津	20	73.941	74.500	75.975	80.846	62.433	67.313	91.292
河北	41	43.435	50.488	38.643	49.442	24.175	17.550	70.667
山西	55	49.484	54.727	46.663	60.193	24.498	39.611	70.520
内蒙古	19	50.183	53.947	50.065	61.663	29.971	41.047	63.957
辽宁	28	47.002	61.071	45.078	77.559	34.840	35.447	84.583
吉林	30	73.578	71.000	77.621	77.597	61.798	64.151	90.372
黑龙江	9	36.263	51.667	26.434	58.669	18.909	16.515	54.939
上海	91	45.064	49.615	44.125	53.845	30.106	28.904	76.440
江苏	75	51.548	53.067	55.241	60.921	33.274	42.861	81.725
浙江	132	49.983	46.864	56.796	53.110	28.994	43.054	77.304
安徽	57	53.183	53.333	55.075	66.638	35.207	37.795	73.663
福建	125	61.522	61.360	65.664	62.304	48.351	54.437	78.381
江西	20	65.209	69.000	66.958	72.615	52.482	53.660	85.930
山东	116	54.587	55.172	57.329	63.224	35.031	41.914	85.043
河南	95	62.736	59.684	69.351	66.148	47.368	53.732	79.973
湖北	31	53.925	60.323	51.690	61.232	32.453	39.231	83.410
湖南	34	57.924	62.206	61.317	74.609	46.075	45.752	74.609
广东	109	48.169	46.147	53.890	52.025	30.757	36.682	72.081
广西	25	63.582	64.000	65.548	66.433	56.326	43.402	76.940
海南	8	62.507	62.500	66.459	76.828	43.597	49.379	84.616
重庆	24	83.172	77.917	90.089	86.440	80.182	77.272	82.381
四川	81	52.165	54.938	52.002	54.957	43.191	33.542	71.500
贵州	27	71.583	68.889	77.068	80.031	59.752	48.642	91.698
云南	71	41.438	44.859	42.712	36.767	28.016	29.230	64.778
西藏	18	58.733	60.556	58.818	78.307	38.293	42.635	73.707
陕西	15	50.932	51.000	51.809	57.066	33.359	11.568	80.330
甘肃	18	69.507	65.556	74.473	71.349	51.598	64.599	90.930
青海	22	52.073	46.364	60.863	41.569	42.729	35.304	69.876
宁夏	21	70.444	65.952	76.891	75.154	44.433	72.893	77.875
新疆	22	46.405	41.591	53.915	53.599	28.238	35.788	82.542
合计	1619	54.167	55.004	56.889	60.390	37.740	41.428	77.728

此外,$GWL1$、$GWL2$、$GWL3$ 和 $GWL4$ 得分最高的省份分别是重庆(86.44)、重庆(80.182)、重庆(77.272)及贵州(91.698);$GWL1$、$GWL2$、$GWL3$ 和 $GWL4$ 得分最低的省份分别是云南(36.767)、黑龙江(18.909)、陕西(11.568)及黑龙江(54.939)。

从各地区的情况来看,31 个省份的企业漂绿程度存在一定异质性,但重庆市和天津市的各项漂绿指标普遍较高,黑龙江和云南省的各项漂绿指标相对较低。

4.5 本章小结

企业环境报告作为一项非财务信息披露,日益受到社会各界的关注。但由于信息不对称和代理问题的存在,环境信息公开往往会成为企业印象管理的工具。在漂绿印象管理中,企业既可能采取选择性披露的策略来"报喜不报忧",也可能采取表述性操纵的策略而"多言寡行",最终目的都是粉饰环境业绩,树立企业绿色形象。

本章从印象管理理论出发,通过构建漂绿衡量指标体系,实现了对漂绿程度由定性到定量的直观映射。总体上看,重污染行业中有 25% 以上的上市公司采取独立报告形式定期披露环境信息,但具体到不同行业和不同地区会有所差异。根据漂绿程度的得分情况可知,企业漂绿现象比较普遍,很多企业对于环境事项既不按规定报告又不给出特别说明,即使在披露的环境事项中也普遍存在模糊性陈述和抽象性表达的象征性披露情况。

从企业漂绿程度的分类比较情况来看,不同年度的漂绿程度均值在 50~56,说明漂绿现象并未得到实质性改善,漂绿问题的治理任重道远。不同行业的漂绿程度均值存在较大差异,且选择性披露程度、表述性操纵程度,以及治理与机构、流程与控制、输入与输出、守法与合规 4 个分项目的漂绿程度在各行业之间差异明显。不同省份中企业漂绿现象也存在异质性,在漂绿程度均值、选择性披露、表述性操纵及 4 个分项目中,重庆市和天津市的得分普遍较高,黑龙江省和云南省的分值相对较低。综上,企业漂绿现象不容乐观,既存在趋势性也存在差异性,需要进一步加强研究和探索。

第 5 章　外部融资需求与企业漂绿

5.1　本章概述

近年来,我国在资本市场上先后颁布了一系列有关再融资环保核查及绿色信贷等的规范性文件。2001 年,中国证监会发布的《公开发行证券的公司信息披露内容与格式准则第 9 号——首次公开发行股票申请文件》,以及国家环保总局《关于做好上市公司环保情况核查工作的通知》均要求,申请上市企业需提供拟投资项目符合环境保护要求的说明,对重污染企业还应附省级环保部门的确认文件。2003 年,国家环保总局发布了《关于对申请上市的企业和申请再融资的上市企业进行环境保护核查的规定》,2007 年,国家环保总局、中国人民银行和中国证监会联合发布了《关于落实环保政策法规防范信贷风险的意见》,2012 年中国银监会发布了《绿色信贷指引》,要求金融机构在贷款发放中充分考虑企业环境保护问题,加强环保和信贷管理工作的协调配合,严格环保信贷审查。

监管部门强化了对企业融资行为的环保约束,环境友好型企业越来越受到青睐。正是因为这种利益牵制关系,企业在贷款审查文件及环境信息披露中也会努力树立绿色形象。但企业的反应既可能是基于适应哲学的“真绿”策略,也可能是基于对抗哲学的漂绿策略。本章对重污染企业的外部融资需求与环境信息披露策略开展了研究,研究结果表明,相对于无外部融资需求的企业,有外部融资需求的企业更倾向于粉饰环境业绩,存在显著的漂绿倾向。漂绿行为有助于缓解对重污染企业的“信贷约束”,使其更容易获得银行的信贷支持。同时,企业漂绿行为具有异质性,在媒体监督和环境认证提供增量信息供给的情景下,外部融资需求与企业漂绿的关系不再显著,这也为漂绿治理提供了思路。

本章的主要贡献体现在:

第一，与传统上研究产品漂绿(Laufer，2003；Pedersen & Neergaad，2006；Polonsky et al.，2010；毕思勇和张龙军，2010；杨波，2014；刘传红和王春淇，2016)的文献不同，本章首次从企业融资的视角研究漂绿问题，探讨污染企业的外部融资需求与漂绿行为的关系，将影响债务融资的企业特征从经济因素向非经济因素拓展，为分析宏观金融政策与微观企业行为提供了新的视角。

第二，丰富了媒体监督和绿色认证对环境信息披露影响的研究文献。已有研究认为舆论监督和环境认证等有助于提高环境信息公开的有效性(沈洪涛和冯杰，2012；温素彬和周鎏鎏，2017；方颖和郭俊杰，2018；Parguel et al.，2011；Rupley et al.，2012；Lyon & Montgomery，2013)。本章的研究结论支持了这一观点，并将其拓展至漂绿防治领域。本章的研究发现，对于因外部融资需求而产生的漂绿倾向，媒体监督和绿色认证具有一定的治理效应，这为开展企业漂绿的多中心治理模式提供了经验证据。

本章的结构安排如下：5.2节是研究假设，5.3节是研究设计，5.4节是实证检验，5.5节是进一步分析，5.6节是研究结论与启示。

5.2 研究假设

5.2.1 外部融资需求与企业漂绿

外部融资需求是指企业通过金融活动从资本市场筹集资金的需要。这一需要是在考虑经营资产增加额由自发增长的经营负债、可利用的金融资产和公司内部留存收益来满足一部分资金来源后，剩余需从企业外部的筹资。企业外部融资需求水平越高，其对外部融资的依赖程度越高，外部融资的动机和压力越大。

企业公开环境信息的目的是与利益相关者在环境保护上建立共识，进而影响信息使用者或利益相关者对与企业维持或改善某种关系的态度(Testa et al.，2018)。随着资本市场上一系列环境规制文件的颁布及相关制度的完善和强化，企业漂绿除了销售推广目的之外，还可能是出于融资目的。

根据环境监管的要求和节能减排的需要，我国对重污染行业的股权再融资和债务融资进行直接干预，未达到环保要求的企业，其外部融资将会受到限制。锡业股份、驰宏锌锗、焦作万方等重污染上市公司都曾因环保不过关而被责令整改，其外部融资也因此被暂时冻结。对上市公司外部融资实施准入监管，目的是调控企业,使其将融得的资金真正用于绿色发展,从高耗能、高污染领域转移到低耗能、低污染的绿色项目,减少将资本风险转嫁给投资者的可能性。因为数额巨大的环境或有负债一旦发生,就很容易使企业陷入生存危机,导致股东和债权人蒙受重大损失。

在当前实施绿色金融政策背景下,重污染行业的外部融资面临更严厉的监管,甚至可能因污染企业的标签而遭受"信贷歧视"。企业皆生存在社会规定的边界和规则之中,合法性是组织生存和发展的关键性资源。面对环境规制所带来的合法性威胁与成本上升的两难困境,企业往往选择以明确的行为来仪式性或象征性地应对外部压力(Marquis et al.,2016),以期在经营和融资等方面获得支持。企业加强环境风险管理有助于降低债务资本成本(Sharfman & Fernado,2008),它们希望向贷款银行和公众发布信号,表明其正朝着环境友好的方向积极迈进。

环境表现对于重污染企业的融资活动及判断经营风险和经营业绩的影响十分突出,包括银行在内的各利益相关者尤为关注这类企业的环境表现(沈洪涛等,2010b)。然而,对公司的环境足迹进行评估仍具有挑战性,因为大多数人缺乏对公司生产过程的实际环境质量及其努力程度的直接了解(Lyon & Maxwell,2011)。虽然利益相关者越来越关注环境问题,但他们在评估公司环境质量和行为意图时仍存在大量的信息不对称(King et al.,2005)。存在外部融资需求的重污染企业,在提交资料或披露信息时,往往以有限的良好表现或未来承诺来掩盖其自身不那么令人深刻的总体业绩,其意图很可能是迎合绿色监管要求及社会公众的诉求,而不是去解决潜在的环境问题。有外部融资需求的重污染企业,会尽可能象征性地向银行及其他利益相关者传达他们所希望看到的内容,通过与规范和期望的匹配获得社会认可及融资的便利性。漂绿很可能成为企业获得组织合法性的一种解耦策略,但合法性形象的取得源于叙事而非真相(Delmas & Montes-Sancho,2010)。

基于以上分析,本章提出如下研究假设:

H1:相对于无外部融资需求的企业,有外部融资需求企业的漂绿程度更高。

5.2.2 企业漂绿与银行信贷可得性

已有研究表明,环境保护等社会责任行为有助于增强企业的融资能力。Goss 和 Roberts(2011)通过实证研究发现,企业的社会责任展示度与债务融资约束呈负相关关系,积极披露社会责任信息的公司更容易获得银行贷款且贷款期限更长。Cheng 等(2014)研究发现,企业履行社会责任能够减少代理成本、缓解融资约束,使企业融资渠道更为畅通。Li 和 Lu(2016)研究认为,在中国,长期机构投资者倾向于投资有更多环境资本支出的国有企业,在地方政府的支持和鼓励下,污染行业中国有企业的环境资本支出有助于增加其市场价值。Du 等(2017)以中国民营企业为样本,证实了贷款人青睐环境友好型企业,企业环境绩效与债务利率呈显著的负相关关系。沈艳和蔡剑(2009)调查发现,社会责任意识越强的企业从正规金融机构融资的能力越强。沈洪涛等(2010b)、何贤杰等(2012)、倪娟和孔令文(2016)的研究发现,企业披露环境或社会责任信息能够缓解融资约束、降低融资成本。刘海英(2017)基于采矿、造纸和电力行业的研究结果表明,企业环境绩效和短期融资能力及短期还款能力呈正相关关系。

在我国现有的金融体系下,以银行信贷为主的间接融资一直是企业资金的主要来源。《绿色信贷指引》要求金融机构在授信和资金拨付过程中对客户开展环保合规性审查,以确保企业对环境风险有足够的重视和有效的控制。目前,我国各大银行均将节能环保的要求引入了信贷准入标准,实施了"环保一票否决"的信贷审批制度(蒋先玲和徐鹤龙,2016)。重污染企业为了获得银行的信贷支持,在提交的贷款审查文件中很可能粉饰自身的环境业绩,并在企业当年的环境报告或 ESG 报告中体现。为贯彻"绿色发展"理念,作为债权人的商业银行对贷款对象的环境表现有很强的信息需求,漂绿企业恰恰满足了银行的这种需求;但银行本身往往又处于信息相对劣势的地位(吕明晗等,2018),难以有效识别并分析企业环境责任履行等关键非财务信息,这为漂绿企业新增银行贷款的可得性提供了契机。

基于以上分析,本章提出如下研究假设:

H2:漂绿企业更容易获得银行的债务融资。

5.3 研究设计

5.3.1 数据来源

本章以重污染行业 A 股上市公司作为研究对象,行业分类见第 4 章企业漂绿程度总体情况分析部分。上述行业应定期独立披露环境信息,具有典型性。

2010—2016 年,共有 318 家重污染企业在环境报告、ESG 报告或可持续发展报告中披露了环境信息,共计有 1681 家公司一年度观测值。在此基础上,经过如下样本筛选步骤(见表 5-1):(1)剔除退市和暂停上市的公司,计 3 家;(2)剔除因资产重组转为非污染行业的公司,计 6 家;(3)剔除当年新上市的公司,计 5 家;(4)剔除回归中所需关键数据缺失的公司,计 48 家。经过上述筛选步骤,最终得到 1619 个观测值。由于具体研究内容及模型设定不同,各部分实证研究所使用的样本数量存在一定差异。除环境信息披露的数据外,本章研究中所需财务数据和公司特征数据来源于 CSMAR 数据库,地区环境监管水平和经济发展水平数据来源于各年度《中国环境年鉴》和《中国统计年鉴》。

表 5-1　样本选择

样本	数量	描述
初选样本	1681	重污染行业中独立披露环境信息的公司
第(1)步	(3)	剔除退市和暂停上市的公司
第(2)步	(6)	剔除因资产重组转为非污染行业的公司
第(3)步	(5)	剔除当年新上市的公司
第(4)步	(48)	剔除回归中所需关键数据缺失的公司
最终样本	1619	共计 1619 个公司一年度观测值

年度	2010 年	2011 年	2012 年	2013 年	2014 年	2015 年	2016 年
样本分布	173	206	227	242	246	258	267

5.3.2　模型与变量

为了检验研究假设 H1,本章建立如下模型:

$$GWL = \alpha_0 + \alpha_1 FID + \alpha_2 \ln REG + \alpha_3 \ln SIZE + \alpha_4 ROE + \alpha_5 INTERS$$
$$+ \alpha_6 DIRECT + \alpha_7 OWN + \alpha_8 \ln PAY + \alpha_9 \ln ECO + \varepsilon_i \qquad (5\text{-}1)$$

其中,GWL 为被解释变量,表示企业漂绿程度;关键解释变量为 FID,表示外部融资需求。根据研究假说,模型(5-1)中 FID 的系数 α_1 应显著为正。

主要变量说明如下:

(1)漂绿程度(GWL):根据第 4 章构建的漂绿衡量指标体系,以及漂绿程度的计算公式。

(2)外部融资需求:借鉴 Durnev 和 Kim(2005)的方法,利用企业成长性与企业可实现的内生增长率之差来反映外部融资需求,具体公式如下:

$$FID=[(SIZE_t-SIZE_{t-1})\div SIZE_{t-1}]-[ROE_t\div(1-ROE_t)]$$

其中,$SIZE$ 为资产规模,ROE 为净资产收益率,在此基础上,将大于年度行业平均值的 FID 取值为 1,否则取值为 0。

在稳健性检验中,我们借鉴 Shyam-Sunder 和 Myers(1999)在优序融资检验中的方法,用资金缺口(DEF)来衡量样本公司的外部融资需求,具体计算公式为:

资金缺口(DEF)=分配股利或利润所支付的现金+支付利息所支付的现金+净投资支出+营运资金增加额+期初到期的一年内非流动负债-经营活动产生的现金流量净额

当 $DEF>0$ 时,表示样本公司的现金流短缺,且数额越大、再融资倾向越强,故以实际值表示。$DEF\leqslant0$,表示样本公司的现金流盈余,即不存在外部融资需求,在计算时统一归并为 0。

(3)控制变量:借鉴已有环境信息披露的研究文献,引入环境监管水平、公司规模、财务绩效、财务风险、公司治理、高管激励、产权性质、经济发展水平等作为控制变量。

此外,在后面的进一步分析中,分别选取媒体曝光与非媒体曝光,绿色认证与非绿色认证的子样本单独对模型(5-1)进行回归,以检验提高信息透明度是否影响有融资需求企业的漂绿倾向。其中:①媒体曝光参考周开国等(2016)、方颖和郭俊杰(2018)的做法采用主题搜索的方式,通过中国经济新闻数据库和百度新闻,收集和整理样本公司环境表现的负面报道。负面报道指企业在环保方面存在问题的报道,诸如污染物排放超标、未配套完善环保设施等。当年度有媒体负面环境报道的样本公司取值为 1,否则为 0。②绿色认证入选国家"两型"(资源节约型、环境友好型)企业创建试点、国家循环经济试点示范单位的样本公司取值为 1,否则为 0。

为了检验研究假设 H2,借鉴陆正飞等(2009)利用银行借款增长率反映民营企业面临的"信贷歧视"的做法,我们用该指标衡量漂绿程度对重污染企业信贷可得性的影响。参考陆正飞等(2009)、徐玉德等(2011)、周楷唐等(2017)的研究,本章建立了如下模型:

$$SLOAN/TLOAN = \alpha_0 + \alpha_1 GWL + \alpha_2 OWN + \alpha_3 TOBIN + \alpha_4 \ln SIZE$$
$$+ \alpha_5 GROWTH + \alpha_6 TANASSET + \alpha_7 DIRECT + + \alpha_8 PART + \varepsilon_i \quad (5\text{-}2)$$

其中,$SLOAN$=(期末短期借款－期初短期借款)/期初总资产,$TLOAN$=(期末短期借款与长期借款之和－期初短期借款与长期借款之和)/期初总资产,用于衡量银行信贷可得性。之所以选择短期借款,主要是国为我国企业普遍存在短贷长用的现象,且只有 68% 的观测值有长期借款余额,研究短期借款可能更具现实意义(沈永健等,2018)。此外,借鉴已有的文献,我们还在模型中控制了产权性质、市值账面比、公司规模、成长性、有形资产比率、公司治理及两职分离的影响,根据研究假设 H2,我们预期模型(5-2)中 GWL 的系数显著为正。

本章的变量定义见表 5-2。

表 5-2　本章的变量定义

变量名称	变量缩写	变量定义
漂绿程度	GWL	见正文说明
融资需求	FID	
银行信贷可得性	$SLOAN$	(期末短期借款－期初短期借款)/期初总资产
	$TLOAN$	(期末短期借款与长期借款之和－期初短期借款与长期借款之和)/期初总资产
公司规模	$\ln SIZE$	期末总资产(千万元),在本章中取值为自然对数
财务绩效	ROE	净资产收益率,净利润/股东权益平均余额
	ROA	资产报酬率,利润总额与财务费用之和与资产总额的比值
财务风险	$INTERS$	利息保障倍数,(净利润＋所得税费用＋财务费用)/财务费用
	LEV	资产负债率,负债总额/资产总额
董事会构成	$DIRECT$	董事会中独立董事的数量
高管激励	$\ln PAY$	薪酬最高的前三位高级管理人员平均薪酬(万元),在本章中取自然对数[①]
	$HOLD$	管理层持股数量的自然对数
产权性质	OWN	国有企业取值为 1,否则为 0
环境监管水平	$\ln REG$	企业所在地环境行政处罚案件数,取自然对数,来源于《中国环境年鉴》中各省、自治区和直辖市的数据

---

① 为避免取对数时 PAY 为 0 所带来的影响,处理时统一在原薪酬水平上＋1。

续表

变量名称	变量缩写	变量定义
经济发展水平	ECO	企业所在省份人均 GDP(万元),来源于《中国统计年鉴》
市值账面比	TOBIN	托宾 Q 值,市值/资产总额
成长性	GROWTH	(当年主营业务收入－上年主营业务收入)/上年主营业务收入
有形资产比率	TANASSET	(固定资产＋存货)/总资产
两职分离	PART	董事长和总经理两职分离取值为1,否则为 0
媒体监督	MDI	当年度有媒体负面环境报道取值为1,否则为 0
绿色认证	HON	入选国家"两型(资源节约型、环境友好型)"企业创建试点、国家循环经济试点示范单位的样本公司取值为1,否则为 0

5.3.3 描述性统计

表 5-3 为主要变量的描述性统计结果。

表 5-3 主要变量的描述性统计结果

变量	样本量	均值	标准差	最小值	最大值
GWL	1619	54.167	20.599	5	97.468
FID	1619	0.296	0.457	0	1
lnREG	1619	8.634	8.646	1.099	10.557
SLOAN	1619	0.011	0.065	−0.186	0.242
TLOAN	1619	0.015	0.084	−0.218	0.315
lnSIZE	1619	6.880	1.432	4.128	10.883
ROE	1619	0.068	0.135	−0.62	0.58
INTERS	1619	3.854	44.567	−172.43	278.73
OWN	1619	0.678	0.468	0	1
DIRECT	1619	3.473	0.788	0	8
lnPAY	1619	5.104	0.695	3.532	7.222
ECO	1619	5.681	2.536	1.93	11.47
ROA	1619	0.057	0.056	−0.13	0.43
LEV	1619	0.483	0.206	0.05	0.9

续表

变量	样本量	均值	标准差	最小值	最大值
$HOLD$	1619	2.938	3.401	0	10.788
$TOBIN$	1619	1.6	1.444	0.160	7.690
$GROWTH$	1619	0.102	0.239	-0.428	1.054
$PART$	1611	0.861	0.346	0	1
$TANASSET$	1619	0.483	0.168	0.112	0.843
MDI	1619	0.095	0.293	0	1
HON	1619	0.187	0.390	0	1

漂绿程度（GWL）的均值为 54.17，说明漂绿现象不容忽视，且不同公司间漂绿程度的差异较大（标准差为 20.6）。外部融资需求（FID）和产权性质（OWN）的均值分别为 0.296、0.678，表明样本中有外部融资需求的公司约占 30%，国有企业约占 2/3。银行信贷可得性（$SLOAN/TLOAN$）的均值分别为 0.011/0.015，标准差分别为 0.065/0.084；公司规模（$\ln SIZE$）在 4.128~10.883，平均值为 6.88，公司间差异较大。此外，公司所在地环境监管水平（REG）和经济发展水平（ECO）、样本公司的财务绩效（ROE）、财务风险（$INTERS$）及高管激励（$\ln PAY$）等分布比较分散，公司间差异比较明显。

表 5-4 企业漂绿程度的均值检验结果显示，无外部融资需求组与有外部融资需求组的均值差异为 -2.26，在 5% 的概率水平上显著。同时，两组的中位数差异也在 10% 的概率水平上显著。上述检验结果表明，存在外部融资需求的企业，其漂绿程度更高，一定程度上验证了本章的研究假设 H1。

表 5-4 企业漂绿程度的均值检验

变量	均值		中位数	
	$FID=0$	$FID=1$	$FID=0$	$FID=1$
GWL	53.499	55.758	52.782	54.772
$DIF(p\text{-Value})$	-2.259^{**}		-1.990^{*}	

注：$**$ 和 $*$ 分别表示在 5%、10% 的水平上显著。

5.4 实证检验

5.4.1 外部融资需求与企业漂绿

5.4.1.1 基准回归结果

本章首先利用全部样本数据进行回归,为避免极端值的影响,对解释变量中的连续变量分别做了 1％ 和 99％ 的 Winsorize 处理,所有回归结果均经过稳健性修正。表 5-5 为外部融资需求与企业漂绿关系的基本结果。列(1)—列(3)是利用混合横截面数据的估计结果,从整体估计结果来看,FID 的系数分别在 5％ 或 10％ 的水平上显著为正,即存在外部融资需求企业的漂绿程度更高,这支持了本章的研究假设 H1。为避免企业异质性的影响,本章还使用个体固定效应模型作了进一步分析,列(4)—列(5)的结果显示 FID 的系数为正,且在 5％ 的水平上显著,同样支持了研究假设 H1。

表 5-5　融资需求与企业漂绿的基本结果

变量	被解释变量:漂绿程度(GWL)				
	混合横截面			固定效应	
	(1)	(2)	(3)	(4)	(5)
FID	2.4640**	2.6785**	1.8503*	1.5713**	1.6531**
	(2.2970)	(2.4783)	(1.7206)	(2.0648)	(2.0908)
$\ln REG$	−2.7675***	−2.7648***	−2.7970***	−1.4187	−1.4705*
	(−5.6448)	(−5.6439)	(−5.6334)	(−1.6385)	(−1.6619)
$\ln SIZE$	−3.4982***	−3.5530***	−4.1743***	−2.5570	−2.6801
	(−9.6286)	(−9.8367)	(−9.4936)	(−1.1563)	(−1.1801)
ROE	−1.3665	2.3473	−1.2261	−0.2694	0.2090
	(−0.3381)	(0.5586)	(−0.2855)	(−0.0627)	(0.0469)
$INTERS$	−0.0343***	−0.0336***	−0.0270**	−0.0164**	−0.0162**
	(−3.3686)	(−3.2892)	(−2.5242)	(−2.0608)	(−2.0081)
$DIRECT$	−0.8080	−0.7469	−1.2952**	0.9814	0.8475
	(−1.3168)	(−1.2162)	(−2.0532)	(0.9199)	(0.7834)
OWN	−6.2979***	−6.0377***	−6.6773***	7.7131***	7.7112***
	(−5.2647)	(−5.0645)	(−5.2741)	(3.6903)	(3.7269)
$\ln PAY$	−3.3066***	−3.6005***	−3.2608***	0.8146	0.8192
	(−4.0769)	(−4.4596)	(−3.7568)	(0.5569)	(0.5654)

续表

变量	被解释变量：漂绿程度（GWL）				
	混合横截面			固定效应	
	（1）	（2）	（3）	（4）	（5）
$\ln ECO$	2.8563**	1.6351	1.8774	10.2307***	3.7490
	(2.1706)	(1.1762)	(1.3922)	(2.9927)	(0.3910)
年度	未控制	控制	控制	未控制	控制
行业	未控制	未控制	控制	未控制	未控制
公司	未控制	未控制	未控制	控制	控制
N	1619	1619	1619	1619	1619
$Adj. R^2$	0.1715	0.1789	0.2445	0.0209	0.0259

注：***、**、* 分别表示在 1%、5% 及 10% 的水平上显著。

　　企业环境信息披露有一定的自主性，既可能包括强调过程和结果的实质性环境行动，也可能包括描述原则和蓝图的象征性环境承诺，然而披露的信息永远是局部的（Dye，2001）。结合研究结果，我们认为，因目前的环境监管难以实现对企业环境信息披露真实性和可靠性的查证，这就为企业实施漂绿印象管理策略提供了空间，存在外部融资需求的企业倾向于通过选择性和符号化表述，让受众认可企业的环境活动是符合社会价值和期望的，以此提升企业的绿色形象。

5.4.1.2　稳健性检验

　　为了验证上述结论的可靠性，本章从三个方面进行稳健性检验。

　　（1）Logit 模型检验

　　在主检验中，GWL 是连续变量，采用 OLS 模型进行回归。在稳健性检验中，本章重新定义了被解释变量 RGWL，以 50% 分位数为临界值，分别以 0 和 1 刻画企业漂绿程度，以期更加直观地反映企业的漂绿水平，建立因变量为离散值的 Logit 模型重新进行检验。

　　表 5-6 中列（1）为 Logit 模型的检验结果。在全样本回归中，关键解释变量 FID 对 RGWL 的系数为正，且在 5% 的水平上显著，验证了本章的研究假设。

表 5-6　全样本的稳健性检验

变量	RGWL (1)	GWL (2)	GWL (3)
FID	0.2915** (2.2762)		3.2425* (1.8538)
DEF		0.0056* (1.7676)	
lnREG	−0.2539*** (−3.8355)	−2.5735*** (−5.0323)	−2.0617** (−2.4151)
lnSIZE	−0.4658*** (−8.3925)	−4.8845*** (−10.7066)	−3.9337*** (−4.7524)
ROE	−0.1960 (−0.3877)		7.5856 (1.0396)
INTERS	−0.0028** (−2.0898)		0.0008 (0.0378)
DIRECT	−0.1682** (−2.0766)	−1.8384*** (−2.9256)	−2.6856** (−2.3320)
OWN	−0.5419*** (−3.7342)	−8.5670*** (−6.3399)	−8.3079*** (−3.5203)
lnPAY	−0.2468** (−2.3416)		−2.2803 (−1.5094)
lnECO	0.0754 (0.4590)	0.1683 (0.1290)	1.1115 (0.4584)
ROA		−17.9189* (−1.7548)	
LEV		2.2761 (0.7250)	
HOLD		−0.0003*** (−3.8811)	
年度	控制	控制	控制
行业	控制	控制	控制
N	1608	1607	519
$Pseudo\ R^2/Adj.\ R^2$	0.1533	0.2432	0.2994

注：***、**、* 分别表示在 1%、5% 及 10% 的水平上显著。

（2）指标敏感性检验

我们改变关键解释变量的衡量方法，以资金缺口（DEF）来衡量样本公司的外部融资需求。我们还改变了部分控制变量的衡量方法，包括以资产报酬率

（ROA）反映财务绩效，以资产负债率（LEV）反映财务风险，以管理层持股数量（HOLD）反映高管激励等。

表 5-6 中，列（2）DEF 的系数显著为正，再次验证了外部融资需求与企业漂绿的正相关关系，表明本章研究结论是稳健的。

（3）采矿业和化工业的检验

选择重污染行业的采矿大类和化工大类企业作为研究样本，规模共 520家，约为全样本的 1/3。表 5-6 中列（3）的回归结果显示，FID 对于 GWL 的检验结果在 10% 的水平上显著为正，验证了本章结论的稳健性。

5.4.2　企业漂绿与银行信贷可得性

在对外部融资需求与企业漂绿的关系进行总体考察的基础上，我们利用模型（5-2）就漂绿对企业债务融资的影响机制加以检验。

（1）OLS 估计结果

表 5-7 报告了被解释变量分别为 SLOAN 和 TLOAN 的 OLS 估计结果。无论是混合横截面模型还是个体固定效应模型，解释变量 GWL 的参数估计都显著为正，说明重污染行业上市公司通过漂绿印象管理策略带来了融资的便利性，提高了银行信贷的可得性，有助于缓解企业的资金需求压力，这支持了本章的研究假设 H2。

（2）两阶段回归检验

企业漂绿会带来债务融资的便利性，反过来银行信贷的可得性也可能对企业漂绿产生影响。为避免因企业新增贷款能力与漂绿程度之间可能存在的双向因果关系而导致的估计偏误，本章构建了工具变量，运用两阶段回归检验（2SLS）来控制内生性问题。

我们选择企业所在行业当年漂绿程度的均值（BVEGWL）和企业所在地当年环境行政处罚案件数的自然对数值（lnREG）作为工具变量。处于同一行业的企业漂绿程度均值（BVEGWL）与 GWL 正相关，但这一平均值较少影响个体企业的信贷可得性。各地区（省、自治区和直辖市）环境行政处罚案件数的自然对数值（lnREG）反映环境监管的强度，环境监管能够规范企业的环境表现和减少漂绿行为，但与个体企业债务融资能力不直接相关。综上，我们认为 BVEGWL 和 lnREG 作为工具变量满足相关性和外生性的要求。

表 5-7 融资需求与银行信贷可得性

变量	混合横截面		固定效应		2SLS	
	SLOAN	TLOAN	SLOAN	TLOAN	SLOAN	TLOAN
	(1)	(2)	(3)	(4)	(5)	(6)
GWL	0.0003*** (3.0562)	0.0003** (2.4790)	0.0003** (2.0596)	0.0003* (1.9787)	0.0008*** (2.6409)	0.0007* (1.8695)
BVEGWL					1.0123*** (10.550)	1.0123*** (10.550)
lnREG					−2.6704*** (−6.120)	−2.6704*** (−6.120)
OWN	−0.0045 (−1.0547)	−0.0064 (−1.1628)	−0.0205 (−0.9142)	−0.0573*** (−2.6792)	−0.0017 (−0.3897)	−0.0040 (−0.6940)
TOBIN	−0.0038** (−2.1764)	−0.0061*** (−2.9616)	−0.0034 (−1.0421)	−0.0060 (−1.5224)	−0.0039** (−2.2460)	−0.0061*** (−3.0320)
lnSIZE	0.0041*** (2.6417)	0.0063*** (3.1180)	0.0366*** (4.3770)	0.0455*** (3.7351)	0.0070*** (3.1021)	0.0087*** (3.0571)
GROWTH	0.0212** (2.4435)	0.0278** (2.4421)	0.0037 (0.3694)	0.0116 (0.9173)	0.0201** (2.3342)	0.0269** (2.3729)
TANASSET	−0.0160 (−1.2450)	−0.0632*** (−3.8391)	−0.0085 (−0.3626)	−0.0991*** (−2.7494)	−0.0209 (−1.6283)	−0.0675*** (−4.0902)

续表

变量	混合横截面		固定效应		2SLS	
	SLOAN	TLOAN	SLOAN	TLOAN	SLOAN	TLOAN
	(1)	(2)	(3)	(4)	(5)	(6)
DIRECT	0.0041* (1.7585)	0.0043 (1.5746)	0.0035 (0.7999)	-0.0021 (-0.3970)	0.0050** (2.1492)	0.0051* (1.7996)
PART	-0.0036 (-0.7550)	-0.0021 (-0.3490)	0.0013 (0.1649)	0.0025 (0.2700)	-0.0021 (-0.4295)	-0.0008 (-0.1310)
年度	控制	控制	控制	控制	控制	控制
行业	控制	控制	未控制	未控制	控制	控制
公司	未控制	未控制	控制	控制	未控制	未控制
Kleibergen-Paap rk LM					111.406***	111.406***
C statistic					0.031 (0.8603)①	0.657 (0.4176)②
N	1611	1611	1611	1611	1611	1611
Adj.R²	0.0582	0.0761	0.0676	0.0706	0.0398	0.0653

① 括号内为 C statistic 中 χ^2 检验的 p 值。

103

表 5-7 中列(5)和列(6)给出了工具变量两阶段回归的检验结果。在第一阶段回归中,$BVEGWL$ 和 $\ln REG$ 的参数估计值分别为 1.0044 和 -2.6483,均在 1% 水平上显著,说明工具变量 $BVEGWL$ 与被解释变量 GWL 显著正相关,$\ln REG$ 与被解释变量 GWL 显著负相关。同时,模型中 $Kleibergen\text{-}Paap\ rk$ LM 统计量的 χ^2 值为 111.406,强烈拒绝不可识别的原假设。C 统计量的 χ^2 值分别为 0.031 和 0.657,接受工具变量满足外生性的原假设。

在第二阶段回归中,GWL 的参数估计值仍显著为正,且估计系数有所增加,控制变量基本保持稳定。表明在控制了内生性影响之后,企业漂绿与新增贷款能力之间的正相关关系仍然成立。

5.5　进一步分析

漂绿问题归根到底是一种信息不对称问题,漂绿企业和受众对组织环境表现真实信息的了解是有差异的。掌握充分私有信息的漂绿企业通过其行为和信息的调控,利用印象管理的"前台"表演影响受众的知觉,从而产生刺激—反应循环,以树立良好环保形象和获得融资便利。在面临信息不对称问题时,需要增加信息供给以利于将事实真相展示出来(黄溶冰和赵谦,2018;沈洪涛等,2014),通过媒体监督和绿色认证等第三方机制,有助于利益相关者对企业环境表现、清洁生产及环保工艺技术的认知度的提升,掌握到企业"后台"更为真实的情况,切断印象管理的传播路径。因此,提高信息透明度,有助于减少企业漂绿行为。

为进一步考察上述第三方机制对融资需求与企业漂绿关系的影响,探索企业漂绿的可行治理路径,我们按照是否有媒体曝光,是否进行绿色认证来划分子样本,进行异质性检验。

5.5.1　媒体监督的影响分析

事实证明,漂绿行为一旦被曝光,资本市场将产生惩戒效应(Matejek & Gössling,2014;Du,2015;王欣等,2015)。媒体关注,特别是负面环境报道会促使企业披露更多的信息以消除或减轻潜在的不良影响(Brown & Deegan,1999)。媒体曝光还将导致社会关注和舆论压力,特别是以推特和微博等为代表的新型社交媒体的后续跟进,使印象管理"表演失败"的概率大大增加,届时不仅无法树立正面形象,反而可能被视为"假冒伪善者"(Walker & Wan, 2012),这将影响漂绿企业的收益和成本。因此,媒体对企业环境表现的负面报道,会导致企业当年度的环境信息披露更加务实和谨慎,以免因行为不当引发更广泛的关注甚至监管部门的介入。

为考察媒体监督对外部融资需求与企业漂绿关系的影响,我们将整体样本划分为当年度有媒体负面报道($MDI=1$)和当年度无媒体负面报道($MDI=0$)两个子样本,分别用模型(5-1)进行检验。表 5-8 中列(1)和(2)报告了两个子样本的回归结果。在有媒体负面报道的子样本中,FID 的系数虽然为正,但不显著;在无媒体负面报道的子样本中,外部融资需求(FID)的系数依然显著为正,且组间系数差异在 10% 的水平上显著。这说明媒体曝光有助于遏制外部融资需求企业的漂绿倾向。

5.5.2　绿色认证的影响分析

Wang 等(2004)研究发现,对企业环境表现进行评级为改进其环境绩效提供了显著的正向激励。Parguel 等(2011)的研究表明,对公司可持续发展水平进行评价能够促进企业开展清洁生产等环境友好的社会责任实践。

我国先后开展了两批国家"两型"企业创建试点和国家循环经济试点示范单位的评选工作,这相当于是对企业的一种绿色认证,且符合严谨性、透明性、公开性、独立性及影响力等认证体系标准(Miller & Bush, 2015)。考虑到获得试点称号的企业从申报、检查、考核与验收等各个环节都需要考察其环境表现,对信息披露的真实性提出了更高的要求。绿色认证试点企业实施漂绿的风险系数增加,具有外部融资需求的认证企业更倾向于通过"真绿"的实际行动维护自身形象,减少乃至摒弃漂绿行为。

根据前文的分析,本书以是否入选"两型"企业和循环经济试点单位来检验绿色认证对外部融资需求与企业漂绿关系的影响。对于绿色认证的子样本,FID 在表 5-8 列(3)中回归系数为负但不显著;对于非绿色认证的子样本,FID 在表 5-8 列(4)的回归系数依然显著为正,组间系数差异在 1% 的水平上显著。可见,绿色认证会影响外部融资需求与企业漂绿程度的关系,在接受绿色认证的子样本中,企业漂绿的倾向性不再显著。

表 5-8 分样本的检验结果

GWL	MDI＝1 (1)	MDI＝0 (2)	HON＝1 (3)	HON＝0 (4)
FID	0.5267	2.1134*	−3.5382	3.3165***
	(0.1237)	(1.8771)	(−1.3631)	(2.8190)
lnREG	−4.3561**	−2.6943***	−3.3902**	−2.4636***
	(−2.3669)	(−5.2154)	(−2.1939)	(−4.6049)
lnSIZE	−3.3840*	−4.2185***	−5.2652***	−3.9943***
	(−1.8875)	(−9.2140)	(−3.1558)	(−8.2899)
ROE	−27.3078**	−0.4860	−12.4203	4.1000
	(−2.4238)	(−0.1053)	(−1.1297)	(0.8626)
INTERS	−0.0308	−0.0313***	−0.0134	−0.0292***
	(−0.6633)	(−2.8329)	(−0.3531)	(−2.6285)
DIRECT	−3.6300*	−1.0488	−2.8943*	−1.1666
	(−1.7666)	(−1.5631)	(−1.7921)	(−1.6305)
OWN	−7.6353	−6.4987***	−6.0077	−7.2752***
	(−1.4388)	(−4.9452)	(−1.1822)	(−5.5098)
lnPAY	1.2461	−3.3681***	−3.0216	−3.7756***
	(0.3286)	(−3.7780)	(−1.2059)	(−4.0011)
lnECO	2.6262	1.8011	4.0344	0.8311
	(0.5274)	(1.2557)	(0.7876)	(0.5529)
DIF(p-Value)	1.6604*		8.0357***	
年度	控制	控制	控制	控制
行业	控制	控制	控制	控制
N	154	1465	302	1317
R^2	0.3784	0.2415	0.2967	0.2580

注：***、**、*分别表示在1%、5%及10%的水平上显著。

5.5.3 稳健性检验

与5.4节的分析一致,我们从以下三个方面进行稳健性检验。

Logit 模型的检验结果如表 5-9 中 Panel A 所示,在 MDI、HON 为 0 的子

样本中,FDI 的系数分别在 5% 和 1% 的水平上显著,符号也与主检验保持一致。在 MDI 为 1 的子样本中,FID 的系数不再显著。在 HON 为 1 的子样本中,FDI 系数甚至在 5% 的水平上显著为负,即获得绿色认证的企业漂绿倾向显著降低。

表 5-9　分样本的稳健性检验

$RGWL/GWL$	$MDI=1$	$MDI=0$	$HON=1$	$HON=0$
	(1)	(2)	(3)	(4)
Panel A:Logit 模型检验				
FID	0.3926	0.3126**	−0.8813**	0.5480***
	(0.6304)	(2.3153)	(−2.2495)	(3.8423)
$CONTROLS$	控制	控制	控制	控制
年度	控制	控制	控制	控制
行业	控制	控制	控制	控制
N	142	1454	263	1306
Pseudo R^2	0.3018	0.1508	0.1636	0.1577
Panel B:指标敏感性检验				
$DEFF$	0.0031	0.0063*	−0.0165	0.0061**
	(0.2653)	(1.9345)	(−0.6191)	(2.0141)
$CONTROLS$	控制	控制	控制	控制
年度	控制	控制	控制	控制
行业	控制	控制	控制	控制
N	153	1454	302	1305
R^2	0.4340	0.2339	0.3267	0.2489
Panel C:采矿业和化工业检验				
FID	−2.4204	3.3668*	−0.7040	5.2526***
	(−0.3382)	(1.9211)	(−0.1893)	(2.6476)
$CONTROLS$	控制	控制	控制	控制
年度	控制	控制	控制	控制
行业	控制	控制	控制	控制
N	58	461	98	421
R^2	0.4016	0.2979	0.4567	0.3217

注:***、**、*分别表示在 1%、5% 及 10% 的水平上显著。

表 5-9 中 Panel B 显示了指标敏感性的检验结果,在媒体负面报道和绿色认证的子样本中,$DEFF$ 对于 GWL 的显著性消失。

表 5-9 中 Panel C 显示,采矿业和化工业的检验结果与表 5-8 的研究结论保持一致,进一步证实了本章研究结论的稳健性。

5.6　研究结论与启示

本章以国家实施的环境规制和绿色金融政策为背景,探讨重污染行业上市公司的融资需求与企业漂绿的关系及对债务融资的影响,同时开展了媒体监督和绿色认证对企业漂绿的异质性分析。

本章的研究发现有:在控制其他公司特征因素后,外部融资需求与企业漂绿程度呈正相关关系,存在外部融资需求的重污染企业具有更高的漂绿倾向。漂绿企业更容易获得银行债务融资,从而缓解其资金需求压力。进一步的研究发现,在当年有媒体负面环境报道的上市公司中,融资需求与企业漂绿的正相关关系不再显著;入选"两型"社会创建试点和循环经济示范认证的企业,融资需求与企业漂绿的正相关关系也不再显著。在经历一系列稳健性和内生性检验后,本章的研究结论保持不变。

本章的研究丰富了绿色金融政策实施中企业环境表现的学术文献。同时,本章的研究发现有助于政府部门更全面地理解企业漂绿的动因和经济后果,为加强生态文明建设和推动企业"真绿"的社会责任实践提供了决策参考。一方面,存在外部融资需求的重污染企业为满足监管要求,会采取印象管理策略粉饰环境业绩,以此获得融资的便利性。但借助于漂绿实现的债务融资,实际上是对绿色金融政策的一种扭曲,不利于信贷资源的合理配置,甚至会对全社会的环保工作带来负面影响。漂绿具有隐匿性和欺骗性,亟须加强监管和治理。另一方面,本章的研究发现,在媒体监督和绿色认证情景下,外部融资需求与企业漂绿的正向关系不再显著,说明媒体监督和绿色认证等第三方机制有助于提高环境信息披露的透明度与可靠性,是治理企业漂绿的可行路径之一,这也应该是未来环境监管中需要推动和加强的工作。

第 6 章　企业漂绿行为与审计师决策

6.1　本章概述

从我国环境政策的演进过程可知,监管部门对企业环境信息披露的要求不断提高,且在披露方式上倾向于采取定期独立报告的形式。近年来,污染企业逐渐成为我国环境信息披露数量领先的群体。但在数量增长的同时,环境信息披露的质量却不容乐观(沈洪涛和李余晓璐,2010),许多企业在披露内容和披露深度上实施漂绿行为,通过报喜不报忧或多言寡行的印象管理策略,对企业环境表现和环境业绩进行粉饰。

在我国,环境报告(或 ESG 报告)与财务报告一般同时发布[①]。作为一种信息化工具,它在提高环境问题关注度的同时,也给管理层通过操纵环境报告来印象管理这两类信息的解读提供了一定的便利。一般认为环境报告与财务报告的结合可以更好地反映企业的财务状况,对利益相关者的决策更有利。但是,如果企业借助环境报告对其业绩进行印象管理,则可能损害财务报告本身的质量。

根据美国审计准则公告 SAS 160 的要求,审计人员需要阅读企业环境报告,在发现环境报告与财务报告不一致时,审计人员应向环境专家咨询,分析造成不一致的原因,如果原因不明,则要重新评估可能产生的审计风险(王立彦和杨松,2003)。《中国注册会计师审计准则第 1631 号——财务报表审计中对环境事项的考虑》(简称《1631 号准则》)[②]规定,在执行年报审计业务过程中,注册

[①]　根据《上市公司环境信息披露指南(征求意见稿)》的要求,年度环境报告期原则上为一个会计年,上市公司在发布年度财务报告的同时发布年度环境报告。

[②]　该准则是由中国注册会计师协会在借鉴《国际审计实务公告 1010 号——财务报表审计中对环境事项的考虑》基础上拟定的,于 2007 年 1 月 1 日正式实施。

会计师需要考虑客户环境事项是否会引起重大错报风险,并应针对客户的环境事项及可能对审计风险产生的影响实施相应审计程序。

作为财务报告信息质量的专业鉴证人,审计师能够同时了解企业内部经营状况和对外披露的财务报告形成过程。审计师在执业过程中,根据被审计单位实际情况、风险评估及职业判断,可采取提高审计定价、出具非标准审计意见、主动辞聘、调整审计计划和配置专家等应对策略(Johnstone & Bedard,2003;Bedard & Johnstone,2004)。污染企业本身就面临更高的商业风险和诉讼风险,针对重污染行业上市公司,审计师在年报审计中如果关注了环境事项,就应该关注环境事项的披露情况并分析其对财务报告质量的影响,这种关注可能通过业务定价和意见表述等审计师决策表现出来。

本章的研究发现,审计师对漂绿程度更高的企业,收取相对更低的审计费用;同时,企业漂绿行为并未增加审计师发表非标准审计意见的概率。进一步地,基于审计风险的机制检验表明,漂绿程度越高的企业,日后被违规处罚的概率及盈余管理程度越高,说明这类企业具有较高的重大错报风险和审计风险,而审计师决策受漂绿印象管理策略的影响存在审计质量上的瑕疵。基于行业专长的异质性检验表明,具备行业专长的审计师对漂绿程度高的企业发表了更为严格的审计意见,说明行业专长有助于提高审计师辨识环境事项的能力。

本章的边际贡献包括:

首先,现有关于审计师决策的研究几乎都是从企业特征和审计师个体特征两个层次进行考察(权小锋和陆正飞,2016)。本章聚焦企业环境责任响应策略这一特殊因素,将与年报同时披露的环境报告作为研究对象,研究企业漂绿行为对审计师决策和审计质量带来的影响,丰富了审计费用和审计意见影响因素相关的学术文献。

其次,《1631 号准则》明确了环境事项的含义及影响财务报表的环境事项类别,界定了被审计单位及注册会计师的责任(韩丽荣等,2013),要求注册会计师对环境事项给予必要的关注。然而,注册会计师在审计过程是否遵循了该项准则的要求,目前的实证研究成果较少,需要开展更为深入的实证检验。本章的实证分析结论为考察《1631 号准则》的实施效果提供了进一步的经验证据。

最后,本章通过研究发现,企业环境责任响应的漂绿策略在粉饰环境业绩的同时也会对审计师决策产生不良影响。信息披露是资本市场的核心,审计师是资本市场的"守门人",本章的研究为加强企业环境信息披露的制度建设及促进注册会计师提高对环境事项的关注度提供了决策参考。

本章的结构安排如下:6.2 节是文献回顾和研究假设,6.3 节是研究设计,6.4 节是实证检验,6.5 节是进一步分析,6.6 节是研究结论与启示。

6.2 文献回顾和研究假设

6.2.1 企业环境责任响应

面对日益严重的环境压力,企业必须做出适当的响应,以回应多元化的利益相关者对企业履行环境责任的期望和需求。Hunt 和 Auster(1990)根据企业环境管理组织机构、环境保护行动计划和环境事项资源投入情况,将企业环境责任响应的发展历程划分为五个阶段,分别是初学者(beginner)、救火者(fire fighter)、关怀者(concerned citizen)、实用主义者(pragmatist)和主动前摄者(proactivist)。Baas(1995)依据企业回应环境议题的挑战程度,认为企业的响应策略包括被动应因(reactive)、被动接受(receptive)、主动接受(constructive)和主动预应(proactive)4 种类型。Sharma 和 Vredenburg(1998)针对企业管理者解决环境问题的不同态度和方式,将环境责任响应策略区分为反应型和前瞻型,之后经 Henriques 和 Sadorsky(1999)、Wu 等(2014)的拓展,又进一步细分为反应型(reactive)、防御型(defensive)、适应型(accommodative)和前瞻型(proactive)。

Berry 和 Rondinelli(1998)通过总结 20 世纪 60 年代至 90 年代企业对环境问题的响应方式,指出从纵向历史角度,企业环境责任响应不可避免地经历了从被动到主动的演进过程:由逃避与反抗,不愿意面对现实问题,到认识到环境问题的重要性,主动追求环境友好的社会形象。同时,针对越来越多的企业主动对外宣称环保行为的现象,Bansal 和 Roth(2000)指出,企业对环境问题的回应不应该仅停留在战略或规划上,而应该对环境问题进行界定和分析并落实到行动中。

近年来,企业在环境责任响应上表现出的"象征性"回应越来越受到学术界的关注。例如,Patten(2005)发现,很多企业对外宣称的"未来环保支出"项目,其计划支出金额往往大于实际支出金额,企业增加计划支出金额的目的仅仅是向社会展示自身对环境问题即将有所行动的形象。针对企业环境责任响应"所说"和"所做"的关系,Delmas 和 Montes-Sancho(2010)将企业的应对策略区分为实质性和象征性两类,前者是指企业为提高环境绩效采取切实措施和具体行动,而后者多为未来的环保计划或承诺。当企业就环境事项向外界报告和沟通时,如果大量使用象征性回应,以模糊性语言和纲领性陈述来披露难以验证的、容易模仿的信息,但不提供实际行动证据作为支撑,则属于典型的漂绿行为(Parguel et al.,2011;Walker & Wan,2012;Roulet & Touboul,2015;缑倩雯和蔡宁,2015)。实施漂绿的企业为获得合法性地位,利用环境信息公开计划进行印象管理,通过"报喜不报忧"的选择性披露或"多言寡行"的表述性操纵,回应利益相关者的关注(黄溶冰等,2019)。

综上,面对环境问题的压力和挑战,越来越多的企业开始按照相关制度要求定期公开环境信息。即便如此,企业的环境信息披露水平仍存在较大差异,漂绿是一种形式上适应而实质上对抗的伪社会责任行为(肖红军等,2013)。实施漂绿策略的企业,虽然在某种意义上已经认识到环境问题的严重性,但在履行环境责任的方式上却选择了机会主义的路径(黄溶冰和赵谦,2018)。

6.2.2 研究假设

国际审计准则和我国新的审计准则体系的颁布,确立了以风险导向为基础的审计模式。审计师通过实施风险评估程序,了解被审计单位及其环境以识别和评估被审计单位的重大错报风险,设计和实施恰当的应对措施,以获取充分、适当的审计证据,最终将审计风险控制在可接受的水平。现代风险导向审计要求审计师对被审计单位的经营风险进行职业判断,审计师决策主要体现在审计收费及出具的审计意见类型上(张俊瑞等,2017)。

审计费用反映了审计师和客户之间的合同特征,是基于审计过程输入视角的审计质量体现。根据现有文献可知(Simunic,1980;伍利娜,2003;刑立全和陈汉文,2013),审计定价的影响因素包括两个方面:一是成本补偿因素,审计工作需投入的资源越多,花费的时间和精力越多,则收取越高的审计费用以补偿成本;二是风险溢价因素,客户的经营风险会增加审计师的经营风险(即诉讼风险),如果审计师无法控制或消除此类经营风险,将对高风险客户收取风险溢价更高的审计费用。

根据《1631 号准则》,审计师在财务报表审计中需考虑的环境事项,包括有利事项和不利事项,有利事项主要包括企业采取的环境保护措施等;不利事项则包括企业违反环保法规或破坏环境所导致的不利后果及可能要承担的责任。

在定期公开环境信息的样本中,漂绿企业主要通过以下两种方式影响审计收费。一方面,漂绿企业在自愿披露环境信息时可以进行印象管理:通过选择性披露,较多披露有利的环境事项,较少披露甚至不披露不利的环境事项;通过表述性操纵,以象征性而非实质性的陈述,夸张展示企业在环境保护方面的承诺或规划。以上印象管理的手段,有助于塑造公司良好的企业形象,减少与环境事项有关的经营风险评估水平及对相应风险溢价的补偿要求。另一方面,审计师在审计过程中不仅关注财务报表中的表内信息,也越来越重视表外所隐含的信息。环境报告是公司专门披露非财务信息的一类独立载体,报告中所展现的环境责任履行情况越积极、环境业绩表现越好,越能够传递企业信息透明的信号,降低被监管部门调查的可能性,从而使审计失败的概率变小(黄溶冰,2020)。被漂绿企业印象管理过的环境报告,有助于企业获得社会认可和提高风险承担水平,降低审计师整体经营风险的评估水平及对相应风险溢价的补偿要求。

根据以上的分析,本章提出如下研究假设:

H1:在公开环境信息的污染企业中,漂绿程度越高,审计收费越低。

除了在审计计划和审计过程中关注环境事项的影响外,审计师还要在审计报告阶段予以再次考虑,以便确定环境事项对审计意见类型的影响。审计报告作为审计鉴证业务的产品,体现了基于结果视角的审计质量特征(Defond & Zhang,2014)。面对高风险客户,审计师为降低诉讼风险及声誉风险,会在审计意见的表述上更加谨慎。当客户的风险评估水平较高时,其公司治理、管理水平和财务状况等往往存在缺陷,因客户经营失败导致诉讼风险的概率增加,审计师出具非标准审计意见的可能性增大(Lennox,2000),如果风险超出了审计师的可容忍程度,出具非标准审计意见书将是审计师管控审计风险的唯一途径。

对于企业在公开环境信息的过程中粉饰环境业绩的漂绿行为,审计师因受到客户印象管理行为的影响,会相应减少环境相关事项及公司的整体经营风险评估水平,导致经评估后的审计总体风险可控。因此,审计师并不会提高针对漂绿企业的非标准审计意见出具概率。

根据以上的分析，本章提出如下研究假设：

H2：对于漂绿企业，审计师不会增加发表非标准审计意见的概率。

6.3 研究设计

6.3.1 数据来源与样本选择

本章以重污染行业 A 股上市公司作为研究对象。以《上市公司环境信息披露指南（征求意见稿）》发布年度为始点，采用 2010—2016 年的面板数据进行分析。

样本选择及筛选过程同第 4 章。由于研究期间内部分财务数据缺失的原因，以及具体研究内容及模型设定不同，各部分实证研究所使用的样本数量存在一定差异。为了避免极端值的影响，本章对回归模型中的连续变量进行了上下 1% 分位的 Winsorize 处理。

6.3.2 模型设定与变量定义

为检验研究假设 H1，构建模型（6-1）：

$$\ln FEE = \beta_0 + \beta_1 GWL + \beta_2 OP + \beta_3 \ln SIZE + \beta_4 BIG4 + \beta_5 DER$$
$$+ \beta_6 INV + \beta_7 CURR + \beta_8 LEV + \beta_9 ROA + \beta_{10} GROWTH$$
$$+ \beta_{11} OWN + \beta_{12} PART + \beta_{13} IDR + \sum YEAR + \sum IND \quad (6\text{-}1)$$

模型（6-1）中，被解释变量使用上市公司境内审计费用的自然对数衡量（$\ln FEE$），解释变量是衡量企业漂绿程度的连续变量（GWL）。具体方法详见第 4 章，上市公司 GWL 的分值越大，漂绿程度越高。

为检验研究假设 H2，构建模型（6-2）：

$$OP = \beta_0 + \beta_1 GWL + \beta_2 LAGOP + \beta_3 \ln FEE + \beta_4 \ln SIZE + \beta_5 BIG4$$
$$+ \beta_6 DER + \beta_7 INV + \beta_8 CURR + \beta_9 LEV + \beta_{10} ROA +$$
$$\beta_{11} GROWTH + \beta_{12} OWN + \beta_{13} PART + \beta_{14} LOSS + \sum YEAR + \sum IND$$
$$(6\text{-}2)$$

在模型（6-2）中，被解释变量使用上市公司年度财务报告是否被出具非标准审计意见衡量（OP），如果是，则赋值为 1；否则赋值为 0。解释变量与模型

（6-1）保持一致。

为保证实证结果的准确性，参考已有的研究，在模型（6-1）和模型（6-2）中，分别引入对审计收费和审计意见有重要影响的因素作为控制变量。

具体变量定义见表 6-1。

表 6-1　变量定义

变量类型	变量符号	变量名称	变量解释
被解释变量	lnFEE	审计费用	当期境内审计费用的自然对数
	OP	非标准审计意见	标准无保留意见时取值为 0，否则为 1
解释变量	GWL	漂绿程度	见第 4 章
	$GWLS$	选择性披露	
	$GWLE$	表述性操纵	
控制变量	ln$SIZE$	公司规模	当期期末总资产的自然对数
	$BIG4$	事务所规模	审计师为国际"四大"时取值为 1，否则为 0
	DER	应收账款占比	期末应收账款/期末资产总额
	INV	存货占比	期末存货/期末总资产
	$CURR$	流动比率	流动资产/流动负债
	LEV	资产负债率	期末负债总额/期末总资产
	ROA	总资产报酬率	（利润总额＋财务费用）/资产总额
	$GROWTH$	成长性	（当期主营业务收入－上期主营业务收入）/上期主营业务收入
	OWN	产权性质	产权性质为国有时取值为 1，否则为 0
	$PART$	两职分离	董事长兼任总经理时取值为 1，否则为 0
	IDR	独立董事占比	独立董事人数/董事会人数
	$LOSS$	是否亏损	公司当期发生亏损时取值为 1，否则为 0
	$LAGOP$	上期审计意见	前一年的审计意见类型
	$YEAR$	年度变量	当样本为某一特定年度时，取值为 1，否则为 0
	IND	行业变量	当样本为某一特定行业时，取值为 1，否则为 0

6.3.3　描述性统计

主要变量的描述性统计结果如表 6-2 所示。lnFEE 的均值为 13.805，最大值为 16.965，最小值为 11.918，说明审计师针对污染企业的审计收费差异较大，为进一步检验提供了空间。OP 的均值为 0.021，说明在研究期间被审计师出具非标准审计意见的公司样本占 2.1%。GWL 的均值为 54.167，标准差为 20.599，说明企业漂绿现象不容忽视，且漂绿程度存在非均衡性。此外，财务数据和公司特征数据分布比较分散，说明各企业之间存在一定差异。

表 6-2　描述性统计

变量	样本量	均值	标准差	中位数	最小值	最大值
lnFEE	1535	13.805	0.767	13.653	11.918	16.965
OP	1619	0.021	0.143	0.000	0.000	1.000
GWL	1619	54.167	20.599	53.514	5.000	97.468
$GWLS$	1619	55.004	19.364	55.000	1.000	95.000
$GWLE$	1619	56.889	26.783	54.550	1.000	100.000
ln$SIZE$	1619	23.007	1.467	22.812	19.198	28.509
$BIG4$	1619	0.140	0.347	0.000	0.000	1.000
DER	1619	0.057	0.056	0.040	0.000	0.351
INV	1619	0.132	0.104	0.110	0.002	0.490
$CURR$	1619	1.950	2.811	1.153	0.223	22.876
LEV	1619	0.484	0.208	0.492	0.042	1.003
ROA	1619	0.044	0.062	0.034	−0.178	0.249
$GROWTH$	1619	0.131	0.331	0.089	−0.518	2.745
OWN	1619	0.678	0.468	1.000	0.000	1.000
$PART$	1610	0.139	0.346	0.000	0.000	1.000
IDR	1618	0.368	0.054	0.333	0.182	0.667
$LOSS$	1619	0.101	0.301	0.000	0.000	1.000

表 6-3 是各变量的相关系数矩阵。可以看出，被解释变量与多数解释变量之间至少在 5% 的水平上显著相关；同时，各主要解释变量之间（除 GWL 与 $GWLS$、$GWLE$ 之外[①]）不存在严重的多重共线性问题。

---

① GWL 是由 $GWLS$ 与 $GWLE$ 计算而来的，其共线性程度较高，但 GWL 与 $GWLS$、$GWLE$ 并不同时放入模型中回归。

表 6-3　相关系数矩阵

	A	B	C	D	E	F	G	H	I	J	K	L	M	N	O	P	Q
A	1																
B	−0.07*	1															
C	−0.33*	0.03	1														
D	−0.33*	0.00	0.75*	1													
E	−0.26*	0.05*	0.90*	0.44*	1												
F	0.71*	−0.15*	−0.33*	−0.30*	−0.29*	1											
G	0.43*	−0.03	−0.22*	−0.21*	−0.18*	0.28*	1										
H	−0.13*	−0.02	0.08*	0.05	0.08*	−0.28*	−0.05*	1									
I	−0.07*	0.02	0.07*	−0.01	0.11*	−0.11*	−0.03*	0.03	1								
J	−0.19*	−0.08*	0.15*	0.10*	0.14*	−0.27*	−0.06*	0.05*	−0.05*	1							
K	0.22*	0.24*	−0.13*	−0.09*	−0.13*	0.37*	0.03	−0.12*	0.09*	−0.61*	1						
L	−0.02	−0.25*	−0.03	0.04	−0.07*	−0.03	0.06	0.07*	−0.05*	0.28*	−0.48*	1					
M	−0.02	−0.02	0.02	0.05	0.00	−0.02	−0.02	0.04	−0.01	−0.01	−0.01	0.23*	1				
N	0.15*	−0.01	−0.20*	−0.07*	−0.24*	0.36*	0.09*	−0.27*	−0.02	−0.24*	0.35*	−0.19*	−0.08*	1			
O	−0.08*	0.04	0.07*	0.05*	0.07*	−0.16*	−0.05*	0.09*	0.02	0.11*	−0.11*	0.03*	0.01	−0.26*	1		
P	−0.01	0.01	0.00	0.01	−0.02	−0.01	0.03*	0.00	−0.03*	0.02	−0.03*	−0.01	−0.01	−0.05*	0.08*	1	
Q	−0.02	0.25*	0.06*	0.02	0.08*	−0.02	−0.03	−0.08*	0.00	−0.13*	0.30*	−0.61*	−0.16*	0.12*	−0.02	0.01	1

注：(1)A—Q 分别代表 lnFEE,OP,GWL,GWLS,GWLE,lnSIZE,BIGA,DER,INV,CURR,LEV,ROA,GROWTH,OWN,PART,IDR,LOSS；(2)＊表示至少在 5％的水平上显著。

6.4 实证检验

6.4.1 多元回归分析

表 6-4 是对模型(6-1)进行 OLS 回归的检验结果。

表 6-4　企业漂绿与审计费用的回归结果

lnFEE	(1)	(2)	(3)	(4)
GWL	-0.0120^{***}	-0.0027^{***}		
	(-12.7062)	(-4.1307)		
GWLS			-0.0032^{***}	
			(-5.1802)	
GWLE				-0.0014^{***}
				(-2.8875)
OP		0.0812	0.0768	0.0842
		(0.9918)	(0.9252)	(1.0021)
lnSIZE		0.4149^{***}	0.4128^{***}	0.4207^{***}
		(22.5228)	(22.3838)	(22.9632)
BIG4		0.5962^{***}	0.5940^{***}	0.6045^{***}
		(11.5711)	(11.5664)	(11.7317)
DER		0.5912^{**}	0.5863^{**}	0.6055^{**}
		(2.3943)	(2.3655)	(2.4658)
INV		0.3140^{**}	0.3141^{**}	0.3098^{**}
		(2.1631)	(2.1760)	(2.1423)
CURR		-0.0068	-0.0070	-0.0069
		(-1.4112)	(-1.4431)	(-1.4427)
LEV		-0.0992	-0.0802	-0.1095
		(-0.8415)	(-0.6806)	(-0.9245)
ROA		-0.9731^{***}	-0.8757^{***}	-0.9820^{***}
		(-3.4003)	(-2.9679)	(-3.3965)

续表

lnFEE	(1)	(2)	(3)	(4)
GROWTH		0.0325	0.0293	0.0308
		(0.8579)	(0.7724)	(0.8139)
OWN		−0.1459***	−0.1298***	−0.1459***
		(−5.0536)	(−4.5388)	(−5.0126)
PART		−0.0286	−0.0272	−0.0324
		(−0.8575)	(−0.8117)	(−0.9737)
IDR		−0.0465	−0.0502	−0.0586
		(−0.2269)	(−0.2464)	(−0.2857)
_CONS	14.4507***	4.2941***	4.3706***	4.1069***
	(126.0724)	(10.3214)	(10.4814)	(10.0031)
年度	控制	控制	控制	控制
行业	控制	控制	控制	控制
N	1535	1525	1525	1525
Adj. R²	0.2035	0.6571	0.6581	0.6549

注:括号内为 t 值;***、**、*分别表示在 1%、5% 及 10% 的水平上显著。下表同。

其中,列(1)考察的是未纳入控制变量的情况,GWL 的符号为负,且在 1% 的水平上显著。列(2)在列(1)的基础上增加了其他控制变量,结果显示,调整后的 R^2 由 0.2035 增加到 0.6571,模型总体解释力明显提高。GWL 的符号仍为负,且在 1% 的水平上显著,说明企业漂绿程度越高、审计收费越低,符合研究假设 H1 的预期。企业漂绿的策略包括选择性披露和表述性操纵两种方式,列(3)、列(4)分别以 GWLS 和 GWLE 进行检验的结果同样在 1% 的水平上显著为负,研究假设 H1 得到进一步支持。

表 6-5 是对模型(6-2)采取 Logit 回归的检验结果。

表 6-5　企业漂绿与审计意见的回归结果

OP	(1)	(2)	(3)	(4)
GWL	0.0095	0.0105		
	(0.9819)	(0.8801)		

续表

OP	(1)	(2)	(3)	(4)
GWLS			0.0052	
			(0.4521)	
GWLE				0.0111
				(1.0808)
LAGOP		2.3551***	2.3286***	2.3019***
		(3.7778)	(3.6581)	(3.7181)
lnFEE		0.4453	0.3906	0.4410
		(0.9508)	(0.8602)	(0.9452)
lnSIZE		−0.5025*	−0.5036*	−0.4965*
		(−1.7493)	(−1.7623)	(−1.7273)
BIG4		−0.0911	−0.0831	−0.0532
		(−0.0657)	(−0.0602)	(−0.0392)
DER		−7.2251	−7.1320	−6.8992
		(−1.0110)	(−1.0088)	(−0.9858)
INV		−3.1184	−3.2947	−3.0535
		(−1.4784)	(−1.6166)	(−1.3916)
CURR		−0.1808	−0.1844	−0.1639
		(−0.7020)	(−0.6831)	(−0.6828)
LEV		4.0481**	4.0298**	4.2279***
		(2.4546)	(2.3686)	(2.6833)
ROA		−6.6236	−6.8770	−6.4206
		(−1.4155)	(−1.4853)	(−1.3537)
GROWTH		−3.1695*	−3.1586*	−3.1458*
		(−1.8262)	(−1.8223)	(−1.8049)
OWN		−0.6312	−0.6833	−0.5819
		(−1.1190)	(−1.2381)	(−1.0280)
PART		−0.0300	0.0015	−0.0571
		(−0.0629)	(0.0031)	(−0.1203)
LOSS		−0.4832	−0.4839	−0.4854
		(−0.6610)	(−0.6570)	(−0.6653)
_CONS	−6.5171***	−1.1195	−0.0793	−1.3035
	(−5.4418)	(−0.2456)	(−0.0169)	(−0.2909)

续表

OP	（1）	（2）	（3）	（4）
年度	控制	控制	控制	控制
行业	控制	控制	控制	控制
N	1083	1031	1031	1031
R^2_P	0.1589	0.3776	0.3753	0.3797

其中，列（1）考察的是未纳入控制变量的情况，GWL 的系数并不显著。列（2）在列（1）的基础上增加了其他控制变量，结果显示，调整后的 R^2 由 0.1589 增加到 0.3776，模型总体解释力明显提高。GWL 的系数仍不显著。列（3）和列（4）分别以 $GWLS$、$GWLE$ 为解释变量，结果显示系数同样不显著。说明对于采取漂绿策略的企业，审计师并未显著增加非标准审计意见的发表概率，研究假设 H2 得到验证。

在表 6-4 和表 6-5 的控制变量中，公司规模、事务所规模、应收账款占比、存货占比与审计费用呈显著正相关关系，资产报酬率和产权性质与审计费用呈显著负相关关系；上一期的"不清洁"审计意见和资产负债率与非标准审计意见显著正相关，而公司规模和成长性与非标准审计意见显著负相关。上述结果与理论预期或前期研究结论一致。此外，流动比率、两职分离和是否亏损等因素与审计师决策的关系不显著，表明这些因素对审计师决策没有影响或影响有限。

6.4.2 内生性检验

审计费用和审计意见可能存在交互影响，审计意见类型是审计收费的影响因素之一；同时根据审计意见购买假设，审计定价也会影响审计师的意见表述（吴联生，2005）。本章通过构建联立方程式模型来克服可能存在的内生性问题。在模型（6-1）和模型（6-2）构成的联立方程中，第一个模型的被解释变量是 $\ln FEE$，内生解释变量是 OP，使用 OLS 模型求解；第二个模型的被解释变量是 OP，内生解释变量是 $\ln FEE$，使用 Logit 模型求解。由于传统联立递归系统中要求被解释变量都是连续变量，故无法对上述联立方程进行有效估计。本章在确保每个方程的可识别性的基础上[①]，采取 Keshk（2003）提供的方法进行模型

---

① 为保证递归形式的联立方程系统中各方程的可识别性，每个方程应包含区别于其他方程的排除变量。

估计。估计结果如表 6-6 中列(1)和列(2)所示。对于审计费用模型,漂绿程度(GWL)在 1‰的水平上显著为负,对于审计意见模型,GWL 的系数不敏感。以上研究结果表明,在考虑内生性影响的情况下,本章的基本结论保持不变。

表 6-6　内生性检验

变量	联立方程检验		Heckman 检验			
			第二阶段		第一阶段	
	$\ln FEE$	OP	$\ln FEE$	OP	$DISCLOSE$	
	(1)	(2)	(3)	(4)	(5)	(6)
GWL	-0.0033^{***} (-3.5669)	-0.0084 (-0.1105)	-0.0026^{***} (-4.1086)	0.0103 (0.8631)	$\ln REG$	0.0362 (1.2322)
OP	0.1649^{***} (2.7635)		0.0726 (0.9005)		$\ln PUB$	0.0540^{*} (1.6596)
$\ln FEE$		-4.6596 (-0.1629)		0.5362 (1.0071)	$\ln GDP$	-0.1424^{***} (-2.7600)
IMR		0.3025^{***} (3.0980)	-1.0068 (-0.6067)			
$\ln SIZE$	0.4118^{***} (22.2576)	1.8466 (0.1594)	0.5056^{***} (14.7664)	-0.8526 (-1.2419)	$\ln SIZE$	0.4638^{***} (19.8848)
$BIG4$	0.6272^{***} (8.2380)	2.6736 (0.1545)	0.6037^{***} (11.8181)	-0.0877 (-0.0645)	$\ln PAY$	0.1799^{***} (6.4395)
DER	1.1123^{**} (2.5516)	1.7955 (0.0781)	0.4907^{**} (1.9860)	-7.4878 (-1.0123)	AGE	-0.0036 (-0.7652)
INV	0.3401^{*} (1.9078)	1.8066 (0.1741)	0.3020^{**} (2.0944)	-3.1939 (-1.4958)	$LIST$	-0.3048^{***} (-7.0843)
$CURR$	-0.0052 (-0.3125)	-0.0826 (-0.2561)	-0.0090^{*} (-1.8194)	-0.1566 (-0.6555)	ROC	0.1611 (1.0516)
LEV	-0.4265^{***} (-2.6829)	-0.1799 (-0.0243)	-0.2490^{**} (-2.0624)	4.8668^{***} (2.6071)	LEV	-0.8772^{***} (-6.5766)
ROA	-0.1628 (-0.3926)	-7.7366 (-0.3191)	-0.9535^{***} (-3.3679)	-6.6538 (-1.4092)	ROA	-0.2364 (-0.5646)
$GROWTH$	0.1747^{*} (1.8513)	-0.9098 (-1.6187)	0.0339 (0.9055)	-3.2690^{*} (-1.8952)	$PART$	-0.1471^{***} (-2.7660)
OWN	-0.0922^{*} (-1.8835)	-1.1168 (-0.2502)	-0.0330 (-0.7306)	-0.9359 (-1.1432)	OWN	0.4968^{***} (10.1329)
$PART$	0.0015 (0.0273)	-0.0028 (-0.0086)	-0.0627^{*} (-1.7666)	0.1345 (0.2696)		

续表

变量	联立方程检验		Heckman 检验			
			第二阶段		第一阶段	
	lnFEE	OP	lnFEE	OP	DISCLOSE	
	（1）	（2）	（3）	（4）	（5）	（6）
IDR	0.1257 （0.3548）		−0.0692 （−0.3348）			
LAGOP	2.8796 （0.3735）		2.3272*** （3.7703）			
LOSS	−0.2130 （−0.2139）		−0.5070 （−0.7032）			
_CONS	4.9927*** （11.3510）	20.8121 （0.1518）	1.8391** （2.0568）	6.4003 （0.5021）		
年度	控制	控制	控制	控制	控制	
行业	控制	控制	控制	控制	控制	
N	1525	1525	1524	1030	5645	
$Adj. R^2 /$ R^2_P	0.6435	0.2826	0.6611	0.3791	0.2313	

　　本章研究对象是独立披露环境信息的样本，可能存在样本选择性偏误的影响。因为如果研究样本是重污染行业中的全体上市公司，则是否披露环境信息就成为一个内生性变量。为克服样本自选择带来的内生性问题，本章采用 Heckman 两阶段模型进行再次检验。

　　第一阶段，参照张彦和关民（2009）、王霞等（2013）的研究，在 Heckman 模型中以是否独立披露环境信息（DISCLOSE）为被解释变量，以企业所在省份环境行政处罚的对数值（lnREG）、企业所在省份环境保护议案和提案的对数值（lnPUB）、企业所在省份 GDP 的对数值（lnGDP）、公司规模（lnSIZE）、高管薪酬（LNPAY）、资产报酬率（ROA）、营业收入经营现金比（ROC）、资产负债率（LEV）、两职分离（PART）、产权性质（OWN）、公司年龄（AGE）、上市地点（LIST）及年度（YEAR）和行业（IND）为解释变量，采取 Probit 模型进行回归，产生逆米尔斯比率（inverse Mills ratio，IMR）。第二阶段，将第一阶段估计得到的 IMR 代入模型（6-1）和模型（6-2）分别进行回归，以修正自选择偏误带来的内生性问题。

表 6-6 中列(3)至(6)给出了 Heckman 两阶段模型的估计结果,第一阶段的 *Preudo R²* 为 0.2313,满足统计推断的要求,表明回归结果可行。第二阶段的回归结果显示,在控制了自选择偏差后,漂绿程度(*GWL*)对审计费用仍具有显著的负向影响,对审计意见的影响仍不显著,进一步验证了本章的研究假设。

6.4.3 稳健性检验

为进一步验证上述结论的可靠性,本章从 5 个方面开展稳健性检验。

(1)被解释变量的指标敏感性检验。改变被解释变量的衡量方法,采用包括境内审计费用和客户承担的其他费用(如差旅调研等费用)的总审计费用(ln*COST*)衡量审计收费;采用审计意见类型(标准无保留意见为 0、带强调事项段无保留意见为 1、保留意见为 2、无法表示意见/否定意见为 3)的序数变量(*OPN*)衡量审计意见。重新回归的结果如表 6-7 中的 Panel A 所示。

(2)解释变量滞后 1 期的检验。由于存在时滞和锚定效应(李伟,2015),审计师决策可能受到上一期环境信息披露的影响,本章对关键解释变量进行滞后 1 期处理(*LAGGWL*),重新回归的结果如表 6-7 中的 Panel B 所示。

(3)增加控制变量的检验。除考虑财务和公司特征等内部因素之外,增加环境规制水平(ln*REG*)、公众参与程度(ln*PUB*)和经济发展水平(ln*GDP*)等外部因素作为模型(6-1)和模型(6-2)控制变量,重新回归的结果如表 6-7 中的 Panel C 所示。

(4)删除 St 公司的检验报告。考虑到 St 公司审计费用和审计意见的决定因素与其他公司可能存在差异,在稳健性检验中删除了 St 公司的样本,重新回归的结果如表 6-8 中的 Panel D 所示。

(5)漂绿程度经行业调整后的检验。为克服漂绿指标计算过程中因行业差异带来的计量噪音,采用经行业调整后的漂绿程度重新检验。首先计算同一年度同一行业内所有企业漂绿程度的中位数,即为行业漂绿程度;再由未经行业调整的漂绿程度除以行业漂绿程度,得出经行业调整的漂绿程度,重新回归的结果如表 6-7 中的 Panel E 所示。

从表 6-7 可知,在考虑指标衡量方法和样本数量等敏感性因素之后,Panel A 至 Panel E 中关键解释变量的估计结果仍支持本章的研究假设 H1 和 H2,说明本章研究结论是稳健的。

表 6-7　稳健性检验

被解释变量	审计费用	审计意见
Panel A:被解释变量的指标敏感性检验		
GWL	-0.0017^{**}	0.0117
	(-2.5473)	(1.0265)
N	1578	1526
R^2	0.7517	0.3852
Panel B:解释变量滞后 1 期的检验		
LAGGWL	-0.0025^{***}	0.0056
	(-3.9803)	(0.5143)
N	1548	1053
R^2	0.6571	0.4402
Panel C:增加控制变量的检验		
GWL	-0.0025^{***}	0.0112
	(-3.7728)	(0.9305)
N	1525	1031
R^2	0.6603	0.3957
Panel D:删除 St 样本的检验		
GWL	-0.0025^{***}	0.0113
	(-3.9134)	(0.9050)
N	1507	1021
R^2	0.6650	0.3992
Panel E:漂绿程度经行业调整的检验		
ADJGWL	-0.1427^{***}	0.1991
	(-4.1471)	(0.3220)
N	1525	1031
$Adj.R^2/R^2\_P$	0.6570	0.3750

注:稳健性检验中,已对控制变量以及行业和年度变量进行了控制。

6.5 进一步分析

6.5.1 基于审计风险的机制检验

由前文的分析可知,企业实施漂绿印象管理策略会对审计师决策产生一定的影响,具体表现为减少审计收费,以及不会增加非标准审计意见的出具概率。对于重污染行业的上市公司而言,公开环境信息是一种沟通形式,企业需要以满足利益相关者诉求的环境表现维持合法性,保证持续经营的法律地位。由此本章关心的问题是,漂绿企业利用印象管理手段仅仅是为了树立"绿色形象",还是在印象管理背后隐藏着经营风险等其他动机? 如果后一种逻辑存在,因经营风险会影响审计风险,说明审计师在审计决策中被污染企业印象管理的"前台"表演所蒙蔽,未观察到"后台"的真实情况,审计质量存在瑕疵。

本章通过检验漂绿程度与违规处罚和盈余管理的关系,分析企业漂绿行为对审计风险的影响机制。检验模型的设定如下:

$$PUN = \beta_0 + \beta_1 GWL + \beta_2 OP + \beta_3 \ln SIZE + \beta_4 BIG4 + \beta_5 DER$$
$$+ \beta_6 INV + \beta_7 CURR + \beta_8 LEV + \beta_9 ROA + \beta_{10} GROWTH + \beta_{11} OWN$$
$$+ \beta_{12} PART + \beta_{13} IDR + \sum YEAR + \sum IND \qquad (6\text{-}3)$$

$$EM = \beta_0 + \beta_1 GWL + \beta_2 OP + \beta_3 \ln SIZE + \beta_4 BIG4 + \beta_5 DER$$
$$+ \beta_6 INV + \beta_7 CURR + \beta_8 LEV + \beta_9 ROA + \beta_{10} GROWTH + \beta_{11} OWN$$
$$+ \beta_{12} PART + \beta_{13} IDR + \sum YEAR + \sum IND \qquad (6\text{-}4)$$

其中,PUN 表示违规处罚,借鉴潘克勤(2011)的研究,上市公司因当年年报披露违规日后被证监会、交易所或财政部监管处罚赋值为 1,否则赋值为 0。如果企业当年的年报日后被监管部门处罚,则企业的审计风险较高。EM 表示盈余管理,分别采用修正 Jones 模型估计的可操纵应计(EMA)和 Roychowdhury(2006)模型估计的真实盈余管理(EMB)来衡量,企业盈余管理程度越高,说明审计风险越高。其他变量定义见表 6-1。

模型(6-3)的估计结果如表 6-8 中第(1)列所示,漂绿程度(GWL)的回归系数为正,且在 1% 的水平上显著,表明企业漂绿程度越高,日后遭受违规处罚的概率越大,重大错报风险和审计风险越高。模型(6-4)的估计结果如表 6-8 中

表 6-8　基于审计风险的机制检验

变量	PUN	EMA	EMB	WORKLOAD
	(1)	(2)	(3)	(4)
GWL	0.0134***	0.0002**	0.0002**	0.0023
	(3.0477)	(2.2542)	(2.1098)	(0.8279)
OP	2.0204***	−0.0109	−0.0155**	0.0703
	(4.4794)	(−0.9003)	(−2.2162)	(0.1909)
lnSIZE	−0.1898**	0.0004	0.0089***	−0.0180
	(−2.1846)	(0.1510)	(6.4256)	(−0.3220)
BIG4	0.1568	−0.0109*	−0.0191***	−0.1675
	(0.5633)	(−1.8618)	(−3.9815)	(−0.9635)
DER	−2.2927	0.1343***	−0.0820*	−0.1830
	(−1.2917)	(3.2678)	(−1.7547)	(−0.1668)
INV	−2.7638**	0.0759**	0.0304*	−0.3680
	(−2.5210)	(2.4911)	(1.9484)	(−0.5758)
CURR	−0.0375	0.0007	0.0013*	0.0010
	(−0.7550)	(0.8624)	(1.6644)	(0.0434)
LEV	2.3202***	0.0193	0.0026	−0.0401
	(3.7620)	(1.0514)	(0.2632)	(−0.0958)
ROA	−2.9317	0.4590***	−0.0183	−1.3261
	(−1.6396)	(8.5559)	(−0.5093)	(−1.1873)
GROWTH	0.2603	0.0088	0.0037	−0.1321
	(1.0194)	(1.2478)	(0.8429)	(−0.7388)
OWN	−0.5731***	−0.0064	0.0076**	0.0199
	(−2.7790)	(−1.2317)	(2.0961)	(0.1477)
PART	0.3984*	0.0076	0.0020	0.1444
	(1.7750)	(1.1943)	(0.4444)	(0.9265)
IDR	−0.8885	0.0034	−0.0282	−0.0391
	(−0.5330)	(0.1090)	(−1.0534)	(−0.0387)

129

续表

变量	PUN	EMA	EMB	WORKLOAD
	（1）	（2）	（3）	（4）
_CONS	2.3180	−0.0482	−0.2303***	0.2619
	（1.0585）	（−0.8631）	（−6.4886）	（0.1918）
年度	控制	控制	控制	控制
行业	控制	控制	控制	控制
N	1609	1602	1568	1604
Adj. R²	0.1134	0.1177	0.1230	0.0211

第（2）—（3）列所示，无论是对可操纵应计（EMA）还是真实盈余管理（EMB），漂绿程度（GWL）的回归系数为正，且在 5％ 的水平上显著，表明企业漂绿程度越高，盈余管理倾向越高，面临的重大错报风险和审计风险越高。

根据风险导向审计理论，审计师需要结合重大错报风险的评估水平，动态调整审计计划和进一步审计程序的性质、时间和范围，以便将审计风险降低至可接受的水平。如果审计师在现场审计中发现（或评估）漂绿企业的重大错报风险水平较高，应增加必要的审计程序，延长审计工作时间。本章设定如下模型进行检验：

$$WORKLOAD = \beta_0 + \beta_1 GWL + \beta_2 OP + \beta_3 \ln SIZE + \beta_4 BIG4$$
$$+ \beta_5 DER + \beta_6 INV + \beta_7 CURR + \beta_8 LEV + \beta_9 ROA + \beta_{10} GROWTH$$
$$+ \beta_{11} OWN + \beta_{12} PART + \beta_{13} IDR + \sum YEAR + \sum IND \qquad (6\text{-}5)$$

借鉴权小锋和陆正飞（2016）的做法，以 WORKLOAD 表示审计师工作负荷，如果审计师当年出具审计报告日期晚于上年同期日期赋值为 1，否则赋值为 0。模型（6-5）的估计结果如表 6-8 中列（4）所示，漂绿程度（GWL）的回归系数为正，但并不显著，表明审计师并未增加工作负荷，也从另一个侧面证实了审计师并未提高对漂绿企业的重大错报风险评估水平。

综上，基于审计风险的机制检验结果表明，漂绿企业日后被违规处罚的概率和自身盈余管理的程度较高，面临较高的重大错报风险和审计风险。但审计师在审计决策中受到漂绿企业"报喜不报忧"和"多言寡行"等印象管理行为影响，降低了环境事项相关风险及整体经营风险的评估水平，减少了审计费用、降低了应有的关注,事后也未能出具更为严格的审计意见来应对风险。总体上看,审计师未能严格遵循风险导向审计的要求和《1631 号准则》的规定,在审计质量上存在一定的瑕疵。

6.5.2　基于行业专长的路径检验

国内外学者普遍认为,在独立性既定前提下,如果审计师熟悉客户所在行业的经营特点、交易流程和特殊会计政策等知识,长期积累形成的审计经验、专业知识和对行业惯例的把握能够提高其专业判断能力,进而提升审计质量(Balsam et al.,2003;刘文军等,2010)。具备行业专长的审计师,更加熟悉客户面临的监管环境及所从事经营活动的环保要求,但这种行业专长是否有助于识别出漂绿企业的印象管理策略,需要开展进一步的实证检验。

借鉴 Neal 和 Riley(2004)、刘文军等(2010)及 Wang 等(2017)的研究,采取行业市场份额法计算审计师行业专长,在以下公式中,$ASSET$ 表示资产总额,$SALE$ 表示营业收入总额,分子是审计师 i 在行业 k 的客户资产总额(营业收入总额)的平方根之和,分母是行业 k 中所有公司资产总额(营业收入总额)平方根之和,则有

$$SPEC1_{ik} = \frac{\sum\limits_{j=1}^{J} \sqrt{ASSET_{ikj}}}{\sum\limits_{i=1}^{I} \sum\limits_{j=1}^{J} \sqrt{ASSET_{ikj}}}$$

$$SPEC2_{ik} = \frac{\sum\limits_{j=1}^{J} \sqrt{SALE_{ikj}}}{\sum\limits_{i=1}^{I} \sum\limits_{j=1}^{J} \sqrt{SALE_{ikj}}}$$

本章在模型(6-1)、模型(6-2)中分别构建审计师行业专长与漂绿程度的交互项($SPEC \times GWL$),重新回归的结果如表 6-9 所示。在审计费用模型列(1)和列(2)中,GWL 的系数不显著,$SPEC$ 的系数显著为正,交互项($SPEC \times GWL$)的系数显著为负,总体上支持审计师对漂绿程度较高的样本收取更低审计费用的研究假设 H1。在审计意见模型列(3)和列(4)中,GWL 的系数仍不显著,但无论采用资产总额还是营业收入总额衡量行业专长,交互项($SPEC \times GWL$)的系数均显著为正,说明相对于非行业专长的审计师,拥有行业专长的审计师针对漂绿现象显著提高了非标准审计意见的发表概率。

表 6-9　基于行业专长的异质性检验

变量	lnFEE	lnFEE	OP	OP
	(1)	(2)	(3)	(4)
GWL	0.0013	0.0019	−0.0358	−0.0371
	(0.9673)	(1.5751)	(−1.3836)	(−1.3131)
$SPEC1$	0.8422***		−11.0698**	
	(3.5250)		(−2.0316)	
$SPEC1×GWL$	−0.0140***		0.1777**	
	(−3.6218)		(2.0356)	
$SPEC2$		1.1735***		−13.3773*
		(5.2337)		(−1.7135)
$SPEC2×GWL$		−0.0162***		0.1997*
		(−4.4541)		(1.8310)
OP	0.0923	0.0969		
	(1.0865)	(1.1382)		
ln$SIZE$	0.4092***	0.3996***	−0.4778	−0.5040
	(22.2043)	(21.8519)	(−1.3980)	(−1.5593)
$BIG4$	0.5867***	0.5763***	−0.2678	−0.2875
	(11.3776)	(11.2441)	(−0.2072)	(−0.2245)
DER	0.5635**	0.5522**	−6.2857	−6.6768
	(2.3067)	(2.2829)	(−0.9338)	(−0.9699)
INV	0.3083**	0.3364**	−3.5008	−3.8676*
	(2.1389)	(2.3627)	(−1.5309)	(−1.7215)
$CURR$	−0.0070	−0.0066	−0.2159	−0.2369
	(−1.4441)	(−1.3985)	(−0.6822)	(−0.7493)
ROA	−0.8930***	−0.9347***	−9.9885**	−8.7211**
	(−3.0497)	(−3.1715)	(−2.1414)	(−1.9611)
LEV	−0.0712	−0.0610	3.9301**	3.9856**
	(−0.6050)	(−0.5170)	(2.3152)	(2.4015)

续表

变量	lnFEE	lnFEE	OP	OP
	（1）	（2）	（3）	（4）
GROWTH	0.0275	0.0310	−3.2135*	−3.2640*
	（0.7229）	（0.8304）	（−1.8103）	（−1.8712）
OWN	−0.1476***	−0.1537***	−0.6186	−0.5307
	（−5.1000）	（−5.3230）	（−1.0511）	（−0.9267）
PART	−0.0286	−0.0332	−0.3815	−0.4018
	（−0.8530）	（−0.9968）	（−0.8431）	（−0.9041）
IDR	−0.0546	−0.0626		
	（−0.2673）	（−0.3075）		
LAGOP			2.4247***	2.3291***
			（3.9701）	（3.8422）
lnFEE			0.5899	0.6886
			（1.0719）	（1.2153）
LOSS			−0.7172	−0.6361
			（−1.0711）	（−0.9543）
_CONS	4.1827***	4.3246***	−0.8613	−1.3672
	（9.6251）	（10.1517）	（−0.1992）	（−0.3123）
年度	控制	控制	控制	控制
行业	控制	控制	控制	控制
N	1525	1525	1031	1031
Adj.R^2	0.6596	0.6626	0.3965	0.3959

　　在审计师决策中,审计费用和审计意见是控制审计风险的两道防线。审计费用在审计业务约定书中以合同形式体现,审计意见在审计报告中予以反映。基于行业专长的异质性检验结果表明,相对于非行业专长的审计师,拥有行业专长的审计师在现场审计中能够按照风险导向审计的总体要求执行审计程序,对漂绿企业发表更为严格的审计意见以应对风险。上述研究发现说明,专业技能强和经验丰富的审计师具有一定的漂绿印象管理识别能力,审计质量相对较高。

6.6 研究结论与启示

环境事项可能隐含潜在风险,环境信息披露作为财务信息的有益补充,其重要性越来越受到社会的重视。我国的审计准则要求注册会计师在财务报表审计中关注环境事项,而我国的环境政策则要求重污染行业的上市公司定期独立披露环境信息,本章对注册会计师在审计过程中是否遵循准则的要求而对环境事项进行必要的关注,进行了实证检验。

基于2010—2016年我国沪、深A股重污染行业上市公司的环境报告和相关数据,本章考察了企业的环境责任响应方式对审计师决策的影响。研究发现,企业漂绿程度越高,审计师的审计收费越低;采取漂绿策略的企业,并不会增加审计师发表非标准审计意见的概率。上述研究结论在经历了一系列内生性和稳健性检验后依然成立。机制检验的结果表明,漂绿程度与违规处罚概率和盈余管理程度呈显著正相关关系,表明企业漂绿程度越高,面临的重大错报风险和审计风险越高,而审计师决策受客户印象管理策略影响,未能严格遵循审计准则的相关要求,审计质量难以保证。异质性检验的结果表明,具有行业专长的审计师对漂绿程度高的污染企业发表了更为严格的审计意见,表明行业执业经验丰富的审计师对环境事项保持了应有的关注。

本章的研究结论具有如下启示:一方面,当前注册会计师在环境保护领域发挥的作用十分有限,政策制定者应进一步加强对企业环境信息披露制度的规范和完善,制定符合中国国情的切实可行的环境报告框架,推进环境报告的内容转化为实际行动,而不仅仅局限于形式上的回应,探索对环境事项进行会计核算与信息披露的一体化综合报告格局,为注册会计师关注环境事项的核算、披露和审计工作,以及基于独立报告的第三方鉴证提供制度保障。另一方面,虽然我国审计准则规定注册会计师在财务报表审计时要对相关环境事项予以关注,但实际的实施效果并不尽如人意,注册会计师环保意识的薄弱和专业胜任能力的不足是其中的重要原因。为推动生态文明建设,中国注册会计师协会应加强对整个行业环境保护意识的宣传教育;会计师事务所应加强人员培训,构建财务报表审计涉及环境事项的一套标准化审计程序和强制性工作体系;注册会计师则应注重利用环保专家开展工作,不断提高环境领域的专业技能和胜任能力。通过各方共同努力,切实提升对环境事项的应有关注和提高审计质量。

第 7 章　演化经济学视角的
漂绿成因探讨

7.1　问题的提出

企业既是经济社会活动的基本单元,又是工业污染产生的主要源头。近年来,面对日趋严峻的大气污染、水体污染及土壤污染等环境问题,越来越多的有识之士指出,美丽中国的实现需要企业清洁生产、绿色发展。漂绿现象是伴随着公众对绿色低碳发展需求的增加和政府环境规制力度的加强而出现的一种"伪善"的商业伦理行为,其在企业中被学习、模仿和传播的演化机理是什么,如何选择合适的环境规制手段开展有效治理,这些都是亟待解决的理论问题。

针对企业不实的环保宣传行为,《南方周末》于 1999 年开始连续以媒体曝光的方式发布"中国漂绿榜"[①],让国内公众对漂绿现象有了直观的认识,具有信息公开、事实典型、社会认可度高等优点,为我们深入研究漂绿问题提供了契机。

在企业漂绿的动因中,营销工具观将漂绿作为营业推广的工具,目的是提高产品和服务的市场竞争力;印象管理观认为漂绿是企业满足合法性需求的手段,目的是顺应政府在环境管制方面的要求;声誉策略观把漂绿视为与利益相关者建立良性互动关系的方式,目的是树立亲环保的企业形象(黄溶冰和赵谦,2018)。虽然在分析视角上有所不同,但从总体上看,企业漂绿被认为是出于机会主义的目的。

现有研究成果多以新古典经济学为理论基础,对漂绿现象的动机和存在合理性予以解释,属于静态、均衡的分析框架。但由于忽视漂绿生成的群体复杂

---

① 《南方周末》发布的"漂绿榜"主要关注产品漂绿。产品漂绿是企业漂绿最直观的表现,也最早被人们所觉察和认知。

性,未能很好地揭示漂绿传播机制的"黑箱"问题,本章在案例研究的基础上,运用动态、演化的分析框架对企业漂绿行为进行解释。

本章试图按照案例研究的范式开展研究,探讨企业漂绿的特征表现及演化过程中的"怎么样"(how)和"为什么"(why)的问题,采用演化经济学理论揭示企业在缺乏规则约束时通过模仿—扩散效应实现漂绿传播的演化机制。

7.2　理论分析

7.2.1　演化经济学阐释漂绿现象的适用性

与新古典经济学作为研究存在(being)的经济学不同,演化经济学是研究生成(becoming)的经济学,是对经济系统中新奇的创生、扩散和由此所导致的结构转变进行研究的经济学范式(贾根良,2015)。演化经济学把传统经济学理论中处于背景状态的演化力量和机制放在了核心地位(Vromen,1997)。新奇在不同的学科中具有不同的含义,如在生物学中,新奇涉及群体基因库中的随机突变和选择性复制;而在经济学中,新奇就是新的行动可能性的发现(Witt,1992)。

我们认为,演化经济学的理论和观点更适用于解释企业漂绿的演化问题,原因主要体现在以下三个方面:

首先,在政府和非政府组织,以及在社会公众不断呼吁企业提高伦理和社会责任意识的背景下,漂绿现象的蔓延有其特殊的动因和发展历程。而演化经济学本身就是一种进行动态分析的经济学,主张采用演化和过程分析来解释社会经济现象(黄凯南,2010)。两者在理论视角上是契合的。

其次,演化经济学的方法论基础源于自组织理论(严伟,2014),属于动态的、系统的和有机的世界观。从自组织的视角看,漂绿现象本身就是一种新生事物的创生和渐变与突变的过程。本章以演化经济学为基础解释漂绿的动因和传播机制,在方法论上是可行的。

最后,漂绿现象首先源于微观竞争环境下企业的个体行为,而其他企业在观察到这种行为的适用性后进行学习和追随,导致漂绿现象在产业或空间层面的模仿和扩散,这与演化经济学在分析经济变迁时强调借助一种"生物学隐喻"来构建微观与宏观间桥梁的分析框架是一致的。

7.2.2　演化经济学视域下漂绿的认知

现代演化经济学最为根本的特征是借鉴生物进化自组织思想(刘海龙，2005)，研究某一变化中的系统运行，或解释某一系统为何及如何到达当前状态。其对经济现象的解释主要基于一系列基本概念，概括而言，包括：三个类比——惯例、搜寻和竞争，三种机制——遗传、变异和选择。我们将企业漂绿的传播机制分为生成和扩散两个阶段。生成阶段主要指漂绿行为的培育过程，是一种微观演化；扩散阶段主要指漂绿生成后随主客观条件的变化而延展和传播的过程，是一种宏观演化。

7.2.2.1　漂绿传播机制的微观演化

（1）惯例、变异或新奇的创生：企业漂绿行为的萌芽

根据演化经济学理论，惯例是有规律的、可预测的企业行为模式，既呈现出与内部治理协调相一致的行为能力，也表现为企业内制度、管理、技术与知识等的有机集合。惯例可以被复制和遗传，从而使企业的行为具有一定的稳定性。但是，在市场竞争环境下，如果当前惯例不能带来竞争优势，企业则倾向于通过一种渐进式和积累式的学习过程，去寻找解决威胁和问题的新途径，最终目的是搜寻到令人满意的新的惯例。这种新的惯例可以被视为一种变异，或者是通过新奇的创生来形成一种前所未有的知识和经验。这种变异的成因，正如纳尔逊和温特(1997)所言——是对惯例的破坏，其原因往往是现实中经受的挫折推动了对新奇或变异的搜寻。

随着可持续发展理念逐渐深入人心，环境保护领域的管制压力和非管制压力不断增强，环境友好型企业越来越受到青睐。在崇尚绿色、透明和社会责任的新一轮市场竞争中，原有的惯例难以满足企业生存发展的需要，企业开始搜索、寻找新的惯例。如图 7-1 所示，在不同的环境责任响应策略中，漂绿作为新奇的创生事物，实际上是承认对环境责任履行合法性的认可，只是在行为上选择一种机会主义倾向，漂绿企业的私人成本低于社会成本，具有负外部性，但由于能够给企业带来社会认同，在合法性导向的判别标准下，漂绿很可能成为企业在搜寻过程中最富有吸引力的选项，成为企业新的惯例。

（2）路径创新、选择机制与遗传机制：企业漂绿行为的发展

在演化经济学中，路径创新与路径依赖相对应。已存在的惯例、现有的主

图 7-1　企业环境责任响应策略

导逻辑、行为偏好、结构惯性等都可能导致路径依赖，从而产生锁定效应。创新是企业获得竞争优势的必要能力，企业对现有惯例的评价、调整或者变革是通过"搜寻"的方式进行的，通过搜寻活动，与当前环境不适应的惯例或被改变或被抛弃或被新的惯例所替换，无论是基于成功经验的搜索还是基于惯例转换的搜索，都会形成不同程度的多样化。企业会通过"试错"行为，选择在当前环境下有利于企业生存发展的惯例。在企业努力与环境相适应的自发演化过程中，被选择和遗传下来的"新奇"的创生，一定是对企业"有利"的，但不一定对所有人都是"有利的"或"理想"的创新，因此，我们认为，企业环境伦理的演化道路是曲折的，中间可能会出现倒退或中断。

　　漂绿作为企业寻求发展机遇而进行路径创新的一种方式，必须经过市场的考验与选择。在企业的多种环境责任响应策略中，漂绿能够使企业以低成本获得社会认可和合法性。在缺乏有效治理机制的情况下，漂绿逐渐成为企业诸多变异的"主导设计"，并作为一种基因植入企业的发展模式中，通过遗传机制实现漂绿的稳定性和延续性（见图 7-2）。

7.2.2.2　漂绿传播机制的宏观演化

　　惯例的改变与搜寻是一个不断竞争和选择的过程，个体选择和群体选择共同构成了演化的动力机制。群体是由个体间互动生成的，是系统内部各要素互相作用和反馈的结果。群体选择是从群体内部的个体出发，从个体的行为互动中推演出群体的适应度，这种交互作用不是附加的和瞬时的，而是展示了记忆功能（Hodgson，2002）。即某一个体的适应性变化会通过改变另一个体的适应而改变其演化轨迹；后者的变化又会进一步制约或促进前者的变化。个体的微

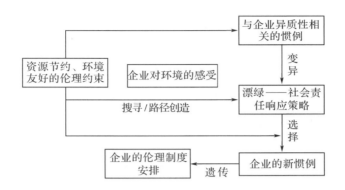

图 7-2　企业漂绿的微观演化模式

观演化会通过互动将新知识扩散到群体中,通过"染色体"复制和非线性作用,在"涌现"现象的推动下,新的惯例被作为一种主体标识固定下来,实现系统的宏观演化。同时系统的宏观演化又构成个体演化的学习环境和选择环境,进一步影响个体的微观演化。

当一些企业采取漂绿行动却没有受到处罚甚至取得了成功时,就会引起其他企业的模仿性或适应性学习,这种模仿所带来的"涟漪效应",或因同行间的追随,或因空间接近的地理位置而蔓延。如果破坏规则(惯例)的企业是行业内或区域内的领先者,那么引发的群体效应将会更加严重。通过学习、适应和模仿等群体内互动行为,漂绿企业会根据环境的变化,不断调整漂绿的方法和手段,以最低成本或最低风险进行环境责任响应。漂绿作为一种变异或新奇创生,被越来越多的企业所选择,企业环境责任响应策略的多样性减少、稳定性增强,漂绿逐渐成为代表整个系统的共同基因,通过产业体系或空间布局得以扩散(见图 7-3)。

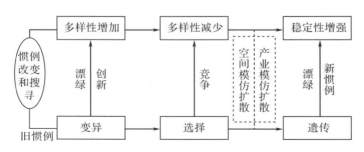

图 7-3　漂绿的模仿—扩散效应

7.2.3 演化经济学基本概念对漂绿内涵的解释

综上,利用演化经济学的基本概念对企业漂绿内涵的解释如表7-1所示。

在演化经济学视域之下,将企业漂绿行为视为一种具有负外部性的、目的是获得社会认可的创新行为,以规避监管或树立良好形象。在组织与环境协同演化的过程中,互动机制、学习机制、变异与选择机制等都在发挥作用。在没有得到有效规范之前,漂绿现象成为变化的经济、社会环境中的一种"商机",引起或行业内、或地区内其他企业的适应性学习,并通过模仿行为不断扩散,形成一种模仿—扩散效应。

表 7-1　演化经济学基本概念与漂绿现象认知

演化经济学基本概念		生物进化自组织思想	漂绿现象认知
三个类比	惯例	惯例起着基因在生物进化理论中所起的作用,可以继承和选择	惯例是与企业环境伦理有关的一种记忆,是具有稳定性的制度、知识、经验、文化的载体与集合
	搜寻	生物体自主搜寻当前环境下有利于自身生存的行为方式	企业对既有环境伦理惯例的扬弃,寻求创新行为,企业环境责任响应的多样性增加,漂绿成为多样性的一种
	竞争	相当于生物学的生存竞争	面对多样化的选择,漂绿企业更容易以较低成本得到社会认可,作为企业选择新惯例的标准,漂绿行为得以固化,并通过或同业或空间模仿进行扩散
三种机制	遗传	生物基因遗传包括生物个体的重要信息	与企业环境伦理有关的制度和文化等惯例借助遗传机制得以保留和传承
	变异	在一个种群中导致延续多代的可遗传性物质发生变化的过程	漂绿作为一种负外部性的新奇创生,是对旧有惯例的挑战,是搜寻活动的结果,是对传统路径依赖的基因突变
	选择	通过选择,种群实现相互作用,相互适应而共同演化	漂绿被适应性选择,意味着存在着某种增强因素,导致漂绿行为通过系统涨落被放大,使之越过某个不稳定的阈值而进入一种扩散状态

7.3　案例分析

7.3.1　研究方法

本章采用归纳型案例的研究方法。归纳型案例的研究方法适合于理论构建和提炼,通过对案例事实资料和调查数据的总结,整理归纳理论构念之间的逻辑关系,提炼理论框架,并在多案例的情景下进行验证(Eisenhardt & Graebner,2007)。

在本案例研究中,获取资料和数据的途径除《南方周末》颁布的"中国漂绿榜"之外,还包括主要财经媒体(如新浪财经等)的相关新闻报道,以及漂绿企业的网站、年报和 ESG 报告等。多样化的信息来源形成了"数据三角",通过相互补充和交叉验证增强了研究结果的准确性。

7.3.2　案例介绍

作为拥有全国影响力的主流媒体,《南方周末》的"中国漂绿榜"采取资料整理、专家访谈和公众投票等系列程序,于每年上半年公布前一年度涉嫌漂绿的企业榜单。漂绿现象的标准(环境表现关键词)包括:公然欺骗、故意隐瞒、双重标准、空头支票、前紧后松、政策干扰、本末倒置、声东击西、模糊视线、适得其反等 10 项[①]。

7.3.2.1　漂绿排行榜上榜企业

我们搜集了 2009—2016 年的漂绿榜上榜企业的相关资料,经整理如表7-2、表 7-3 所示。

表 7-2　漂绿榜上榜企业名录[②]

年度	入选企业	备选企业
2009	亚洲浆纸业有限公司[2]、雀巢[3]、沃尔玛[1]、普利司通[4]、巴斯夫[2]	
2010	紫金矿业[2]、中国石油[1]、BP[1]、金浩茶油[2]	超威电源[2]、中国石化[1]、苹果[5]、金光纸业[9]

---

① 见南方周末网站:http://www.infzm.com/topic/2011plb.shtml。
② 上标1—10分别表示企业漂绿的环境表现关键词:公然欺骗、故意隐瞒、双重标准、空头支票、前紧后松、政策干扰、本末倒置、声东击西、模糊视线、适得其反;由于上述标准为 2011 年发布,本书对2009—2010漂绿榜上榜企业按上述标准进行了整理。＊＊、＊＊＊分别表示第 2 次、第 3 次上榜。

续表

年度	入选企业	备选企业
2011	哈药集团[1]、江森自控[2]、阿迪达斯[3]、耐克[3]、康菲[4]、苹果[5,**]、中国石化[6,**]、双汇[7]、深圳发展[8]、归真堂[9]、晶科能源[10]	沃尔玛[1,**]、升华拜克[1]、海正药业[1]、中国建交[2]、恒邦股份[2]、雀巢[3,**]、强生[3]、可口可乐[5]、乐购[5]、李宁[7]、蒙牛[7]、思念[7]、苏泊尔[8]、Zara[8]、中国移动[8]、味千[9]、达能[9]、嘉里粮油[9]、飞利浦[10]、雷士[10]、松下[10]
2012	神华集团[1]、可口可乐[2,3,**]、修正制药[4]、美特斯邦威[5]、Calvin Klein[5]、G-STAR[5]、中国烟草[6]、南山奶粉[7]、中煤集团[8]、三棵树[9]	东宝生物[1]、延长石油[1]、首钢[1]、华银铝业[1]、百胜集团[2,8]、龙源纸业[2]、中国石化[4,***]、联邦制药[4]、现代牧业[5]、徐福记[7]、雅居乐[7]、中信地产[8]、格力[9]、农夫山泉[9]
2013	神华集团[8,**]、中国石油[1,**]、阿迪达斯[4,**]、迪士尼[4]、苹果[9,***]、格力[1,**]、大自然地板[8]、威立雅[3]、麦当劳[10]、沃尔玛[7,***]、亚都[1]	
2014	欧喜集团[3]、华润电力[1]、兰州石化[9]、现代牧业[4,**]、鲁抗医药[10]、青海春天[6]、大唐能源[7]、闰土股份[2]、志高空调[8]	
2015	中国石油[1,***]、荣华公司[9]、威立雅[8,**]、可口可乐[3,***]、建滔化工[4]、中国国电[8]、海螺水泥[7]、腾龙芳烃[2]、北排集团[10]、小米[5]	
2016	耐克[5,**]、中国盐业[8]、华北制药[9]、立邦[9]、康师傅[7]、阜丰集团[1]、馥华食品[2]、远大医药[8]、燕京啤酒[4]、迪士尼[5,**]、三菱重工[10]、苏州吉姆西[10]、苏州金龙[10]、农垦糖业[9]、雷士[7,**]、四川机场[8]	
合计	76 家	39 家

7.3.2.2 企业漂绿现象的特征

根据表 7-2 和表 7-3,我们发现漂绿现象在上榜频次、企业性质、行业归属和地域分布等方面具有若干时空演化特征,具体表现如下:

(1)在上榜频次方面,根据表 7-1,上榜企业共计 115 家,其中入选企业共计 76 家,备选企业共计 39 家。一些企业是多次上榜,属于习惯性漂绿。累计上榜 2 次的企业有 14 家,累计上榜 3 次的企业有 5 家,分别占总数的 12.18% 和 4.35%。

表 7-3　漂绿榜入选企业统计数据

年份	数量	企业性质		行业归属						地域分布		
		跨国	本土	能源	化工	电子	日用品	医药	其他	东部	中部	西部
2009—2010	9	6	3	2	3		2		2	7	1	1
2011	11	5	6	3	1	1	3	2	1	9	2	
2012	10	4	6	2	1		6	1		6	3	1
2013	11	6	5		3		3		3	9	1	1
2014	9	1	8		2		2	2		4	3	2
2015	10	2	8	2	3	1	1		3	6	3	1
2016	16	4	12		1	2	8	2	3	10	2	4
合计	76	28	48	13	11	8	25	7	12	51	15	10
比例/%	100	36.84	63.16	17.11	14.47	10.53	32.89	9.21	15.79	67.11	19.74	13.16

（2）在企业性质方面，漂绿榜入选企业既有沃尔玛、巴斯夫、耐克、可口可乐、威立雅等跨国公司在中国的经营机构，也包括中国石油、中国国电、紫金矿业、三棵树、哈药集团、格力、双汇等中国本土企业，自 2014 年以来，中国本土企业上榜数量明显增多。

（3）在行业归属方面，呈现出比较明显的行业集聚特征，入选企业集中在能源（17.11%）、化工（14.47%）、电子（10.53%）、日用品（32.89%）和医药（8.62%）等行业，上述 5 类行业或者面临较大管制压力（如能源、化工和医药属于污染行业），或者市场竞争激烈（电子），或者社会关注程度高（日用品），而其他行业仅占总数的 15.79%。

（4）在地域分布方面，漂绿现象在各地区的分布呈现非均衡性。东部地区是我国经济活跃度最高也是最先感受到资源环境压力的区域，2009—2016 年期间，东部地区的漂绿案例累计入选榜单 51 次，超过入选企业总数（76 次）的 2/3；京津冀、长三角、珠三角地区分别入选 21 次、13 次和 12 次；北京、上海、深圳三地的漂绿案例数之和超过了总数的 50%。从近几年的资料来看，中西部地区被报道的漂绿案例有所增加。

7.3.3　结合漂绿排行榜的分析

随着公众环保意识的觉醒，生态文明已经成为中国梦的重要组成部分，在这样一种经营环境的重大转换中，越来越多的国内外企业发现，"绿色马甲"——作为一种应对环境责任关切的新奇的创生，具有特殊意义和意想不到的好处。

通过对"中国漂绿榜"解说词的内容分析可知，由于监管不足等原因，在环境责任响应中，如果企业能够自圆其说，往往便能畅通无阻。早期（2009—2011年）的漂绿榜入选企业多数是跨国公司。例如，全球化工巨头巴斯夫采取"故意隐瞒"等策略先后在国内获得了"绿色公司星级标杆企业""社会责任达标企业"等环保奖项，但实际上其对 MDI 项目水体和空气污染的详细情况一直予以回避。"绿色环保"的光环，确实为巴斯夫等企业进入国内市场带来了极大便利。一些国际化经营的跨国公司最早通过选择、遗传机制获得了漂绿基因，而本土企业很快通过适应性学习将漂绿纳入自身的伦理惯例，并逐渐占据漂绿的主体。为规避监管或树立良好形象，企业通过"搜寻"活动，围绕粉饰环境业绩的内核，不断探索漂绿方式和漂绿手段的多样化，正如《南方周末》在"中国漂绿榜"榜单发布中对企业漂绿行为的整理和总结，多种策略分别被用于不同情景下的漂绿行动中。

同时，在 115 家上榜企业中，超过 15％的企业累计上榜次数在 2 次及以上，中国石油、可口可乐和沃尔玛等公司累计上榜次数已经达到 3 次，说明漂绿作为新的惯例，一旦被选择后，将会通过遗传机制进行递延，并在企业环境责任响应模式中得以固化。

漂绿有助于企业获得身份合法性和社会认可。引起相关企业的学习、模仿和适应，甚至出现了行业或地区内的若干标杆企业扎堆漂绿的现象，如漂绿企业在北京、上海、深圳三地的聚集及在京津冀、长三角、珠三角的点—面转移。在大公司的示范作用下，企业纷纷追随效仿，导致了漂绿现象在行业内或地区间的模仿—扩散效应。

7.4　本章总结

本章基于演化经济学视角探讨了企业漂绿的演化机理。随着企业面临的环保压力日益增大，漂绿作为一种新奇的创生，在搜寻过程中可能成为企业新的惯例，因其宣传所谓的绿色标签而更容易获得社会认可和合法性，逐渐发展成为企业环境责任响应中的主导设计,通过遗传机制实现漂绿的稳定性和延续性。当一些企业实施漂绿没有受到惩罚甚至取得成功时,漂绿会通过学习、适应和模仿等互动行为在群体内蔓延,说明在缺乏制度供给和规则约束之下,漂绿现象扩散成为必然。

"年度漂绿榜"中的不少企业已经是习惯性漂绿。漂绿作为一种具有负外部性的新奇创生,在搜寻过程中一旦被选择、复制和遗传,将会产生严重的路径依赖,企业的环境责任履行将长期锁定在一种无效状态,沿着恶性循环的路径不断演绎,最终,通过模仿—扩散效应不断向外界蔓延。为改变这样一种状态,我们需要利用演化经济学的原理进行"解锁",推动企业环境责任履行走向良性循环的道路。

本章将演化经济学作为阐释漂绿现象的理论基础,并利用《南方周末》发布的"中国漂绿榜"的相关资料开展案例分析。演化经济学分析范式具有侧重哲学思辨而非实证检验,侧重解释性而非预测性的特征(贾根良,2015)。正因为如此,企业漂绿行为是否存在事实上的模仿—扩散效应,还需通过后续的大样本实证检验加以证实。

第 8 章　企业漂绿同构效应的
形成机理

8.1　本章概述

第 7 章通过对中国漂绿排行榜的案例分析指出,企业漂绿呈现出一种模仿—扩散的趋势。社会学中,当个体面对群体施加的压力或引导时,朝着与群体大多数人一致的方向变化,并在行为上尽量与他人保持一致的现象被称作"乐队花车"效应。随着公众环保意识的提升和政府环境监管的加强,漂绿行为被越来越多的企业适应性学习,逐渐成为一个社会热点问题。由此,一个兼具重要研究价值和突出实践意义的问题涌现了出来:如何合理解释和检验企业漂绿演化中可能存在的"乐队花车"效应?

本章从制度理论的视角对企业漂绿的模仿—扩散效应开展分析,研究问题的边际贡献体现在:

(1)现有文献对企业漂绿行为的研究主要基于公司独立决策的假设,包括漂绿的内涵、形式、动因、后果及治理等(李大元等,2015),但鲜有研究考虑企业漂绿行为的相互影响。本章首次对企业漂绿中的群体行为规律进行考察,兼顾组织个体和相互作用机制,采用规范的微观计量方法证实了企业漂绿中地区同构效应的存在,为企业漂绿的研究提供了一个新的视角。

(2)本章也为加强企业漂绿的属地化监管提供了决策参考。中国实行统一的环境保护制度,但因中央和地方在环境保护中的目标并不一致,中央政策在各地实施中普遍存在"非完全执行"的情况(Wang & Jin,2007)。本章的研究发现,企业漂绿受到近邻企业做法的影响,具有明显的地缘性特征。在政府主导的转型经济国家,企业环境信息披露水平能否提高主要取决于地方政府的努力程度(Yusoff & Lehman,2009),在面临信息不对称和外部性等市场失灵问题时,尤其需要地方政府出面进行干预。本章的研究结论表明,在建立全国统一规范的环境信息披露和鉴证体系的同时,强化地方政府对企业环境信息披露合规性的审查和监管也是十分必要的。

8.2 文献回顾和研究假设

8.2.1 制度理论与组织同构

制度理论试图解释的一个中心问题是:在现代社会中,各种组织越来越相似,即存在组织同构现象(Meyes & Rowan,1977)。组织面临两种不同的环境:一种是技术环境,要求组织有效率,按利润最大化原则运营;另一种是制度环境,要求组织服从"合法性"原则,采取在制度环境下理所当然的组织形式和做法,而不管这些形式和做法对组织内部运作是否有效率(Scott,2006)。制度理论解释组织同构的重要工具是合法性机制,它们将组织为生存而适应制度环境的行为称为追求合法性,把这一机制称为合法性机制。制度理论认为,组织同构的根源在于制度环境和制度同形,制度规则具有"神话功能",可以使组织获得资源、认同和稳定性,组织因此愿意吸纳当今社会通行的做法和体制力量的规范,将其作为自身的行动准则。

DiMaggio 和 Powell(1983)首次从组织场域的视角探讨了组织同构问题,指出强制同构(coercive isomorphism)、模仿同构(mimetic isomorphism)和规范同构(normative isomorphism)三种趋同机制都会在组织场域中发挥作用,使组织能够通过同构行为而获得合法性。其中,强制同构指国家法令、政府管制对组织施加的压力,迫使组织无条件地接受制度环境的影响。模仿同构是指当组织目标较为模糊或者环境存在较大不确定性时,组织倾向于模仿处境相似企业的做法以减少震荡。规范同构是指通过长期的训练,在组织中形成认知共同体,并且成为社会规范,促使组织在行动上保持一致。

国内外学者已从机构设置、技术创新和管理决策等角度对组织同构①现象进行了研究。经营环境的复杂性导致特质信息释放需求的增加,企业非财务信

---

① 除"同构"之外,目前学术文献中关于组织趋同带来的相似性还使用"同形"或"同群"等不同称谓。

息披露是组织为提高透明度、维护其与利益相关者关系的一种宣告行为。近年来,越来越多的企业开始披露环境和 ESG 报告等非财务信息,国内外学者也开始对该领域的组织同构现象加以关注。

Cormier 等(2005)的研究发现,在德国,企业环境信息披露内容随时间推移而趋于相似,存在模仿同构现象。Aerts 等(2006)指出,企业环境信息披露受到惯例(前期披露情况)和其他企业的影响,在缺少基线标准的情况下,平均水平被认为是"公认可接受"的标准,符合模仿同构的制度理论解释。Chen 和 Bouvain(2009)对美国、英国、澳大利亚和德国等 4 国的社会责任报告进行对比,发现各国社会责任报告内容的差异与不同国家的政治和社会制度安排密切相关。De Villiers 等(2014a)对南非矿业公司环境信息披露情况的分析表明,大公司和小公司之间并无显著差异,他们应用制度理论对上述现象进行了解释,指出因规范同构(通常由专业化驱动)带来相似性,导致大公司和小公司以通用格式披露相同数量的环境信息。De Villiers 等(2014b)进一步比较了南非和澳大利亚矿业公司的社会责任信息披露状况,结果显示两种情景下社会责任报告的总体模式相似,说明规范同构和专业化推动企业采用相同的模板。Cano-Rodríguez 等(2017)探讨了厂商经验和市场竞争对产品市场中模仿他人进行自愿信息公开行为的影响,研究发现经验丰富的厂商表现出较低的模仿倾向,市场竞争与厂商经验在模仿倾向中存在着互补关系。Lokuwaduge 和 Heenetigala(2017)考察了上市公司披露环境、社会和治理报告(ESG)的影响因素,指出虽然利益相关者参与被认为是可持续发展议题的关键要素,但披露 ESG 报告的动机仍受到管制压力等强制同构因素的高度影响。

在国内,沈洪涛和苏德亮(2012)的研究发现,我国重污染行业上市公司在环境信息披露中存在明显的模仿行为,且企业倾向于模仿其他企业的平均水平。黎文靖(2012)的研究表明,企业社会责任报告的披露趋势与中央政府关于构建和谐社会等政策法规的出台时间存在很强的相关性,一定程度上证实了企业社会责任信息披露受到政策干预和强制同构压力的影响。杨汉明和吴丹红(2015)通过规范分析指出,企业社会责任信息披露受到来自不同层次的制度、组织或角色的关注,这些制度因素产生的强制压力、规范压力和模仿压力,共同影响企业的社会责任信息披露意愿和水平。蒋尧明和郑莹(2015)以 2009—2013 年发布社会责任报告的上市公司为研究样本,发现样本公司在披露意愿、时机、水平和参照对象上都表现出趋同的特性,存在明显的"羊群"效应。肖华等(2016)以 A 股上市公司为样本,实证分析了制度压力与环境信息披露的关系,分别以重污染企业(或国有企业)、制造业及所在省份环保 NGO 个数作为强制同构、模仿同构和规范同构的代理变量,研究结果表明:强制同构和模仿同构显著正向影响环境信息披露的概率和水平,而规范同构则起到反向的作用。

8.2.2　制度环境与企业漂绿同构行为

由第 1 章文献综述可知,企业漂绿的动因主要是"趋利避害",但漂绿行为被识别或曝光又会给企业带来不良影响。显然,个体决策思维难以解释当前漂绿案例频现的现实。企业作为一种特殊的社会性组织,其行为不仅受到自身因素的影响,而且还受到群体内其他个体行为的影响。在环境信息披露的响应策略中,面对制度规制、不确定因素和社会期望的压力,其他企业的行为方式会深刻影响和改变主体的行为与决策。相比于个体行为分析,群体行为规律的探索对于研究当前的漂绿问题显得更为重要。对于企业漂绿是否存在同构行为,现有文献并未提供充分的理论解释和实证证据,而这正是本章研究的主题。

根据制度理论,在影响组织同构的制度环境中,强制同构、模仿同构和规范同构三种压力并非彼此独立的,而是共同发挥作用(斯科特,2010)。首先,就环境信息披露而言,2006 年修订的《中华人民共和国公司法》将企业需承担社会责任以法律形式予以明确,各级政府和监管部门随后颁布的一系列政策法规,无疑给企业披露环境信息带来了制度压力。在很多时候,企业遵守制度所带来的收益可能不明显,但是不遵守制度所导致的损失却显而易见。因此,是否象征性地回应属于监管政策压力下的强制同构。企业很可能是以明确的行为来仪式性或象征性地应对外部压力,采取"报喜不报忧""多言寡行"等方式顺应环境监管的要求(李哲,2018;黄溶冰等,2019),同时也形成外界对于企业漂绿的认知。

其次,漂绿水平和方式方面的同形属于模仿同构。模仿机制的一个重要条件是组织环境的不确定性,模仿是一种能够减少搜寻成本,帮助组织做出决策和采取行动的适应性选择过程(Chris & Paul,2005)。虽然越来越多的企业开始公开环境信息,但对于信息公开的内容和深度,各企业的意识与态度普遍是模糊的。在不知道怎么办的情况下,最便捷的办法就是模仿他人。漂绿企业的表现似乎更环保和更合规,因此很容易成为被模仿的对象(黄溶冰等,2020)。在漂绿的模仿同构中,组织行为具有更强的主动性,是企业为了获得合法性和更多的外部资源而采取的自觉行动。

最后,规范同构推动漂绿行为的扩散。社会规范具有如下特征:共同的理念和原则,共同的因果信念,共同的有效概念及共同的政策取向(Waarden & Drahos,2002)。对漂绿行为而言,规范性压力来自与组织关系密切的外部利益相关者,随着专业教育、公益培训和新闻媒体的推动,可持续发展理念逐渐深入人心,企业在追求经济绩效时亦应承担环保责任成为规范性压力的核心。一旦环境友好被认定是企业公民的标准配置,这种"良好实践"的标签就会成为一种社会期待并发展为"共享观念",对尚未部署的企业形成规范压力。环境报告和环保承诺更多地被赋予"形式重于实质"的特征,在"别人都这么做,我不这么做就会吃亏"的从众心理作用下,满足社会规范的压力推动着企业漂绿行为的传播和蔓延。

综上,企业漂绿演化的同构机制如图 8-1 所示。

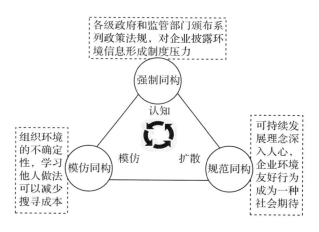

图 8-1　企业漂绿的同构机制

在组织同构的研究中,一些研究者将同一行业的相似性定义为同构,还有一些研究者将同一地区的相似性定义为同构(Aerts et al.,2006;陆蓉和常维,2018)。基于以上分析,本章提出如下研究假设:

H1:企业漂绿存在同构效应。

H1a:企业漂绿存在行业同构效应,即同行业企业的漂绿行为显著提高了该

行业企业的漂绿倾向。

H1b:企业漂绿存在地区同构效应,即同地区企业的漂绿行为显著提高了该地区企业的漂绿倾向。

8.3 研究设计

8.3.1 样本选取与数据来源

本章以重污染行业 A 股上市公司作为研究对象,将公司所属二级行业定义为"同行业",公司总部所在地的省、自治区、直辖市定义为"同地区"。

样本选择和筛选过程同第 4 章。由于具体研究内容及模型设定不同,各部分实证研究所使用的样本数量存在一定差异。为了避免极端值的影响,对回归模型中的连续变量进行了上下 1% 分位的 Winsorize 处理。除环境信息披露的数据外,本章的研究中所需财务数据和公司特征数据来源于 CSMAR 数据库,地区环境监管水平和经济发展水平数据来源于各年度《中国环境年鉴》和《中国统计年鉴》。

8.3.2 变量定义

(1)漂绿程度

根据第 4 章的漂绿衡量指标体系,以及选择性披露、表述性操纵和漂绿程度的公式计算。

(2)漂绿同构压力

在制度理论中,主要以某项行为被场域内其他企业所采用的频数来衡量同构压力(Haunschild & Miner, 1997;Lieberman & Asaba,2006)。本章认为,漂绿同构行为可能在行业或地区内发生,故采用行业或地区内企业漂绿程度的均值(即相似企业的做法)来衡量这种压力,变量符号用 *REFGWL* 表示。在稳健性检验部分,本章还采用行业或地区内资产规模位居前三位的企业漂绿程度的均值(即领先企业的做法)及行业或地区内企业漂绿程度的中位数来衡量同构压力。

(3)控制变量

参考以往的研究(Aerts et al., 2006;沈洪涛和苏德亮,2012;肖华等,2016;

黄溶冰等,2019),本章分别从财务、公司和地区 3 个层面对企业漂绿的影响因素进行控制。其中,财务基本面的因素包括:公司规模(lnSIZE)、财务杠杆(LEV)、成长性(GROWH)、高管薪酬(lnPAY)、现金持有水平(CASHEND)、有形资产比率(TANASSET)。公司层面的因素包括:上一期的漂绿程度(L.GWL)、产权性质(OWN)、两职分离(PART)、董事会构成(DIRECT)、公司年龄(AGE)、行业竞争度(HHI)、技术水平(TCH)。地区层面的因素包括:环境监管水平(lnREG)、经济发展水平(ECO)。

本章和下一章(第 9 章)的变量定义如表 8-1 所示。

表 8-1　变量定义

变量名称	变量缩写	变量定义
漂绿程度	GWL	具体计算见第 4 章说明
漂绿同构压力	REFGWL1	同行业企业扣除样本企业的漂绿程度均值
	REFGWL2	同地区企业扣除样本企业的漂绿程度均值
漂绿同构指数	SIMIDEX1	按行业计算的漂绿同构指数,具体计算见正文说明
	SIMIDEX2	按地区计算的漂绿同构指数,具体计算见正文说明
运营绩效	ROA	利润总额与财务费用之和与资产总额的比值
	ROE	净利润与所有者权益的比值
风险承担	SDROA	利用 ROA 计算方差,具体见正文说明
	SDROE	利用 ROE 计算方差,具体见正文说明
公司规模	lnSIZE	期末总资产(千万元)取自然对数
财务杠杆	LEV	资产负债率,负债总额/资产总额
成长性	GROWTH	(当年主营业务收入－上年主营业务收入)/上年主营业务收入
高管薪酬	lnPAY	薪酬最高的前三位高级管理人员薪酬(万元)取自然对数①
现金持有水平	CASHEND	现金及现金等价物期末余额/期初资产总额
有形资产比率	TANASSET	(固定资产＋存货)/总资产
产权性质	OWN	国有企业取值为 1,否则为 0

---

① 为避免取对数时 PAY 为 0 带来的影响,处理时统一在原薪酬水平上＋1。

续表

变量名称	变量缩写	变量定义
两职分离	$PART$	董事长和总经理两职分离取值为 1,否则为 0
董事会构成	$DIRECT$	董事会中独立董事的数量
公司年龄	AGE	当期年度－公司成立年度
行业竞争	HHI	保护性行业取值为 1,竞争性行业取值为 0[①]
技术水平	TCH	高新技术企业取值为 1,否则为 0
环境监管水平	$\ln REG$	企业所在地环境行政处罚案件数,来源于《中国环境年鉴》中各省、自治区和直辖市的数据,在本章中取对数
经济发展水平	ECO	企业所在地的人均 GDP(万元),来源于《中国统计年鉴》

8.3.3 模型设定

为避免在环境信息披露研究中因反向因果关系导致的估计偏误,借鉴 Dhaliwal 等(2011)的方法,通过变量超前和滞后 1 期的形式反映模型的因果关系,即采用滞后 1 期的漂绿程度作为解释变量,以当期相关指标作为被解释变量。

本章将待检验模型设定如下:

$$GWL = \beta_0 + \beta_1 L. REFGWL$$
$$+ \gamma CONTROLS + IND + ZONE + YEAR + \varepsilon \qquad (8\text{-}1)$$

模型(8-1)用于考察企业漂绿同构行为,被解释变量为漂绿程度(GWL),关键解释变量为滞后 1 期的漂绿同构压力($REFGWL$),$REFGWL$ 反映行业或地区内除样本企业之外其他企业的漂绿程度。如果假设 H1 成立,则预期模型中 β_1 的系数显著为正。

$CONTROLS$ 表示控制变量,包括财务、公司和地区 3 个层面的因素。$YEAR$、IND 和 $ZONE$ 分别表示控制了年度效应、行业效应和地区效应。

---

① 参照陈冬华、陈信元和万华林(2005)及辛清泉和谭伟强(2009)的研究,本章将样本按其行业属性归类为保护性行业和竞争性行业。保护性行业包括石油化工、能源和原材料,其余为竞争性行业。

8.4　实证检验

8.4.1　描述性统计

表 8-2 是本章和第 9 章中主要变量的描述性统计结果。GWL 的均值为 54.167,标准差为 20.599,最小值、最大值分别为 5.000 和 97.468。$REFGWL2$(行业同构压力)和 $REFGWL2$(地区同构压力)的均值与 GWL 接近,但标准差相对较小。$SIMIDEX1$(按行业计算的漂绿同构指数)和 $SIMIDEX2$(按地区计算的漂绿同构指数)的均值分别为 1.0174 和 0.933,标准差分别为 0.635 和 0.642。企业经营绩效和风险承担水平亦存在较大的个体差异。

表 8-2　描述性统计结果

变量	样本量	均值	标准差	最小值	最大值
GWL	1619	54.167	20.599	5.000	97.468
$REFGWL1$	1615	54.139	7.505	23.238	86.554
$REFGWL2$	1614	54.158	10.458	9.747	94.868
$SIMIDEX1$	1615	1.074	0.635	0.000	2.536
$SIMIDEX2$	1614	0.933	0.642	0.000	2.621
ROA	1619	0.057	0.056	-0.130	0.430
ROE	1619	0.068	0.135	-0.620	0.580
$SDROA$	1578	0.023	0.026	0	0.269
$SDROE$	1578	0.058	0.079	0	0.728
$\ln SIZE$	1619	6.880	1.432	4.128	10.883
LEV	1619	0.483	0.206	0.050	0.900
$GROWTH$	1619	0.102	0.239	-0.428	1.054
$\ln PAY$	1619	5.104	0.695	3.532	7.222
$CASHEND$	1619	0.143	0.140	0.007	1.110
$TANASSET$	1619	0.483	0.168	0.112	0.843
OWN	1619	0.678	0.468	0.000	1.000
$PART$	1611	0.861	0.346	0.000	1.000

续表

变量	样本量	均值	标准差	最小值	最大值
$DIRECT$	1619	3.473	0.788	0	8.000
AGE	1619	15.725	4.625	2.000	36.000
HHI	1619	0.430	0.495	0	1.000
TCH	1619	0.381	0.486	0	1.000
$\ln REG$	1619	8.085	1.177	3.871	10.068
ECO	1619	5.681	2.536	1.930	11.470

表 8-3 是各变量的相关系数矩阵。可以看出,被解释变量与多数解释变量之间至少在 5% 的水平上显著相关;同时,各主要解释变量间的相关系数不超过 0.55,说明不存在严重的多重共线性问题。

8.4.2 多元回归分析

(1)行业同构效应的检验

表 8-4 报告了行业同构效应的检验结果,在回归中同时控制了地区和年度的影响。其中,列(1)为仅包含关键解释变量 $REFGWL1$,以及上一期漂绿程度($L.GWL$)的检验结果,结果显示 $REFGWL1$ 的估计结果为正,但不显著;$L.GWL$ 的估计结果为正,在 1% 的水平上显著,说明企业漂绿行为明显受到以往惯性而非同构压力的影响。列(2)在列(1)的基础上补充了其他控制变量,结果显示 $REFGWL1$ 的系数为正,但同样不显著,说明企业漂绿不存在行业同构效应,不支持研究假设 H1a。漂绿行为具体表现为选择性披露($GWLS$)和表述性操纵($GWLE$)两种策略,本章根据两种情形分别进行检验,结果显示无论是列(3)还是列(4),关键解释变量的估计结果均不显著,再次证实了企业漂绿不存在行业同构效应,研究假设 H1a 未获得支持。

(2)地区同构效应的检验

表 8-5 报告了地区同构效应的检验结果,在回归中同时控制了行业和年度的影响。其中,列(1)为仅包含关键解释变量 $REFGWL2$ 和上一期漂绿程度($L.GWL$)的检验结果,结果显示 $REFGWL2$、$L.GWL$ 的估计结果为正,且在 1% 的水平上显著,表明企业漂绿行为受到地区平均水平和以往惯例的影响。列

表 8-3　相关系数矩阵

	A	B	C	D	E	F	G	H	I	J	K	L	M	N	O	P	Q	R	S	T	U	V	W	X	Y
A	1																								
B	0.35*	1																							
C	0.13*	0.95*	1																						
D	0.48*	0.15*	0.05*	1																					
E	0.27*	0.08*	0.03	0.95*	1																				
F	-0.02	-0.04	-0.03	-0.08*	-0.06*	1																			
G	-0.14*	-0.04	-0.01	-0.22*	-0.20*	0.38*	1																		
H	-0.05	0.05*	0.06*	-0.12*	-0.11*	0.13*	0.03	1																	
I	-0.07	0.04	0.05	-0.13*	-0.12*	0.11*	0.00	0.84*	1																
J	0.05*	-0.16*	-0.15*	0.13*	0.11*	-0.03	0.01	-0.10*	-0.24*	1															
K	0.03	-0.18*	-0.18*	0.11*	0.10*	-0.04	0.03	-0.26*	-0.43*	0.82*	1														
L	-0.35*	-0.18*	-0.10*	-0.18*	-0.12*	0.00	0.03	-0.05	0.01	-0.13*	-0.01	1													
M	-0.12*	-0.13*	-0.10*	-0.01	0.00	-0.03	-0.01	-0.39*	-0.35*	0.03	0.34*	0.48*	1												
N	0.00	0.03	0.03	-0.05*	-0.04	-0.02	-0.03	0.29*	0.32*	-0.19*	-0.20*	-0.05*	-0.02	1											
O	-0.21*	0.00	0.08*	-0.15*	-0.11*	0.07*	0.05	0.32*	0.35*	-0.11*	-0.20*	0.31*	-0.08*	0.05	1										
P	0.14*	0.14*	0.11*	0.03	0.00	-0.03	-0.08*	0.32*	0.27*	-0.06*	-0.15*	-0.29*	-0.48*	0.17*	0.03	1									
Q	-0.02	-0.03	-0.03	-0.01	0.00	0.06*	0.07*	-0.23*	-0.19*	0.05	0.17*	0.17*	0.43*	-0.07*	-0.15*	-0.48*	1								
R	-0.21*	-0.15*	-0.10*	-0.06*	-0.04	0.00	-0.02	-0.16*	-0.10*	0.04	0.10*	0.34*	0.26*	-0.06*	-0.06*	-0.13*	0.20*	1							
S	-0.07*	-0.04	-0.04	-0.03	-0.03	-0.07*	-0.03	-0.08*	-0.03	-0.05*	0.00	0.11*	0.14*	0.00	-0.05*	-0.10*	0.11*	0.19*	1						
T	-0.17*	-0.04	0.00	-0.11*	-0.08*	0.02	0.03	0.01	0.05*	-0.10*	-0.06*	0.32*	0.16*	0.02	0.17*	-0.11*	0.12*	0.28*	0.05*	1					
U	0.01	0.11*	0.13*	0.04	0.03	-0.06*	0.02	-0.08*	-0.08*	0.10*	0.10*	0.14*	0.12*	-0.19*	0.15*	-0.16*	0.07*	0.16*	0.03	0.02	1				
V	-0.04	-0.12*	-0.11*	-0.02	-0.02	-0.10*	-0.02	-0.24*	-0.19*	0.07*	0.16*	0.43*	0.32*	-0.07*	-0.14*	-0.19*	0.08*	0.33*	0.18*	0.19*	0.05*	1			
W	0.10*	0.16*	0.14*	-0.29*	-0.27*	0.06*	0.04	0.10*	0.07*	-0.06*	-0.13*	-0.29*	-0.23*	0.08*	-0.02	0.17*	-0.15*	-0.35*	-0.15*	-0.09*	-0.20*	-0.31*	1		
X	-0.15*	0.02	0.06*	-0.29*	-0.12*	0.04	0.22*	0.10*	0.14*	-0.13*	-0.17*	0.10*	-0.09*	-0.02	0.21*	0.01	-0.02	-0.16*	-0.07*	-0.05*	0.07*	-0.12*	0.11*	1	
Y	-0.07*	0.08*	0.08*	-0.13*	-0.12*	0.08*	0.12*	0.09*	0.12*	-0.08*	-0.16*	0.10*	-0.16*	0.02	0.35*	-0.08*	-0.10*	-0.10*	-0.08*	-0.08*	-0.05*	-0.15*	0.10*	0.52*	1

注：1. A～Y 分别代表 GWL,REFGWL1,REFGWL2,SIMIDEX1,SIMIDEX2,ROA,ROE,SDROA,SDROE,lnSIZE,LEV,GROWTH,lnPAY,CASHEND,TANASSET,OWN,PART,DIRECT,AGE,HHI,TCH,lnREG,ECO。

2. * 表示至少在 5%的水平上显著。

表 8-4 企业漂绿的行业同构效应

变量	GWL 总体 (1)	GWL 总体 (2)	GWL 总体 (3)	GWL 总体 (4)	GWL 国企 (5)	GWL 非国企 (6)
L. REFGWL1	0.0254	0.0286			0.0418	0.0684
	(0.4209)	(0.4715)			(0.5266)	(0.6788)
L. REFGWLS1			0.0300			
			(0.4526)			
L. REFGWLE1				−0.0146		
				(−0.3021)		
L. GWL	0.6830***	0.6000***	0.5316***	0.3654***	0.5457***	0.6609***
	(30.2698)	(22.5202)	(19.4624)	(17.4102)	(15.4901)	(14.4486)
lnREG		−0.8686	−2.1535**	−0.8856	−1.0380	0.2573
		(−0.8998)	(−2.0735)	(−0.8574)	(−0.8782)	(0.1227)
lnSIZE		−2.0644***	−2.0217***	−3.3691***	−2.5124***	−2.3768**
		(−4.6292)	(−4.3347)	(−7.3947)	(−4.6168)	(−2.5692)
ROA		−10.1466	−23.4529**	0.5239	−11.4570	−5.3428
		(−1.0215)	(−2.1642)	(0.0498)	(−0.9061)	(−0.3214)
LEV		0.9192	−0.4436	3.5418	3.1180	0.9750
		(0.3217)	(−0.1477)	(1.1528)	(0.8971)	(0.1645)
PART		−0.4396	0.0445	−1.5875	−0.0585	0.0970
		(−0.3456)	(0.0330)	(−1.1707)	(−0.0303)	(0.0454)
OWN		−3.6861***	−7.5981***	−4.3667***		
		(−3.4644)	(−6.8062)	(−3.7011)		
ECO		0.0345	0.9145	−0.3134	0.4016	−0.0252
		(0.0552)	(1.3734)	(−0.4618)	(0.5044)	(−0.0126)
lnPAY		−1.5964**	−2.6700***	−1.4878*	−1.1833	−1.4063
		(−2.0909)	(−3.4889)	(−1.7514)	(−1.2220)	(−0.9600)
GROWTH		−0.4633	0.4615	1.1675	−1.1687	3.2308
		(−0.2064)	(0.2088)	(0.4837)	(−0.4678)	(0.6763)

续表

变量	GWL 总体 (1)	GWL 总体 (2)	GWL 总体 (3)	GWL 总体 (4)	GWL 国企 (5)	GWL 非国企 (6)
CASHEND		9.2552***	12.2000***	12.5634***	8.2882*	8.2990
		(2.6491)	(3.3077)	(3.2267)	(1.6891)	(1.1484)
HHI		2.2279**	2.4560**	3.7378***	3.1700**	1.1164
		(2.2342)	(2.1745)	(3.4511)	(2.5618)	(0.5627)
AGE		0.1665*	0.0981	0.3542***	0.0653	0.3597*
		(1.6794)	(0.9290)	(3.1729)	(0.4765)	(1.8838)
_CONS	17.0391***	52.2029***	51.1844***	−0.8856	49.1610***	35.2395*
	(4.9841)	(5.3954)	(7.9107)	(−0.8574)	(3.8002)	(1.6955)
行业	未控制	未控制	未控制	未控制	未控制	未控制
地区	控制	控制	控制	控制	控制	控制
年度	控制	控制	控制	控制	控制	控制
N	1296	1288	1288	1288	890	398
Adj. R²	0.5636	0.5852	0.5246	0.5013	0.5528	0.5879

注:括号内为 t 值。*、**、***分别表示在 10%、5%和 1%的水平上显著,下同。

表 8-5　企业漂绿的地区同构效应

变量	GWL 总体 (1)	GWL 总体 (2)	GWL 总体 (3)	GWL 总体 (4)	GWL 国企 (5)	GWL 非国企 (6)
L. REFGWL2	0.1593***	0.1435***			0.1761***	0.0710
	(4.0626)	(3.7242)			(3.8345)	(0.9764)
L. REFGWLS2			0.2302***			
			(4.5144)			
L. REFGWLE2				0.1429***		
				(4.3579)		
L. GWL	0.7001***	0.6326***	0.5875***	0.4007***	0.5766***	0.6932***
	(32.3392)	(25.0468)	(22.6191)	(19.8207)	(16.9975)	(16.8618)

163

续表

变量	GWL 总体 (1)	GWL 总体 (2)	GWL 总体 (3)	GWL 总体 (4)	GWL 国企 (5)	GWL 非国企 (6)
lnREG		−0.2503 (−0.5407)	−0.5057 (−1.0353)	−0.8420* (−1.6774)	−0.9091 (−1.5110)	0.8693 (1.0783)
lnSIZE		−1.6825*** (−4.1206)	−1.7358*** (−3.9946)	−2.7417*** (−6.3677)	−2.0059*** (−3.9685)	−2.2512** (−2.2241)
ROA		−19.1726* (−1.8726)	−24.9277** (−2.2339)	−17.0366 (−1.5278)	−24.1196* (−1.9060)	−5.3035 (−0.3129)
LEV		0.5080 (0.1846)	−0.3340 (−0.1128)	2.4832 (0.8253)	1.0446 (0.3152)	1.9174 (0.3360)
PART		−0.7492 (−0.6069)	−0.4507 (−0.3411)	−1.6791 (−1.2780)	−0.3492 (−0.2073)	−1.4447 (−0.7370)
OWN		−3.3976*** (−3.2418)	−7.6626*** (−6.9182)	−3.2524*** (−2.7425)		
ECO		0.2851 (1.3614)	0.4820** (2.1783)	0.2710 (1.2119)	0.3708 (1.4669)	−0.0567 (−0.1343)
lnPAY		−1.9536** (−2.4972)	−2.9254*** (−3.6559)	−2.2846*** (−2.5946)	−1.7419* (−1.6881)	−1.4499 (−1.0779)
GROWTH		−0.7027 (−0.3091)	0.0045 (0.0019)	0.6453 (0.2579)	−1.6565 (−0.6625)	0.7653 (0.1742)
CASHEND		6.1128* (1.6804)	10.4307*** (2.6202)	7.1226* (1.8316)	7.0869 (1.4234)	−2.4973 (−0.3808)
HHI		−7.2044*** (−3.3595)	−8.7632*** (−3.9970)	−5.7792** (−2.5254)	8.8841** (1.9845)	−2.0540 (−0.5480)
AGE		0.1237 (1.2232)	0.0414 (0.3911)	0.2837** (2.4723)	−0.0220 (−0.1684)	0.1876 (1.0787)
_CONS	11.9020*** (4.6863)	49.0330*** (7.5153)	50.1957*** (6.8102)	74.5334*** (11.3954)	39.2494*** (4.4411)	32.6035*** (2.7232)

续表

变量	GWL 总体	GWL 总体	GWL 总体	GWL 总体	GWL 国企	GWL 非国企
	(1)	(2)	(3)	(4)	(5)	(6)
行业	控制	控制	控制	控制	控制	控制
地区	未控制	未控制	未控制	未控制	未控制	未控制
年度	控制	控制	控制	控制	控制	控制
N	1295	1287	1287	1287	887	400
$Adj. R^2$	0.5591	0.5781	0.5028	0.4885	0.5479	0.5776

(2)在列(1)的基础上补充了其他控制变量,结果显示 $REFGWL2$ 的系数为
0.1435,且在1%的水平上显著为正,说明地理位置邻近公司的行为选择会对个
体的漂绿行为产生显著影响,存在漂绿的地区同构效应,支持本章的研究假设
H1b。在列(3)、列(4)中,关键解释变量($GWLS$ 和 $GWLE$)的系数均在1%水
平上显著,进一步验证了本章的研究假设 H1b。

综上,在控制其他变量影响的情况下,样本企业的漂绿行为受到本地区
(省、自治区、直辖市)其他企业漂绿程度的影响,存在明显的地区同构效应。至
于漂绿的行业同构效应未获得支持的原因,我们认为,可能是在行业内存在较
强竞争关系,企业在环境责任响应策略上会基于多种因素综合考虑,采取了多
元化的权变策略。

(3)基于产权性质的检验

关于产权性质与企业环境或社会责任信息披露的关系,需要考虑国有企业
行政属性的影响(黎文靖,2012)。一方面,国有企业的经营目标逻辑场域包括
盈利目标和公益目标(樊慵雯和蔡宁,2015),国有企业因承担社会责任的约束,
相比非国有企业,其漂绿程度相对较低[①]。另一方面,国有企业作为准行政组
织,政府的意志和利益决定了国有企业的行为,本章认为,相对于非国有企业,
国有企业在环境信息披露方面受制度环境的影响更加明显。目前环境保护工
作受到各级政府的普遍重视,为树立政绩形象、不落在他人之后,国有企业管理

---

① 参见表 8-4 和表 8-5 中控制变量 OWN(国有企业)的回归结果。

者需要更高效地利用环境报告与上级进行沟通,以本地区其他企业的做法作为参照系,避免因主观冒进或重视程度不够带来政治风险。

表8-4和表8-5中同样报告了产权性质对企业漂绿同构行为的影响。在表8-4中,列(5)、列(6)行业同构效应的检验结果表明,无论是国有企业还是非国有企业,都不存在行业同构效应,与前文的研究结论一致。在表8-5中,第(5)列国有企业的地区同构效应仍显著为正,而第(6)列非国有企业的地区同构效应显著性消失,这证实了国有企业因行政属性的原因,更倾向于通过地区制度通行而获得正当性。

8.5　内生性和稳健性检验

8.5.1　内生性检验

根据相关制度的要求,重污染行业上市公司需定期在环境或 ESG 报告中披露环境信息,本章以披露环境信息的企业作为研究样本。但如果研究对象为重污染行业的全体上市公司(包括未发布环境或 ESG 报告的企业),环境信息披露就成为一个内生性变量,会存在因选择性偏误所导致的内生性问题。

本章采用 Heckman 两阶段模型来解决这种因非随机样本可能带来的选择性偏误,具体如模型(8-2)所示。首先,选择 2010—2016 年度重污染行业中所有上市公司作为样本,共 5704 个公司的年度观测值,对企业是否披露环境信息进行 Probit 回归,模型中设置了 *DISCLOSE* 虚拟变量,如果企业提供环境或 ESG 报告则取值为 1,否则为 0。在第一阶段回归中控制了环境规制水平、经济发展水平、企业规模、成长性、财务杠杆、两职分离、高管薪酬、现金持有水平、公司年龄、上市地点及行业、地区和年度等因素的影响。其次,将第一阶段估计出的逆米尔斯比率(IMR)作为控制变量,纳入第二阶段对漂绿同构行为的估计中,从而修正选择偏误带来的内生性问题。

$$\Pr(DISCLOSE) = \beta_0 + \gamma CONTROLS + IND + ZONE + YEAR + \varepsilon$$
$$GWL = \beta_0 + \beta_1 L.REF\_GWL + \beta_2 IMR + \gamma CONTROLS$$
$$+ IND + ZONE + YEAR + \varepsilon \tag{8-2}$$

使用 Heckman 两阶段模型的估计结果如表8-6所示。其中,列(1)—列(3)分别代表对总体、国有企业和非国有企业的行业同构效应的检验结果,IMR 指

表 8-6　企业漂绿同构效应的 Heckman 检验

变量	行业同构			地区同构		
	总体	国企	非国企	总体	国企	非国企
	（1）	（2）	（3）	（4）	（5）	（6）
L. REFGWL1	0.0218	0.0443	0.0432			
	(0.3545)	(0.5527)	(0.4334)			
L. REFGWL2				0.1448***	0.1748***	0.1144
				(3.7538)	(3.8146)	(1.5376)
IMR1	−2.8175	0.9595	−15.2414***			
	(−1.2411)	(0.3248)	(−2.8511)			
IMR2				−1.6110	1.5189	−16.5316**
				(−0.5327)	(0.3796)	(−2.1279)
L. GWL	0.5977***	0.5457***	0.6295***	0.6319***	0.5765***	0.6767***
	(22.3514)	(15.4816)	(12.9365)	(25.0224)	(16.9686)	(15.9449)
lnREG	−0.9590	−1.0162	−0.8024	−0.1913	−0.9698	1.9573**
	(−0.9848)	(−0.8577)	(−0.3765)	(−0.4017)	(−1.5518)	(2.0456)
lnSIZE	−2.7265***	−2.2919***	−8.2955***	−2.0404***	−1.6534	−7.8042***
	(−3.8948)	(−2.7641)	(−3.7465)	(−2.6204)	(−1.5961)	(−2.8708)
ROA	−14.4646	−10.0922	−24.9170	−21.7163*	−22.1376	−34.5622
	(−1.3876)	(−0.7575)	(−1.3712)	(−1.9268)	(−1.6011)	(−1.5499)
LEV	1.4997	3.0719	7.7512	0.7601	0.8334	4.3155
	(0.5113)	(0.8792)	(1.2256)	(0.2727)	(0.2469)	(0.7425)
PART	−0.7780	0.0378	−2.5260	−0.9560	−0.1374	−4.7051*
	(−0.5897)	(0.0196)	(−1.0281)	(−0.7326)	(−0.0803)	(−1.8875)
OWN	−4.6734***			−3.9571***		
	(−3.4171)			(−2.7490)		
ECO	0.1249	0.3880	1.0435	0.2559	0.4034	−0.3339
	(0.1986)	(0.4882)	(0.4951)	(1.1877)	(1.5035)	(−0.7830)

续表

变量	行业同构			地区同构		
	总体	国企	非国企	总体	国企	非国企
	(1)	(2)	(3)	(4)	(5)	(6)
$\ln PAY$	−1.8980**	−1.1173	−2.3848	−2.2031**	−1.5861	−3.7698**
	(−2.4332)	(−1.1453)	(−1.6079)	(−2.4808)	(−1.4329)	(−2.2318)
$GROWTH$	0.1281	−1.4183	7.0575	−0.3583	−1.9835	5.2125
	(0.0545)	(−0.5416)	(1.4095)	(−0.1477)	(−0.7320)	(1.0188)
$CASHEND$	10.0504***	8.1164	16.7382**	6.6604*	6.5932	4.2040
	(2.8040)	(1.6281)	(2.1457)	(1.7477)	(1.2781)	(0.5623)
HHI	2.3586**	3.1287**	1.2861	−7.5507***	8.9829**	−2.4062
	(2.3354)	(2.5295)	(0.6581)	(−3.3555)	(2.0067)	(−0.6390)
AGE	0.1776*	0.0626	0.4225**	0.1360	−0.0292	0.2409
	(1.7856)	(0.4543)	(2.1827)	(1.3053)	(−0.2203)	(1.3732)
$\_CONS$	61.2637***	46.5136***	87.8299***	54.4082***	35.1916***	88.1628***
	(5.0058)	(3.1137)	(3.3639)	(4.6373)	(2.6539)	(3.1556)
行业	未控制	未控制	未控制	控制	控制	控制
地区	控制	控制	控制	未控制	未控制	未控制
年度	控制	控制	控制	控制	控制	控制
N	1288	890	398	1287	887	400
$Adj.R^2$	0.5853	0.5523	0.5955	0.5778	0.5474	0.5824

标在列(1)和列(2)中不显著,在列(3)中显著为负,说明非国有企业的子样本存在自选择倾向。在控制选择性偏误的影响后,各列中 $L.REFGWL1$ 的系数仍不显著,即不存在漂绿的行业同构效应。

列(4)—列(6)分别代表对总体、国有企业和非国有企业的地区同构效应的检验结果,IMR 指标在列(4)和列(5)中不显著,在列(6)中显著为负,说明非国有企业的子样本存在自选择倾向。在控制选择性偏误的影响后,列(4)中 $L.REFGWL2$ 的系数为正,并在 1% 水平上显著,说明存在漂绿的地区同构效应。列(5)中 $L.REFGWL2$ 的系数在 1% 水平上显著为正,列(6)中 $L.REFGWL2$ 的系数不显著,这与前文的分析结果一致,相对于非国有企业,国有企业的漂绿行为更容易受到地缘特征的同构影响。

8.5.2　稳健性检验

为进一步验证上述结论的可靠性,本章从 4 个方面开展稳健性检验。

（1）基于 Logit 模型的检验

在主检验中,GWL 是连续变量,采用 OLS 模型进行回归。在稳健性检验中,本章重新定义了被解释变量 RGWL,以 50％分位数为临界值,分别以 0 和 1 刻画企业漂绿程度,以期更加直观地反映企业漂绿的印象管理水平,建立因变量为离散值的 Logit 模型重新进行检验。

表 8-7 中 Panel A 报告了 Logit 模型的检验结果。列（1）—列（3）分别代表对总体、国有企业和非国有企业的行业同构效应,REFGWL1 对 RGWL 的影响系数不显著。列（4）—列（6）分别代表对总体、国有企业和非国有企业的地区同构效应,列（4）和列（5）中 REFGWL2 对 RGWL 的系数为正,在 1％的水平上显著;列（6）中 REFGWL2 的系数不显著,与前文的结果保持一致,验证了本章的研究假设 H1b。

表 8-7　漂绿同构效应的稳健性检验

Panel A：Logit 模型检验

GWL	行业同构效应			地区同构效应		
	总体	国企	非国企	总体	国企	非国企
	（1）	（2）	（3）	（4）	（5）	（6）
REFG1	0.0050	−0.0009	0.0367			
	(0.4293)	(−0.0577)	(1.4006)			
REFG2				0.0208**	0.0233**	0.0248
				(2.5217)	(2.3501)	(1.3556)
N	1249	855	367	1278	884	374
Pseudo R^2	0.3884	0.3662	0.4370	0.3839	0.3647	0.4247

Panel B：基于领先企业漂绿程度的检验

GWL	行业同构效应			地区同构效应		
	总体	国企	非国企	总体	国企	非国企
	（1）	（2）	（3）	（4）	（5）	（6）

续表

	0.0010	−0.0053	0.0470			
AVEGWLA	(0.0281)	(−0.1131)	(0.8136)			
AVEGWLB				0.0744**	0.0779**	0.0675
				(2.4721)	(2.2467)	(1.0194)
N	1292	891	401	1292	891	401
Adj. R²	0.5860	0.5526	0.5895	0.5767	0.5451	0.5777

Panel C:基于企业漂绿程度中位数的检验

GWL	行业同构效应			地区同构效应		
	总体	国企	非国企	总体	国企	非国企
	（1）	（2）	（3）	（4）	（5）	（6）
MEDGWLA	0.0008	0.0203	0.0026			
	(0.0134)	(0.9801)	(0.2876)			
MEDGWLB				0.0347**	0.0805**	0.0126
				(1.9908)	(2.3061)	(0.4092)
N	1288	890	398	1287	887	400
Adj. R²	0.53231	0.5508	0.5696	0.54401	0.5534	0.5832

Panel D:删减部分样本的检验

GWL	行业同构效应			地区同构效应		
	总体	国企	非国企	总体	国企	非国企
	（1）	（2）	（3）	（4）	（5）	（6）
REFG1	0.0056	−0.0054	0.0753			
	(0.0908)	(−0.0747)	(0.6171)			
REFG2				0.1227**	0.1356*	0.1173
				(2.1816)	(1.9190)	(1.1663)
N	1238	857	381	1057	694	363
Adj. R²	0.5948	0.5717	0.5817	0.5814	0.5083	0.6007

注:在稳健性检验中,已对控制变量及行业、地区和年度变量进行了控制。

（2）基于领先企业漂绿程度的检验

组织同构的参照系可以是场域内其他企业的平均水平，也可以是领先者的做法（Lieberman & Asaba，2006；陈立敏等，2016）。本章采用行业或地区内资产规模位居前三位企业漂绿程度的均值（即领先企业的做法）衡量同构压力，重新对模型（8-1）进行检验。

表 8-7 中 Panel B 报告了基于领先企业漂绿程度的估计结果。在列（1）—列（3）行业同构效应回归中，领先企业的漂绿程度（$AVEGWLA$）对 GWL 的影响系数不显著。地区同构效应回归中，列（4）和列（5）领先企业的漂绿程度（$AVEGWLB$）对 GWL 的影响系数分别为 0.0744、0.0779，皆在 5% 的水平上显著，表明本章的研究结论是稳健的。

（3）基于企业漂绿程度中位数的检验

为避免极端值可能带来的影响，采用行业或地区内企业漂绿程度的中位数（$MEDGWLA$、$MEDGWLB$）衡量同构压力，重新进行检验，结果如表 8-7 中 Panel C 所示。稳健性检验的结果与前文保持一致，验证了本章的研究假设 H1b。

（4）删减部分样本的检验

如果某一行业或某一地区内的样本规模过小，可能无法客观反映同构行为的群体特征。因此，本章对"行业—年度或地区—年度公司"数量小于 5 家的样本进行剔除，重新进行检验。

表 8-7 中 Panel D 报告了删减部分样本的回归结果。列（1）—列（3）行业同构效应回归中，$REFGWL1$ 对 GWL 的影响系数不显著。列（4）地区同构效应回归中，$REFGWL2$ 对 GWL 的系数在 5% 的水平上显著为正，验证了本章的研究假设 H1b；列（5）针对国有企业的回归结果在 10% 的水平上为正，列（6）针对非国有企业的回归结果不显著，与前文的结果一致。

8.6　研究结论与启示

在第 7 章理论分析的基础上，本章基于重污染行业 A 股上市公司 2010—2016 年的环境报告（环保专篇）和相关数据，进一步对企业漂绿模仿—扩散的同构机理进行检验。本章的研究发现，企业漂绿存在明显的地区同构行为，证实了漂绿演化中模仿—扩散效应的存在。本章的研究还发现,国有企业因其行政属性受地区同构的影响更加显著。

　　针对企业漂绿现象中存在的地区同构行为,需进一步加强地方政府在环境治理方面的属地管理。包括:(1)深化环境管理体制改革,探索省级以下环境事务实行垂直管理。(2)证券监管地方分局应依法全面从严开展辖区资本市场监督工作,督促辖区内上市公司全面、准确、及时披露环境信息,推动各类市场主体主动履行环境保护责任,严厉打击环保违法违规行为。(3)地方生态环境部门应加强对污染防治设施的建设和运行、建设项目环境影响评价及其他环境保护行政许可、突发环境事件应急预案、环境自行监测方案的审批和管理,对重大环境污染案件,依法启动执法程序予以严肃查处。(4)对于大多数企业来说,在环境信息披露方面没有明确的最佳方案之前,往往倾向于模仿其他企业或领先企业的做法。因此,应切实发挥大型上市公司和国有企业"真绿"的示范带头作用,逐步缓解、杜绝企业漂绿的"乐队花车"效应。

第 9 章　企业漂绿同构
效应的经济影响

9.1　本章概述

制度理论认为,社会制度力量而非自然经济规律塑造了组织系统,制度因素让组织为服从体制力量而在结构和表现上更相似,这种"同构"行为,常常是为了获得正当性,即符合法律力量和公众意见等制度因素的一种理所当然,而不是高效率(斯科特,2010)。第 8 章的研究结果表明:企业漂绿存在地区同构效应。本章承接第 8 章的研究,将研究问题具体表述为:(1)企业漂绿同构行为是否与企业经营绩效有关?(2)如果制度同构是为了获得正当性而非高效率的逻辑在中国成立,漂绿同构行为对企业运营会产生何种影响?

本章的边际贡献体现在:根据制度理论的观点,企业的很多经营活动可能并不是为了让内部运营更高效,而是为了和外部环境更相似(DiMaggio & Power,1983;Davis & Marquis,2005)。然而,尽管上述动机在现实中是真实存在的,但相关的实证研究却很少,仅有 Hall 等(2001)、Hillman 和 Wan(2005)、Venard 和 Hanafi(2008)等的研究从不同侧面涉及了这一点。从作者所掌握的文献来看,尚缺乏针对这方面较为系统的研究,也没有在中国本土进行类似的研究,这为本章的研究提供了一定的空间。本章以中国资本市场要求污染企业定期公开环境信息为制度背景,研究发现企业通过漂绿的制度同构是为了获得正当性而非高效率的逻辑成立,从而进一步充实和丰富了制度理论的文献及在新兴市场国家中的学术研究成果。

9.2　研究假设

9.2.1　漂绿同构行为与企业经营绩效

根据制度理论,企业行为应符合合法性的要求,在既有环境下生存下来,往往比获得最优效率更为重要。合法性是企业生存和发展的关键性资源,合法性契约包括法律规范及非法律规范的社会期待。企业为了顺应合法性要求,可能并非处于最佳的运营状态,但这样的状态却是能更好地与环境产生适当连接的状态,从而有助于获得社会认可,其行为选择也成为合法化制度规则的反映。

随着社会各界对环境问题的关注,环境表现已经成为现代企业合法性的一个重要方面。企业需要通过环境信息披露证实自身行为的合法性,从而影响利益相关者对公司的看法。企业的环境合法性是通过公共政策而不是市场来测度的,因此,环境信息披露制度应该与公共压力变量的关系更为密切,而不是盈利能力指标(Patten,1991)。诸多实证研究的结果也表明,环境或社会责任信息披露与企业财务绩效的关系尚无定论(Carrol,2000;Molina-Azorín et al.,2009;王杰琼等,2013),并不是所有主动披露环境信息的公司都能获得理想的财务绩效(Orsato,2006)。但是,负面环境信息披露与文献中记载的公司价值负面市场反应密切相关(Aerts et al.,2008)。

在我国,环境报告或 ESG 报告并不属于审计鉴证的法定范围,同时语言信息又具有灵活性的特征,留给上市公司自由发挥的空间较大。一旦企业通过漂绿方式宣称对环境问题负责并获得了正当性,就会引起其他企业在环境信息披露策略上的效仿,从而产生模仿—扩散效应。由于合法性问题持续存在于公司生产经营的全过程,对哪些环境信息进行披露及如何披露显得非常重要和具有策略性,上市公司具有利用印象管理进行漂绿的强烈动机,以便使公司的行为能够符合法律规范和公众的期待(黄溶冰等,2019;黄溶冰等,2020)。因此,漂绿同构行为主要源于合法性压力,而非受改善经营绩效的愿望所驱使。

基于以上分析,本章提出如下研究假设:

H1:企业漂绿同构行为,与企业经营绩效不存在正相关关系。

9.2.2　企业漂绿同构行为与风险承担

外部因素和内部因素都会给企业运营带来风险,对于大多数以市场为导向的组织而言,需要理性地进行风险管理。组织合法性的获取可以减少局外人对企业未来不确定性的担忧。当组织采取适应和顺从的态度与制度保持同构并获得合法性时,可以调和因环境不稳定所造成的压力和不确定性因素对企业带来的影响,提高企业的风险承担能力(Ordanini et al.,2008)。

当环境不确定性程度较高时,企业达到预定财务目标的压力会变大,甚至可能出现无法实现预期目标的情况(Merchant,1990)。虽然管理层可以利用应计项目操纵来降低报告盈余的波动性,但同时也可能被审计师出具"非标"审计意见(申慧慧等,2010),面临很高的风险。

相比于财务信息,资本市场上非财务信息披露中存在的信息不对称,为上市公司的印象管理提供了可乘之机。漂绿作为一种印象管理手段,有助于熨平公司业绩的波动和不稳定,漂绿企业在环境报告或 ESG 报告中"夸张"地披露公司环境承诺和环境业绩,宣称企业采取有利于节能环保的经营方针和运营战略,实现清洁生产、节能减排和"绿色"革新,展示企业在遵守国家环保法规方面的成效及良好的发展前景,尤其是对重污染企业而言,环保责任履行与经营业绩目标同样重要。在某些情况下,企业甚至需要牺牲一定的经济利益来保证合法性,而这恰恰可能是企业业绩出现较大波动乃至未能实现既定财务目标的重要原因。

履行社会责任的公司在经营业绩上即使未达到预期,也较容易得到社会各界的认可(黄艺翔和姚铮,2016),污染企业通过学习和适应的制度同构,利用漂绿方式为自身环境表现加分。这有助于公司与利益相关者之间建立起稳定的合作关系,获取他们的资源投入和道义支持,从而提高企业的风险承担水平和改善企业的生存前景。

基于以上分析,本章提出如下研究假设:

H2:企业漂绿同构行为,与企业风险承担水平呈正相关关系。

9.3　研究设计

9.3.1　样本选取与数据来源

具体见第 8 章。

9.3.2　变量定义

(1)漂绿同构指数

借鉴 Dimagio 和 Powell(1983)、Scott(1995)研究的组织同构程度,以及 Aerts 等(2006)分析环境信息披露相似度的做法,采取如下步骤计算漂绿同构指数。

①计算漂绿程度离散度（$DISSIMILAR$），$DISSIMILAR = ABS[GWL_{ij} -$ Mean$(GWL_j)]/$SD(GWL_j)，其中：Mean(GWL_j)和 SD(GWL_j)分别表示企业所在场域内漂绿程度的均值和标准差，计算结果取绝对数。

②计算漂绿同构指数（$SIMIDEX$），$SIMIDEX = MAX(DISSIMILAR_j)$ $- DISSIMIAR_{ij}$，等于场域内中漂绿离散程度的最大值与各企业漂绿离散程度的差额。该指标越大，表明漂绿同构程度越高。

（2）经营绩效

企业经营绩效的衡量指标包括会计指标、市场指标及财务数据与问卷调查相结合的综合指标。会计指标一般被认为与企业规模和短期绩效有关，而市场指标则与企业价值和长期绩效有关（Yang & Driffield，2012）。本章研究的是漂绿同构行为，其与企业效率的关系通过短期绩效反映更加合适。

衡量经营绩效的会计指标包括企业的销售利润率（ROS）、总资产报酬率（ROA）和净资产收益率（ROE）等指标。为更加全面地揭示漂绿同构行为的财务后果，本章同时选择 ROA、ROE 两项指标来反映经营绩效。

（3）风险承担

收益标准差是风险的传统衡量指标。国内外文献多采用收益波动率（标准差）反映企业风险承担水平（John et al.，2008；Faccio et al.，2011；余明桂等，2013；张敏等，2015）。本章借鉴已有文献，采用 ROA 的波动率衡量企业风险承担水平，该指标越大，反映出企业因内外部不确定因素所导致的业绩波动幅度越大，承担的风险水平越高。具体地，本章以 3 年为一个观测时段，利用 ROA 在$(t-1)$年至$(t+1)$年的标准差计算企业风险承担水平（$SDROA$）：

$$SDROA_{i,t} = \sqrt{\frac{1}{2}\sum_{t-1}^{t+1}(ROA_{i,t} - \frac{1}{2}\sum_{t-1}^{t+1}ROA_{i,t})^2}$$

本章还同时构建了基于 ROE 计算的风险承担水平（$SDROE$）模型。

（4）控制变量

参考以往的研究，本章分别从财务、公司和地区 3 个层面对其他可能的影响因素进行控制，变量定义见第 8 章表 8-1。

9.3.3 模型设定

为避免在环境信息披露研究中因反向因果关系导致的估计偏误，通过变量超前—滞后 1 期的形式反映模型的因果关系,即采用滞后 1 期的漂绿程度作为解释变量,以当期相关指标作为被解释变量。

本章将待检验模型设定如下:

$$ROA = \beta_0 + \beta_1 L. SIMIDEX + \gamma CONTROLS + IND + YEAR + \varepsilon \quad (9\text{-}1)$$

$$SDROA = \beta_0 + \beta_1 L. SIMIDEX + \gamma CONTROLS + IND + YEAR + \varepsilon \quad (9\text{-}2)$$

其中,模型(9-1)用于考察漂绿同构行为对企业经营绩效的影响,被解释变量为总资产报酬率(ROA),关键解释变量为滞后 1 期的漂绿同构指数($SIMIDEX$),$SIMIDEX$ 反映场域内样本企业的漂绿同构(相似度)程度,如果假设 H1 成立,预期模型中 β_1 的系数不显著或显著为负。模型(9-2)用于考察漂绿同构行为对企业风险承担的影响,被解释变量为风险承担水平($SDROA$),关键解释变量为滞后 1 期的漂绿同构指数($SIMIDEX$),如果假设 H2 成立,预期模型中 β_1 的系数显著为正。

$CONTROLS$ 表示控制变量,$YEAR$、IND 分别表示控制了年度效应、行业效应。

9.4　实证检验

在第 8 章分析的基础上,本章分别考察漂绿的地区同构效应与企业经营绩效以及风险承担水平的关系。

9.4.1　漂绿同构效应与企业经营绩效的检验

表 9-1 报告了漂绿的地区同构效应与企业经营绩效的检验结果,关键解释变量为漂绿地区同构指数。其中列(1)和列(2)的被解释变量为总资产报酬率(ROA),列(1)为仅包含关键解释变量 $SIMIDEX2$ 的检验结果,列(2)在列(1)的基础上对可能影响 ROA 的其他变量进行了控制。根据检验结果可知,在不加入其他控制变量的情形下,$SIMIDEX2$ 的系数为正,但不显著;在加入其他控制变量后,该变量仍然不显著,验证了本章的研究假设 H1,即漂绿同构行为与企业经营绩效不存在正相关关系。

列(3)和列(4)的被解释变量为净资产收益率(ROE),其中列(3)为仅包含 $SIMIDEX2$ 的检验结果,列(4)在列(3)的基础上增加了相关控制变量。根据回归结果可知,无论是否考虑控制变量,$SIMIDEX2$ 的估计结果皆不显著,一定程度上说明本章的检验结果是稳健的。

表 9-1　漂绿同构效应与经营绩效

变量	ROA	ROA	ROE	ROE
	(1)	(2)	(3)	(4)
L. SIMIDEX2	0.0031	0.0011	−0.0003	−0.0074
	(1.4485)	(0.5504)	(−0.0667)	(−1.6147)
L. GWL		$<10^{-4}$		$<10^{-4}$
		(0.2397)		(−0.0857)
lnSIZE		0.0083***		0.0221***
		(5.9624)		(5.9362)
LEV		−0.0947***		−0.2659***
		(−9.8335)		(−9.0203)
TANASSET		−0.0190*		−0.0095
		(−1.8309)		(−0.4181)
GROWTH		0.0455***		0.1285***
		(7.3470)		(8.4397)
PART		−0.0001		0.0034
		(−0.0199)		(0.3768)
OWN		−0.0072**		−0.0082
		(−2.1967)		(−1.0001)
lnPAY		0.0131***		0.0427***
		(6.2266)		(8.2555)
TCH		0.0011		0.0060
		(0.3850)		(0.8417)
HHI		0.0074		0.0083
		(0.9203)		(0.3336)
_CONS	0.0762***	0.0090	0.1348***	−0.0971**
	(13.6331)	(0.5161)	(9.5794)	(−2.1432)
行业	控制	控制	控制	控制
年度	控制	控制	控制	控制
N	1295	1287	1295	1287
Adj. R^2	0.2488	0.4203	0.1922	0.4083

注:括号内为 t 值,*、**、*** 分别表示在 10%、5% 和 1% 的水平上显著。

9.4.2　漂绿同构效应与企业风险承担水平的检验

表 9-2 报告了漂绿的地区同构效应与企业风险承担水平的检验结果,关键解释变量为漂绿地区同构指数。其中列(1)和列(2)的被解释变量为总资产报酬率波动率($SDROA$),列(1)为仅包含关键解释变量 $SIMIDEX2$ 的检验结果,列(2)在列(1)的基础上对可能影响 $SDROA$ 的其他变量进行了控制。根据检验结果可知,在不加入其他控制变量的情形下,$SIMIDEX2$ 的系数为正,但不显著;在加入其他控制变量之后,该变量的系数为正,且在 5% 的水平上显著,说明漂绿同构行为有助于提升企业风险承担水平,验证了本章的研究假设 H2。

表 9-2　漂绿同构效应与风险承担

变量	$SDROA$	$SDROA$	$SDROE$	$SDROE$
	(1)	(2)	(3)	(4)
$L. SIMIDEX2$	0.0017	0.0024**	0.0055*	0.0093***
	(1.4835)	(2.1991)	(1.6840)	(3.0000)
$L. GWL$		0.0001*		0.0002
		(1.6681)		(1.6257)
$\ln SIZE$		−0.0048***		−0.0164***
		(−5.6554)		(−6.4555)
LEV		0.0150***		0.1810***
		(2.7383)		(10.2467)
$TANASSET$		0.0050		−0.0032
		(0.7732)		(−0.1902)
$GROWTH$		−0.0206***		−0.0552***
		(−5.7996)		(−5.4558)
$PART$		−0.0046**		−0.0100*
		(−2.0522)		(−1.7346)
OWN		0.0022		0.0085
		(1.3369)		(1.6374)
$\ln PAY$		0.0008		−0.0073**
		(0.6747)		(−2.2049)

续表

变量	SDROA	SDROA	SDROE	SDROE
	(1)	(2)	(3)	(4)
TCH		−0.0029*		−0.0099**
		(−1.8161)		(−2.1411)
HHI		0.0064		0.0327***
		(0.8553)		(2.9255)
_CONS	0.0176***	0.0344***	0.0403***	0.0593**
	(5.9808)	(3.1742)	(4.9889)	(2.2191)
行业	控制	控制	控制	控制
年度	控制	控制	控制	控制
N	1295	1287	1295	1287
$Adj.R^2$	0.1070	0.1822	0.1493	0.3204

注:括号内为 t 值,*、**、*** 分别表示在10%、5%和1%的水平上显著。

列(3)和列(4)的被解释变量为净资产收益波动率($SDROE$),其中列(3)为仅包含 $SIMIDEX2$ 的检验结果,列(4)在列(3)的基础上增加了相关控制变量。由 $SIMIDEX2$ 的系数可知,不加入其他控制变量的情形下,该变量的系数为正,在5%的水平上显著;加入其他控制变量后,该变量的系数在1%的水平上显著,进一步验证了本章的研究假设 H2。

9.5 内生性和稳健性检验

9.5.1 内生性检验

本章研究的主题是漂绿同构行为是否影响企业的经营绩效与风险承担水平,但经营绩效和风险承担水平同时也可能成为企业是否漂绿及漂绿程度的决策变量,这种双向因果关系可能会引发内生性问题,导致估计结果产生偏误。环境报告(或环保专篇)反映了企业上一年度的环境责任履行情况,进而可能对披露年度的企业经营绩效和风险承担水平产生影响,本章在构建实证模型时已经利用超前—滞后的跨期逻辑关系,在一定程度上消除了内生性的影响。

为进一步解决上述内生性问题,借鉴 Li 等(2019)、郑新业等(2012)和王开田等(2016)的研究方法,考虑方程之间的相关性,对方程组整体进行估计来控制研究中的内生性问题。本章建立联立方程组如模型(9-3)所示,其中第一个方程以滞后 1 期的漂绿同构指数($L. SIMIDEX$)来解释经济后果($COND$),包括经营绩效(ROA/ROE)和风险承担水平($SDROA/SDORE$);第二个方程以经济后果($COND$)来解释同期的漂绿同构指数($SIMIDEX$):

$$COND = \alpha_0 + \alpha_1 L. SIMIDEX + \alpha_i CONTROLS + IND + YEAR + \varepsilon$$

$$SIMIDEX = \beta_0 + \beta_1 COND + \beta_i CONTROLS + IND + YEAR + \varepsilon \quad (9\text{-}3)$$

第一个方程的设定与前文保持一致。在第二个方程中,引入环境规制水平、经济发展水平、企业规模、财务杠杆、两职分离、高管薪酬、行业竞争和公司年龄等作为控制变量,构建漂绿同构指数($SIMIDEX$)的影响因素模型。

使用联立方程组作为估计方法,前提条件是联立方程组作为一个系统,每个方程都应该是可识别的,具体包括阶条件和秩条件。根据联立方程组识别的阶条件,系统中应存在一定数量的先验变量,且每个方程不完全包含所有的先验变量。本章第一个方程中未包含的变量有 4 个,第二个方程中未包含的变量有 3 个,均大于 1,该系统中的两个方程都满足阶条件。

秩条件识别的检验步骤如下:

(1)写出联立方程所对应的结构参数矩阵($\alpha\beta$);

$$\mathbf{A} = \begin{bmatrix} 1 & -\alpha_1 & -\alpha_0 & -\alpha_2 & -\alpha_3 & -\alpha_4 & \cdots & 0 & 0 & 0 & 0 \\ -\beta_1 & 1 & -\beta_0 & 0 & 0 & 0 & \cdots & -\beta_2 & -\beta_3 & -\beta_4 & -\beta_5 \end{bmatrix}$$

(2)删除第 i 个方程对应系数所在的一行;

(3)删除第 i 个方程对应系数所在的一行中非零系数所在的列;

(4)对于余下的子矩阵($\alpha\hat{\beta}$),如果其秩等于 $G-1$(G 为内生变量的个数,在本章中为 2)。则称秩条件成立,第 i 个方程可识别。

对于第一个方程,有

$$rank(\mathbf{A}\Phi) = \begin{bmatrix} & & 0 & \\ -\beta_2 & -\beta_3 & -\beta_4 & -\beta_5 \end{bmatrix} = 1$$

对于第二个方程,有

$$rank(\mathbf{A}\Phi) = \begin{bmatrix} -\alpha_2 & -\alpha_3 & -\alpha_4 \\ & 0 & \end{bmatrix} = 1$$

以上分析步骤表明,系统中的两个方程均可识别。

本章采用系统估计法中的迭代式三阶段最小二乘法(3SLS)对联立方程进

行估计,3SLS 是将两阶段最小二乘法(2SLS)与似不相关回归(SUR)相结合的一种估计方法,充分考虑了系统中各方程的内生性问题以及误差项之间的相关性问题,故能够得到较为有效和一致的估计结果。

基于联立方程组的估计结果如表 9-3 所示。在控制相关变量的影响后,列(1)中 $SIMIDEX2$ 对于 ROA 的系数不显著;列(2)中 $SIMIDEX2$ 对于 ROE 的系数在 1% 的水平上显著为负,与 Walker 和 Wan(2012)的研究结论一致,仍支持两者不存在正相关关系的研究假设 H1。列(3)和列(4)中,$SIMIDEX2$ 对 $SDROA$ 和 $SDROE$ 的估计结果分别在 1% 的水平上显著为正,表明在考虑内生性因素的影响后,本章的研究假设 H2 依然成立。

表 9-3　基于联立方程组的 3SLS 估计结果

Panel A:因变量 $COND$				
$COND$	ROA	ROE	$SDROA$	$SDROE$
	(1)	(2)	(3)	(4)
L. $SIMIDEX2$	0.0012	−0.0355***	0.0099***	0.0284***
	(0.6354)	(−8.3535)	(12.4628)	(12.5654)
L. GWL	0.0000	0.0001	−0.0000	−0.0001
	(0.2447)	(0.8280)	(−0.3451)	(−0.8954)
ln$SIZE$	0.0083***	0.0233***	−0.0053***	−0.0178***
	(6.7550)	(7.5724)	(−7.9274)	(−9.1461)
LEV	−0.0947***	−0.2666***	0.0159***	0.1821***
	(−12.2950)	(−13.9025)	(3.8362)	(14.9962)
$TANASSET$	−0.0190**	−0.0171	0.0055	0.0071
	(−2.1775)	(−0.8626)	(1.5410)	(0.8007)
$GROWTH$	0.0455***	0.1086***	−0.0124***	−0.0235***
	(7.8714)	(7.5428)	(−4.1693)	(−2.8159)
$PART$	−0.0001	0.0013	−0.0040**	−0.0084
	(−0.0213)	(0.1514)	(−2.0768)	(−1.4982)
OWN	−0.0072**	−0.0104	0.0030*	0.0105**
	(−2.3527)	(−1.3557)	(1.7905)	(2.1663)

续表

<table>
<tr><td colspan="5" align="center">Panel A:因变量 COND</td></tr>
<tr><td rowspan="2">lnPAY</td><td>0.0131***</td><td>0.0447***</td><td>0.0001</td><td>−0.0091***</td></tr>
<tr><td>(6.1209)</td><td>(8.3835)</td><td>(0.0958)</td><td>(−2.6817)</td></tr>
<tr><td rowspan="2">TCH</td><td>0.0011</td><td>0.0023</td><td>−0.0008</td><td>−0.0013</td></tr>
<tr><td>(0.3641)</td><td>(0.3345)</td><td>(−0.6609)</td><td>(−0.3933)</td></tr>
<tr><td rowspan="2">HHI</td><td>0.0074</td><td>0.0057</td><td>0.0075</td><td>0.0369</td></tr>
<tr><td>(0.2506)</td><td>(0.0764)</td><td>(0.4663)</td><td>(0.7726)</td></tr>
<tr><td rowspan="2">_CONS</td><td>0.0090</td><td>−0.0785</td><td>0.0318*</td><td>0.0495</td></tr>
<tr><td>(0.2783)</td><td>(−0.9762)</td><td>(1.8357)</td><td>(0.9739)</td></tr>
<tr><td colspan="5" align="center">Panel B:因变量 SIMIDEX</td></tr>
<tr><td rowspan="2">SIMIDEX</td><td>SIMIDEX</td><td>SIMIDEX</td><td>SIMIDEX</td><td>SIMIDEX</td></tr>
<tr><td>(1)</td><td>(2)</td><td>(3)</td><td>(4)</td></tr>
<tr><td rowspan="2">ROA</td><td>−0.3751</td><td></td><td></td><td></td></tr>
<tr><td>(−0.2106)</td><td></td><td></td><td></td></tr>
<tr><td rowspan="2">ROE</td><td></td><td>−2.9631***</td><td></td><td></td></tr>
<tr><td></td><td>(−4.2124)</td><td></td><td></td></tr>
<tr><td rowspan="2">SDROA</td><td></td><td></td><td>24.8560***</td><td></td></tr>
<tr><td></td><td></td><td>(4.9265)</td><td></td></tr>
<tr><td rowspan="2">SDROE</td><td></td><td></td><td></td><td>11.9308***</td></tr>
<tr><td></td><td></td><td></td><td>(5.8344)</td></tr>
<tr><td>N</td><td>1287</td><td>1287</td><td>1287</td><td>1287</td></tr>
<tr><td>Adj. R^2</td><td>0.4357</td><td>0.4044</td><td>0.1579</td><td>0.3038</td></tr>
</table>

注:括号内为 t 值,*、**、***分别表示在10%、5%和1%的水平上显著。

9.5.2　稳健性检验

为进一步验证上述结论的可靠性,本章从四个方面开展稳健性检验。

(1)采用行业调整 ROA/ROE 的检验

为了剔除行业异质性带来的计量噪音,我们对企业每一年的 ROA/ROE 采用行业平均值进行调整,重新计算企业的经营绩效和风险承担水平。

表 9-4 中的 Panel A 报告了采用行业调整 ROA/ROE 的回归结果。列(1)中

表 9-4　漂绿同构、经营绩效与风险承担的稳健性检验

Panel A：采用行业调整 ROA/ROE 的检验

变量	ADJROA	ADJROE	SDADJROA	SDADJROE
	(1)	(2)	(3)	(4)
L.SIMIDEX2	0.0008	−0.0079*	0.0021**	0.0095***
	(0.4439)	(−1.8462)	(2.3146)	(3.6342)
CONTROLS	控制	控制	控制	控制
行业	控制	控制	控制	控制
年度	控制	控制	控制	控制
N	1287	1287	1287	1287
Adj.R²	0.1962	0.2299	0.1928	0.3323

Panel B：删减部分样本的检验

变量	ROA	ROE	SDROA	SDROE
	(1)	(2)	(3)	(4)
L.SIMIDEX2	0.0014	−0.0057	0.0025**	0.0085**
	(0.5916)	(−1.0978)	(2.0589)	(2.4178)
CONTROLS	控制	控制	控制	控制
行业	控制	控制	行业	控制
年度	控制	控制	年度	控制
N	1057	1057	1057	1057
Adj.R²	0.4337	0.3991	0.2124	0.3291

Panel C：Heckman 模型的检验

变量	ROA	ROE	SDROA	SDROE
	(1)	(2)	(3)	(4)
L.SIMIDEX2	0.0017	−0.0060	0.0024**	0.0090***
	(0.9078)	(−1.3962)	(2.1053)	(2.8808)
IMR	−0.1129***	−0.2631***	0.0173***	0.0614***
	(−12.8777)	(−9.6366)	(2.8492)	(3.4243)
CONTROLS	控制	控制	控制	控制

续表

Panel C:Heckman 模型的检验				
行业	控制	控制	行业	控制
年度	控制	控制	年度	控制
N	1287	1287	1287	1287
$Adj. R^2$	0.5138	0.4907	0.1920	0.3324

Panel D:基于动态面板模型的系统广义矩估计		
变量	ROA	ROE
	（1）	（2）
$L. SIMIDEX2$	0.0686	−0.0355
	(1.0013)	(−0.9018)
$L. ROA$	0.8312	
	(0.0215)	
$L. ROE$		−0.1543
		(−1.0641)
$CONTROLS$	控制	控制
行业	控制	控制
年度	控制	控制
N	1103	1103
$AR(1)P$ 值	0.1894	0.2309
Sargan 检验	1.0000	1.0000

注:括号内为 t 值,*、**、***分别表示在 10%、5%和 1%的水平上显著。

$SIMIDEX2$ 的系数不显著,列(2)中 $SIMIDEX2$ 的系数在 10%的水平上显著为负。列(3)和列(4)中 $SIMIDEX2$ 的系数分别在 5%和 1%的水平上显著为正,以上结论支持本章的研究假设 H1 和 H2。

（2）删减部分样本的检验

我们对地区一年度公司数量小于 5 家的样本进行剔除后,重新进行检验。

在表 9-4 的 Panel B 中,列(1)—列(2)$SIMIDEX2$ 的系数不显著;列(3)—列(4)$SIMIDEX2$ 的系数在 5%的水平上显著为正,与前文的分析结果一致。

（3）Heckman 模型检验

将 Heckman 两阶段回归模型第一阶段估计得出的 IMR 作为控制变量重新

纳入第二阶段进行回归,用于控制样本选择性偏误问题。

在表 9-4 的 Panel C 中,列(1)—列(2)中 $SIMIDEX2$ 的系数不显著;列(3)—列(4)中 $SIMIDEX2$ 的系数分别在 5% 和 1% 的水平上显著为正。说明考虑选择性偏误的影响后,本章的研究结论仍是稳健的。

(4)基于动态面板模型的系统广义矩估计

企业绩效(ROA/ROE)可能受到前期水平的影响,对于研究假设 H1,采用动态面板模型和系统广义矩估计重新检验,结果如表 9-4 中 Panel D 所示。由稳健性检验的结果可知,其仍支持本章的研究假设 H1。

9.6 研究结论与启示

本章基于重污染行业 A 股上市公司 2010—2016 年的环境报告(环保专篇)和相关数据,研究企业漂绿同构行为的经济影响。本章的研究发现,漂绿同构并未增加企业的经营绩效,但相似性有助于提升企业在不确定环境下的风险承担水平,这为制度理论中关于"组织同构通常是为了获得正当性而不是高效率"的假说提供了经验证据支持。上述研究结论在经历了一系列内生性和稳健性检验后依然成立。

在推进生态文明、建设美丽中国的进程中,需要环境保护责任的真实有效履行,真正做到"像保护眼睛一样保护生态环境,像对待生命一样对待生态环境"[①]。在当前"中央统一领导,地方政府为主体,社会各方广泛参与"的环境治理模式中,漂绿问题的治理,需要中央政府在制度安排上以法律形式对企业环境报告予以强制规范、统一披露形式与内容,提高环境信息披露的可信性与可比性。在此基础上,进一步发展环境报告鉴证与评价体系,推动环境信息核查机构、鉴证机构、评价机构、指数公司等第三方机构对企业环境信息进行鉴证和评价,提高环境信息披露的透明度。各监管部门和第三方机构之间应增强协调配合,增加漂绿的曝光概率和惩处力度,让企业漂绿成为一种"不光彩"的行为,打破企业通过漂绿同构获得社会认可和减少风险承担的合法性基础,从根源上遏制企业漂绿的模仿—扩散现象。

---

① 人民网. 习近平治国理政 100 个金句[EB/OL]. (2017-08-27)[2023-12-02]. http://politics. people. com. cn/n1/2017/0827/c1001-29496921. html.

第 10 章　演化经济学视角的
反漂绿治理逻辑

10.1　问题的提出

根据演化经济学的观点,企业之所以实施漂绿行为,一定程度上是因为多个层面和领域存在制度供给不足,导致难以满足企业伦理约束和环境责任履行的制度需求。具体表现在:

(1)制度环境。企业天然具有环境治理的惰性,因此需要政府对企业施加压力,督促企业采取实际行动。如果监管环境宽松或政策压力不足,则难以满足企业伦理约束和环境责任履行的制度要求,为企业产生漂绿动机提供了充分条件。政府监管缺位会对环境政策的执行造成不利影响,引发环境规制效力的不确定性。在避免承担环境治理成本的利益驱动下,企业倾向于在环境行为和信息沟通方面采取漂绿的方式顺应环境规制要求,满足自身的合法性需求。随着可持续发展理念的深入人心,社会各界对企业应积极承担环境责任达成了共识。除政府所颁布的政策法规等正式制度以外,行业协会、非政府组织、新闻媒体等专业组织和社会团体通过制定准则和指南,对企业环境行为具有非正式监督作用。但鉴于对企业漂绿的正式监管和执行力度有限,企业也有可能将各项非正式制度压力转化为漂绿动力,为应对行业协会和媒介舆论的环境信息披露要求,仪式性模仿成为很多企业的现实选择。

(2)市场环境。对消费者而言,绿色市场是典型的信息不对称市场,消费者对绿色产品的需求持续增加。但其对产品的绿色认知仍停留在表面,难以鉴别绿色产品的真伪,最终导致消费者容易被企业的伪社会责任形象所迷惑,为企业漂绿提供机会。我国市场经济起步较晚,国内消费者的维权意识不强,企业漂绿曝光后,鲜有消费者利用法律武器来维护自身权益,导致企业漂绿成本过低。

投资者越来越多地将社会责任履行模式纳入投资决策考量,商业银行和投资基金等金融机构也热衷于对绿色企业进行贷款,企业为吸引投资者,提高贷款可得性,更有冲动按图索骥式地编制相关报告,通过漂绿来获得高分评级。随着绿色投资市场的规模不断扩大,模糊的市场准入标准进一步助长了企业的漂绿行为。

(3)组织治理。符合伦理道德标准的公司治理和公司文化是企业道德行为的决定因素。企业漂绿属于典型的非道德行为,当企业内部利己主义盛行时,会选择性、策略性地披露企业环境信息,通过向外界公布企业的"好消息"来进行印象管理。如果企业缺乏环境伦理意识和良好的治理氛围,为了吸引外界关注,可能随意作出环保承诺,但最终因资源有限、执行水平低下或者绿色资源整合能力不足而在环境保护实践中"多言寡行"。

(4)管理者偏好。管理层作为有限理性的经济人,其个人价值偏好将影响企业环境战略的选择。相较于企业实质性环境治理行为具有成本高、见效慢的特点,漂绿为企业提供了可以快速获得绿色溢价的途径。因此,当管理者更偏好企业绿色形象所带来的短期收益而不在乎其潜在负面影响时,企业的漂绿概率将大大提升。在环境信息披露方面,会通过披露非量化信息、模糊性语言表述等方式伪装企业的"绿色"形象以增加合法性。

10.2 反漂绿的治理机制设计

根据以上分析可知,制度环境和市场环境是影响企业是否进行漂绿的主要外部因素,组织治理和管理者偏好是影响企业漂绿的主要内部因素。其中,制度环境由政府监管力度及社会规范构成,并进一步引导消费者和投资者,形成绿色导向的消费市场和投资市场。由制度环境和市场环境组成的外部驱动因素既能直接影响企业的环境战略选择,也能通过影响企业对外界环境信息的理解程度和反应方式来间接影响企业绿色行为。当前阶段,我国对环境信息披露的监管环境相对宽松,为企业漂绿动机提供了空间。企业漂绿的最直接动因则源于组织层面和管理者个人层面的内部驱动。其中,组织治理能够影响企业对漂绿这一机会主义行为的接受程度,管理者偏好则能够作用于企业实际决策过程,两者相互影响,最终决定企业的漂绿动机是否转化为实际行动。

因此,增加制度供给和规则约束,包括内部制度安排与外部制度设计,是治理企业漂绿的重要路径。

10.2.1　内部制度安排

就内部制度安排而言,企业固有的、稳定的、和谐的伦理惯例会将一切伪社会责任的不良创新扼杀在萌芽中。为推动企业"真绿"的社会责任实践,企业应围绕对"所有利益相关者负有道德或伦理义务的价值观",通过公司治理结构、战略规划、企业文化和规章制度的升级改造,利用标识机制、内部模型机制和积木机制形成环境承诺与环境表现"言行一致"的行为规则,并予以遗传和继承,使环境伦理成为具有稳定性、记忆性和可复制性的公司惯例,而不是企业应对负面新闻时才想到的公关策略。

具体而言包括:一是完善公司治理。良好的公司治理能够从价值最大化的角度出发提高信息披露水平,特别是环境信息等自愿性信息披露的质量,缓解企业内部和外部之间存在的信息不对称,降低代理成本。有条件的公司应设立环境和社会责任委员会,推动将企业公民理念纳入公司战略实施范畴,制定公司节能减排规划和相关约束性目标,将环境事项作为新形势下企业的发展良机而非成本负担,通过技术创新、工艺创新和管理创新获取核心竞争优势,实现经营理念、组织模式和产业结构与环境友好价值观的协同。二是强化责任履行。应在公司章程中明确企业主动承担环境保护责任的要求,推动企业高层真正重视环境承诺履行,以实质性行动而非象征性举措回应利益相关者的压力。企业管理层应率先垂范,在环境表现方面塑造诚信正直、踏实务实的工作作风,向全体员工传递抑制道德推脱和漂绿行为的积极信号。三是健全内部控制体系。将环境管理作为企业内部控制体系建设和持续优化的重要组成部分,以流程管控为重点,制定相应的政策方针和规章制度予以预防和约束。

10.2.2　外部制度设计

就外部制度设计而言,通过完善相关法律法规规章,加强企业宣传绿色形象和环境友好的合规性要求,减少监管漏洞、加大惩戒力度、提高曝光概率,使企业漂绿的违规成本增加甚至得不偿失,有助于阻断企业在漂绿微观演化新奇搜寻中的不良路径创造和逆向选择行为,转向"真绿"的企业伦理实践并形成路径依赖。通过加强政府监管和引入第三方监督机制,设计管制压力与非管制压力并存的多中心漂绿治理体系,使企业在与环境交流的过程中根据外部刺激因素及学习到的经验逐渐改变自身结构和行为方式,促进企业环境责任遵从的适应性和学习行为,建立环境伦理的"先动"哲学,并使其逐渐扩散为主体与环境和谐的"新质"。

具体而言包括:一是环境信息违规惩戒机制。在新兴市场国家,环境信息披露的绩效仍主要依赖于管制压力的强弱,因此,传统命令控制工具不仅十分重要,而且在必要时还应适当加强(Huang & Chen,2015)。在强制性的环境规制逻辑场中,需要将环境保护责任纳入企业的生产函数,并以政策法规为主加以约束。二是环境信息失真曝光机制。对于企业定期公开的环境报告或ESG报告,应该加强新闻媒体的监督作用,增强公众的参与意识,利用"第三只眼"监督企业,使企业的环境承诺和环境表现保持一致。三是环境信息披露鉴证机制。企业漂绿行为具有形态多样性和手法隐蔽的特征,常规监管有时难以识别,由拥有专业胜任能力的第三方机构对企业环境信息披露开展定期鉴证,并对外披露鉴证结果,有助于为政府监管、媒体监督和公众监督提供条件。四是完善主体责任追究机制。为避免地方政府在贯彻中央环境政策时的"非完全执行"行为导致的"上有政策、下有对策"的规制失效,需要创新环境监管体制,直接将地方党委政府作为督察对象,推动环境保护主体责任和责任追究机制的落实,建立从政府到企业的环境保护压力传递路径。

综上,基于演化经济学视角的企业漂绿治理机制如图 10-1 所示。

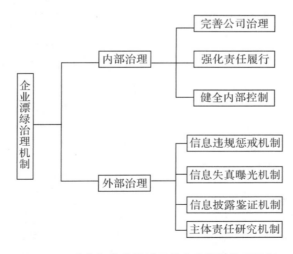

图 10-1　演化经济学视域下的企业漂绿治理机制

本章对企业漂绿内部治理中的完善公司治理安排与强化责任履行,以及外部治理中信息失真惩戒机制和信息失真曝光机制加以检验,在第 11—13 章中分别对内部控制制度、第三方鉴证(信息披露鉴证机制)和中央环保督察(主体责任追究机制)在企业漂绿治理中的作用开展进一步分析。

10.3　企业漂绿的内部治理

10.3.1　完善公司治理

在公司治理安排中需要考虑第一类代理问题和第二类代理问题,前者指股东与经营者之间的代理问题,后者指控股股东和中小股东之间的代理问题。本章分别利用管理层持股比例($HOLD$)、董事会规模($BOARD$)、独立董事人数($DIRECT$)和董事长与总经理是否两职合一($PART$)反映第一类代理问题。利用第一大股东持股比例($SHR1$)反映第二类代理问题,如果第一大股东持股比例偏低,则所有股东都相当于小股东,分散的股权结构及缺乏责任感可能导致"搭便车"现象——公司行为缺乏有效监督,此时增加第一大股东持股比例有助于提高公司价值;然而当第一大股东持股比例过高,又可能出现因一股独大所导致的"一言堂"现象,难以保证公司经营决策的正当性。借鉴陆正飞和胡诗阳(2015)、丁志国等(2016)的做法,本章同时采用第一大股东持股比例($SHR1$)及其二次项来表征这种关系。

本章还控制了其他公司特征和地域因素可能的影响,包括公司规模,以资产总额的自然对数表示($\ln SIZE$);盈利能力,以总资产收益率表示(ROA);财务杠杆,以资产负债率表示(LEV);成长性,以主营业务收入增长率表示($GROWTH$);经济发展水平,以公司所在地人均生产总值表示(ECO)。

表 10-1 反映了公司治理因素与企业漂绿程度的关系,其中:列(1)—列(5)是考虑单一解释变量的结果,列(6)是包含所有解释变量的结果,列(7)—列(8)是分别以选择性披露($GWLS$)和表述性操纵($GWLE$)为被解释变量的估计结果。由列(1)—列(6)可知,$HOLD$ 的系数在 1% 的水平上显著为负,说明赋予管理层一定的股权有利于减少代理成本,促进管理层更加关注企业的长期发展,重视环境表现和环境治理,减少环境信息披露中的漂绿行为。$BOARD$ 和 $DIRECT$ 的系数为负,$PART$ 的系数为正,分别在 1% 的水平上显著,说明董事

表 10-1 完善公司治理与企业漂绿治理

变量	(1) GWL	(2) GWL	(3) GWL	(4) GWL	(5) GWL	(6) GWL	(7) GWLS	(8) GWLE
HOLD	-0.169*** (-3.41)					-0.190*** (-3.83)	-0.272*** (-5.84)	-0.082 (-1.28)
BOARD		-0.753*** (-3.18)				-0.668* (-1.70)	-0.363 (-0.96)	-0.591 (-1.14)
DIRECT			-1.669*** (-2.63)			-1.144 (-1.09)	-0.686 (-0.72)	-1.859 (-1.38)
PART				3.493*** (2.58)		3.624*** (2.59)	3.299** (2.56)	3.669* (1.95)
SHR1					-0.294** (-2.32)	-0.422*** (-3.24)	-0.192 (-1.57)	-0.618*** (-3.58)
SHR1×SHR1					0.003* (1.72)	0.004*** (2.64)	0.001 (0.62)	0.007*** (3.38)
lnSIZE	-5.094*** (-11.61)	-4.816*** (-11.29)	-4.832*** (-11.29)	-5.064*** (-11.96)	-4.944*** (-11.42)	-4.647*** (-9.85)	-4.794*** (-12.07)	-4.724*** (-7.65)
ROA	-23.817** (-2.18)	-21.759** (-2.04)	-21.886** (-2.06)	-22.394** (-2.07)	-22.659** (-2.13)	-20.492* (-1.85)	12.630 (1.33)	-48.164*** (-3.29)

续表

变量	(1) GWL	(2) GWL	(3) GWL	(4) GWL	(5) GWL	(6) GWL	(7) GWLS	(8) GWLE
LEV	−1.015	1.706	1.547	1.384	1.037	−0.312	4.771	−3.887
	(−0.30)	(0.53)	(0.48)	(0.42)	(0.31)	(−0.09)	(1.51)	(−0.84)
GROWTH	3.147*	2.935*	2.935*	3.251**	3.060*	3.173*	1.997	4.210*
	(1.91)	(1.81)	(1.80)	(2.00)	(1.88)	(1.91)	(1.56)	(1.89)
OWN	−8.648***	−5.911***	−5.852***	−6.154***	−5.656***	−6.957***	−1.610	−10.820***
	(−6.03)	(−4.59)	(−4.52)	(−4.74)	(−4.33)	(−4.76)	(−1.17)	(−5.65)
ECO	−2.822***	−2.710***	−2.757***	−2.846***	−2.753***	−2.808***	−2.271***	−2.885***
	(−4.22)	(−4.16)	(−4.26)	(−4.40)	(−4.34)	(−4.20)	(−3.72)	(−3.14)
行业	控制	控制	控制	控制	控制	控制	控制	控制
年度	控制	控制	控制	控制	控制	控制	控制	控制
N	1548	1618	1618	1610	1619	1538	1538	1538
$Adj.R^2$	0.211	0.219	0.218	0.217	0.219	0.224	0.235	0.206

注:括号内为 t 值,*,**,***分别表示在 10%,5%和 1%的水平上显著。

会规模越大、独立董事人数越多,企业环境信息披露的质量越高;而董事长与总经理两职合一不利于提升环境信息披露的质量,这与沈洪涛等(2010a)、Lagasio和Cucari(2019)的研究结论一致。$SHR1$ 一次项的系数在 5% 水平上显著为负,二次项的系数在 10% 的水平上显著为正,说明第一大股东持股比例与漂绿程度之间呈 U 形关系,当 $SHR1$ 较低时,增加持股比例有助于解决代理问题,进而减少漂绿行为;但是当第一大股东持股比例过高时因缺乏股权制衡,第二类代理问题凸显,会导致企业漂绿程度增加,这与理论预期是一致的。由列(7)和列(8)可知,管理层持股比例($HOLD$)、是否两职合一($PART$)对选择性披露程度有显著影响;是否两职合一($PART$)、第一大持股比例($SHR1$)对表述性操纵程度有显著影响。

在控制变量中,$\ln SIZE$、ROA、OWN 和 ECO 的系数显著为负,说明资产规模越大、盈利能力越强、国有企业及地区经济发展水平越高,企业环境信息披露质量越高、漂绿程度越低,这与已有的研究发现基本一致。$GROWTH$ 的系数显著为正,说明企业成长性越大,漂绿倾向性越强,符合漂绿营销工具观的动因解释。

10.3.2 强化责任履行

本章利用是否设立专职环保机构($AGENCY$),以及是否开展 ISO9000 系列环境体系认证(ISO)衡量企业在环境保护方面的履职能力和重视程度,预期 $AGENCY$ 和 ISO 的影响系数显著为负。具体回归结果如表 10-2 所示,列(1)—列(3)反映了以漂绿程度(GWL)为被解释变量的结果,列(4)—列(5)分别反映以选择性披露($GWLS$)和表述性操纵($GWLE$)为被解释变量的结果。

表 10-2　强化责任履行与企业漂绿治理

变量	(1)	(2)	(3)	(4)	(5)
	GWL	GWL	GWL	$GWLS$	$GWLE$
$AGENCY$	-12.145^{***}		-10.388^{***}	-15.944^{***}	-4.445^{***}
	(-12.60)		(-10.76)	(-18.94)	(-3.36)
ISO		-9.003^{***}	-6.343^{***}	-11.653^{***}	-1.624
		(-9.75)	(-6.87)	(-15.75)	(-1.26)
$\ln SIZE$	-4.720^{***}	-4.595^{***}	-4.440^{***}	-3.974^{***}	-5.011^{***}
	(-11.52)	(-11.09)	(-10.84)	(-12.74)	(-9.11)

续表

变量	(1)	(2)	(3)	(4)	(5)
	GWL	GWL	GWL	GWLS	GWLE
ROA	−20.216*	−24.169**	−21.381**	13.484*	−51.170***
	(−1.93)	(−2.32)	(−2.07)	(1.82)	(−3.64)
LEV	0.320	−1.555	−1.510	4.033*	−5.985
	(0.10)	(−0.50)	(−0.50)	(1.67)	(−1.42)
GROWTH	3.078**	3.315**	3.273**	1.887*	4.540**
	(2.02)	(2.13)	(2.19)	(1.67)	(2.17)
OWN	−6.903***	−6.784***	−7.106***	−1.395	−11.611***
	(−5.78)	(−5.51)	(−6.08)	(−1.50)	(−7.12)
ECO	−2.384***	−2.945***	−2.565***	−1.849***	−2.828***
	(−3.82)	(−4.64)	(−4.14)	(−3.80)	(−3.24)
行业	控制	控制	控制	控制	控制
年度	控制	控制	控制	控制	控制
N	1619	1619	1619	1619	1619
$Adj.R^2$	0.286	0.257	0.305	0.486	0.213

注:括号内为 t 值,*、**、***分别表示在 10%、5%和 1%的水平上显著。

由表 10-2 可知,设立专职环保机构及开展 ISO9000 系列环境体系认证的企业,漂绿程度显著更低。其中,设立环保专职机构的企业,同时降低了选择性披露程度和表述性操纵程度;开展 ISO9000 系列环境体系认证的企业,显著降低了表述性操纵程度。上述结果表明,强化责任履行有助于企业漂绿问题的治理。

10.4　企业漂绿的外部治理

10.4.1　环境信息违规惩戒机制

本章利用企业所在地(省、自治区、直辖市)环境行政处罚案件数的自然对数(lnREG)表示环境规制强度,反映监管部门对企业环境违规行为的惩戒力度,数据来源于各年度《中国环境年鉴》。2009 年开始,环保非政府组织——公众环境研究中心(IPE)与美国自然资源保护委员会(NRDC)共同开发了重点城市污染源监管信息公开指数(pollution information transparency index,PITI)。从污染物日常超标、违规记录信息公示、污染源集中整治公示、建设项目环境影响评价文件受理情况公示等 8 个方面反映环保重点城市的环境信息透明度及当地政府对环境信息公开的监管力度。本章借鉴沈洪涛和冯杰(2012)、姚圣等(2016)的研究成果,同时选择上市公司所在城市(公司注册地)的 PITI 指数得分($PITI$)作为环境监管水平的替代衡量指标。

表 10-3 反映了环境信息违规惩戒机制与企业漂绿程度的关系。列(1)—列(3)是以漂绿程度(GWL)为被解释变量的回归结果,其中 lnREG 的系数为负,且在 10% 的水平上显著,说明地方政府的环境规制强度越高,企业漂绿程度越低。不过 $PITI$ 的系数虽然为负,但并不显著。究其原因,我们认为 PITI 指数主要表征政府透明度,尚无法有效反映政府对企业环境信息失真的惩戒力度。列(5)—列(6)分别是以选择性披露($GWLS$)和表述性操纵($GWLE$)为被解释变量的回归结果,列(5)中 lnREG 的系数显著为负,说明虽然企业的环境信息披露有一定的自主性,披露的信息可能是局部的,但政府监管有助于降低选择性披露程度,促进企业披露更多的信息。

表 10-3　环境信息违规惩戒机制与企业漂绿治理

变量	(1)	(2)	(4)	(5)	(6)
	GWL	GWL	GWL	$GWLS$	$GWLE$
lnREG	-1.779^{**}		-1.514^{*}	-1.668^{**}	-0.935
	(-2.57)		(-1.95)	(-2.42)	(-0.91)
$PITI$		-0.033	-0.006	-0.044	0.002
		(-0.88)	(-0.15)	(-1.24)	(0.03)
ln$SIZE$	-4.936^{***}	-5.412^{***}	-5.364^{***}	-4.979^{***}	-5.789^{***}
	(-11.64)	(-11.07)	(-10.91)	(-11.43)	(-9.42)
ROA	-24.237^{**}	-22.501^{*}	-22.103^{*}	9.620	-51.190^{***}
	(-2.26)	(-1.77)	(-1.73)	(0.90)	(-3.17)
LEV	0.256	-3.053	-3.416	3.319	-7.913^{*}
	(0.08)	(-0.84)	(-0.93)	(1.02)	(-1.67)

续表

变量	(1)	(2)	(4)	(5)	(6)
	GWL	GWL	GWL	GWLS	GWLE
GROWTH	3.210*	3.219*	3.348*	2.217	4.900**
	(1.93)	(1.85)	(1.90)	(1.56)	(2.14)
OWN	−6.268***	−7.059***	−6.935***	−0.404	−12.506***
	(−4.87)	(−4.91)	(−4.83)	(−0.30)	(−6.95)
ECO	−0.604	−3.295***	−1.698	−0.530	−2.885**
	(−0.60)	(−4.45)	(−1.54)	(−0.50)	(−2.03)
行业	控制	控制	控制	控制	控制
年度	控制	控制	控制	控制	控制
N	1619	1346	1346	1346	1346
$Adj.R^2$	0.219	0.240	0.242	0.204	0.243

注:括号内为 t 值,*、**、*** 分别表示在 10%、5% 和 1% 的水平上显著。

我们还进一步考察了环保法实施的影响。2015 年 1 月 1 日新修订的《中华人民共和国环境保护法》正式实施。新环保法体现和贯彻了"环保优先"的理念,改变和摒弃了传统上"先污染后治理"的传统观念和做法,提出了环境与健康监测调查和风险评估制度,明确了环境公益诉讼原告,规定了按日处罚制度,要求排污单位公开环境信息,增加了政府、企业各方面的责任和处罚力度,被称为"史上最严的环保法"。我们以新环保法实施作为一次外生事件冲击,尝试采取双重差分模型探讨新环保法实施的信息违规惩戒机制对企业漂绿行为的影响。

绿色发展理念已经成为各级党委、政府执政的重要价值观念。由于国有企业天然的政治属性,与民营企业相比,国有企业领导人在新环保法实施后会面临更高的信息披露合规性压力。我们利用 $TREAT \times POST$ 反映新环保法实施对企业漂绿行为的影响,其中 $TREAT$ 是区分处理组与对照组的指示变量,国有企业取值为 1,非国有企业取值为 0。$POST$ 是区分新环保法事件前后的指示变量,事件后取值为 1,事件前取值为 0。我们采取个体时点双固定效应模型进行估计。

新环保法实施的信息违规惩戒机制与企业漂绿程度的估计结果如表10-4

所示,列(1)—列(3)分别以 *GWL*、*GWLS* 和 *GWLE* 作为被解释变量。关键解释变量 *TREAT*×*POST* 在第(2)列的系数为负,且在 10% 的水平上边际显著,说明新环保法实施后,国有企业领导人因面临更高的信息公开压力,更倾向于按照相关制度的要求披露更多的环境信息,降低了选择性披露程度。

表 10-4　新环保法实施与企业漂绿治理

变量	(1)	(2)	(3)
	GWL	*GLWS*	*GWLE*
TREAT	7.575***	10.774**	4.084
	(3.01)	(2.37)	(1.35)
POST	7.189*	16.763***	−0.616
	(1.95)	(3.20)	(−0.21)
TREAT×*POST*	−1.098	−4.025*	1.234
	(−0.68)	(−1.75)	(0.87)
ln*SIZE*	−1.983	−0.768	−4.929***
	(−0.91)	(−0.29)	(−3.28)
ROA	−17.695	−27.385*	−5.010
	(−1.54)	(−1.75)	(−0.49)
LEV	−0.180	−3.591	4.515
	(−0.03)	(−0.44)	(0.97)
GROWTH	0.701	0.587	0.915
	(0.55)	(0.33)	(0.91)
ECO	−2.851	−6.614	−1.032
	(−0.58)	(−0.91)	(−0.24)
公司	控制	控制	控制
年度	控制	控制	控制
N	1619	1619	1619
R^2_w	0.019	0.044	0.028

注:括号内为 *t* 值,*、**、*** 分别表示在 10%、5% 和 1% 的水平上显著。

10.4.2　环境信息失真曝光机制

媒体曝光对企业漂绿的印象管理行为具有遏制作用,本章使用是否媒体负面报道(MDI)反映媒体监督力程度,采用主题搜索的方式,当年度有媒体负面环境报道的样本公司取值为 1,否则为 0。另外,本章以《中国环境年鉴》中各省、自治区、直辖市涉及环境问题的人大议案和政协提案数量的自然对数($\ln PUB$)反映公众(环保组织)参与监督力度。

本章预期 MDI 和 $\ln PUB$ 的回归系数显著为负,具体回归结果如表 10-5 所示。列(1)—列(3)反映以漂绿程度(GWL)为被解释变量的结果,列(4)—列(5)分别反映以选择性披露($GWLS$)和表述性操纵($GWLE$)为被解释变量的结果。由表 10-5 可知,MDI 的系数列(1)中在 10% 的水平上显著为负,说明当年度被媒体负面报道的企业,漂绿程度明显降低。$\ln PUB$ 的系数列(3)—列(5)中在 1% 或 5% 的水平上显著为负,说明公众参与监督,通过政治渠道反映对环境问题的关注有助于降低企业漂绿程度。

表 10-5　环境信息失真曝光机制与企业漂绿治理

变量	(1)	(2)	(3)	(4)	(5)
	GWL	GWL	GWL	$GLWS$	$GLWE$
MDI	-3.080^*		-2.805^*	-1.812	-3.441
	(-1.79)		(-1.63)	(-1.05)	(-1.54)
$\ln PUB$		-2.498^{***}	-2.506^{***}	-2.494^{***}	-2.308^{**}
		(-3.60)	(-3.21)	(-3.43)	(-2.20)
$\ln SIZE$	-5.249^{***}	-5.348^{***}	-5.527^{***}	-5.473^{***}	-5.692^{***}
	(-11.30)	(-12.51)	(-11.55)	(-13.22)	(-8.95)
ROA	-28.936^{**}	-20.519^*	-25.236^{**}	10.434	-54.005^{***}
	(-2.32)	(-1.93)	(-2.02)	(0.97)	(-3.28)
LEV	0.294	2.313	1.646	8.886^{***}	-3.509
	(0.08)	(0.72)	(0.45)	(2.69)	(-0.73)
$GROWTH$	3.585^{**}	2.948^*	3.426^{**}	1.979	4.654^{**}
	(2.25)	(1.83)	(2.16)	(1.34)	(2.23)

续表

变量	(1)	(2)	(3)	(4)	(5)
	GWL	*GWL*	*GWL*	*GLWS*	*GLWE*
OWN	-6.878^{***}	-6.549^{***}	-7.074^{***}	-0.421	-12.651^{***}
	(-4.79)	(-5.13)	(-4.97)	(-0.31)	(-6.84)
ECO	-2.325^{***}	-0.965	-0.557	-0.261	-0.552
	(-3.16)	(-1.19)	(-0.61)	(-0.32)	(-0.45)
行业	控制	控制	控制	控制	控制
年度	控制	控制	控制	控制	控制
N	1300	1619	1300	1300	1300
$Adj. R^2$	0.236	0.221	0.241	0.229	0.212

注:括号内为 *t* 值,* 、* * 、* * * 分别表示在 10%、5% 和 1% 的水平上显著。

10.5 本章小结

本章结合演化经济学理论,将制度供给作为一种规制约束,从内部制度安排和外部制度设计两个层面,分别探讨了完善公司治理安排、强化责任履行、健全内部控制制度及信息失真惩戒机制、信息失真曝光机制、信息披露鉴证机制、主体责任追究机制等反漂绿治理策略。

本章的实证研究结果表明:在公司治理层面,管理层持股比例越高,董事会规模越大、独立董事人数越多、董事长和总经理两职越分离,越有助于降低企业漂绿程度;第一大股东持股比例与企业漂绿程度呈 U 形关系,说明适度增加控股股东持股比例有助于缓解第二类代理问题,提高环境信息披露质量,但需避免"一股独大"带来的治理风险。在履职能力和重视程度方面,设立专职环保结构及开展ISO9000 系列环境体系认证的企业,漂绿程度显著更低。在环境信息违规惩戒机制方面,以环境行政处罚案件数反映的地方政府规制强度与企业漂绿程度显著负相关。另外,国有企业在新环保法实施之后因面临更高的信息公开压力,相应减少了环境信息的选择性披露行为。在信息失真曝光机制方面,媒体负面报道显著降低了企业的漂绿水平;加强公众监督力度也有助于遏制企业漂绿行为,能够同时降低环境信息披露中的选择性披露和表述性操纵程度。上述研究发现证实了多中心治理模式下降低和遏制企业漂绿行为的可行性,从内部、外部治理体系的建立及反馈机制的角度提供了基于演化经济学视角的反漂绿实现路径。

第 11 章　内部控制制度与企业漂绿治理

11.1　本章概述

内部控制作为企业重要的内部治理机制,已经成为上市公司加强自我约束和提高管理水平的重要手段之一。国际权威的内部控制标准制定机构 COSO(反虚假财务报告委员会的发起人委员会)在 1992 年发布的《内部控制整合框架》中指出,内部控制的目标在于合理保证企业营运的效率与效果、财务报告的可靠性和相关法律法规的遵循。2002 年美国国会通过了《萨班斯-奥克斯利法案》(简称 SOX 法案),强制要求所有在美国上市的公司必须在年度报告中披露与财务报告相关内部控制有效性的评估报告,同时外部审计师也需对上市公司财务报告相关的内部控制有效性发表审计意见。2004 年,COSO 委员会在1992 年报告的基础上发布了《企业风险管理整合框架》,对其中的财务报告目标进行了扩展,强调内部控制应为企业编制可供信赖的报告提供合理保证,包括企业内部和外部的报告,既包括财务信息,也包括环境和社会责任等非财务信息。2011 年,COSO 委员会进一步修订了内部控制框架中的目标表述,扩展至更广泛的财务、环境、社会和治理的整合报告目标。

2008 年,财政部、证监会和审计署等五部委发布了《企业内部控制基本规范》,随后在 2010 年又共同发布了《企业内部控制应用指引》《企业内部控制评价指引》和《企业内部控制审计指引》,上述基本规范和配套指引共同构成了中国特色的企业内部控制规范体系,该体系既借鉴和整合了 COSO 报告、SOX 法案中的有益成分,又体现了我国资本市场的特殊性,被称为中国版 COSO 报告＋SOX 法案(简称 CSOX)。例如,与 SOX 法案聚焦于财务报告内部控制不同,CSOX 法案将视角扩展到经营和管理层面,要求企业既要披露财务报告内部控制重大缺陷,也要披露非财务报告内部控制重大缺陷。同时,外部审计师对于审计过程中发现的非财务报告内部控制重大缺陷也必须予以陈述。实际上,企业的很多行为不仅与财务报告的内部控制有关,而且与公司整体层面的内部控制密切相关。上述制度设计为分析企业内部控制作为制度性规范体系,是否对非财务报告产生溢出效应提供了难得的条件。基于此,本章的研究目的是利用我国资本市场重污染行业 A 股上市公司的环境报告(ESG 报告的环保专篇)资料,考察企业内部控制是否有助于增强非财务报告的可靠性,规范和提高环境信息披露水平,减少漂绿行为。

本章在对内部控制进行物理(W)—事理(S)—人理(R)分析的基础上,以企业环境信息披露的漂绿程度为被解释变量,以企业内部控制水平和内部控制缺陷情况为解释变量的研究结果表明,在控制其他因素的影响后,高水平的内部控制有助于减少企业环境信息披露的漂绿程度,内部控制缺陷则会增加企业环境信息披露的漂绿程度。上述发现证实了内部控制同样有助于提高企业非财务报告的可靠性,为内部控制的对外报告目标提供了基于中国资本市场的经验证据。进一步基于产权性质的检验支持了国有企业在承担社会责任方面具有主动性和示范性的观点;基于内部控制五要素的检验表明,良好的内部环境和有效的信息与沟通对减少企业漂绿程度具有显著的正向影响;基于内部控制缺陷整改的检验表明,对前期内部控制重大缺陷进行实质性整改的公司,环境信息披露的漂绿程度更低。

本章的边际贡献体现在以下三个方面:

第一,从具有中国哲学思辨的物理(W)—事理(S)—人理(R)方法论视角,对企业内部控制的性质和建设路径进行探讨,拓展了中国情境下内部控制理论的研究文献。

第二,现有文献从应计质量、会计稳健性、审计效率和财务重述等角度对内部控制效用进行了广泛探讨(Ashbaugh-Skaife et al.,2008;Masli et al.,2010;Lu et al.,2011;Goh & Li,2011;Mitra et al.,2013;Guo et al.,2016),相关实证研究揭示了内部控制对财务报告可靠性的影响。虽然 2004年的 COSO 报告提出了涵盖非财务信息的可靠性目标,然而国内外研究鲜有围绕非财务信息的视角探讨内部控制的经济后果。本章的研究为全面理解企业内部控制的报告目标提供了增量的经验证据,拓展了内部控制的生命力,同时也证实我国政府近年来致力于内部控制体系规范建设具有重要的现实意义。

第三,现有实证研究发现外部压力和内部治理是影响企业社会责任信息披露的重要因素(Fifka,2013)。但对于内部控制在环境信息披露中是否产生重要影响这一命题却缺乏深入探讨。本章的研究丰富了内部治理机制对环境信息披露影响的研究文献,为漂绿治理积累了有益的经验证据。

本章的结构安排如下:11.2 节是物理(W)—事理(S)—人理(R)视角的内部控制建设;11.3 节是研究假设;11.4 节是研究设计;11.5 节是实证检验;11.6 节是进一步分析;11.7 节是研究结论与启示。

11.2　物理(W)—事理(S)—人理(R)视角的内部控制建设

11.2.1　WSR 方法论

20 世纪 50 年代,国际上为解决大型工程项目的组织管理问题,发展了系统工程方法论及其他类似的方法论。它们不但强调在项目开发时遵循必要的程序和方法,而且特别重视建立数学模型和运用数量分析方法。但过分的定量化和数理模型让人们在面对各种复杂现实问题时遇到了前所未有的困难,甚至束手无策,由此带来了对系统分析过程的反思。在这种反思的浪潮中,人们认识到随着事物的发展变化,新的更为复杂的问题不断涌现,处理现实问题的系统方法论也需要与时俱进——有些问题可利用数学模型,寻求“最优解”,整个过程是一个优化过程;而有些问题,尤其是复杂系统中的议题,只能通过建立概念模型,寻求“可行满意的变化”,整个过程是一个学习过程(顾基发,2024)。

以中华民族为代表的东方文明重视人本主义,提倡“社会的组成应该是人化与物化两者的相辅相成、和谐统一”。物理(Wuli)—事理(Shili)—人理(Renli)方法论,简称 WSR 方法论,20 世纪 90 年代由我国系统工程专家顾基发教授提出,其中融入了钱学森等老一辈科学家的系统论思想,目前已广泛应用于战略规划、科技创新、项目管理等多个领域。在 WSR 中,物理(W)是指问题处理过程中人们面对的客观存在,是物质运动的规律总和;事理(S)是指问题处理过程中人们面对客观存在及其规律时介入的机理;人理(R)是指问题处理过程中所有人与人之间的相互关系及变化过程(张彩江和孙东川,2001)。由于

WSR 有别于传统以建模为主的系统工程方法论,同时在观察和分析具有复杂特性的问题时表现出东方哲学思辨,国外学者把它与林斯顿(Linstone)的技术—组织—人事观(technical perspective,organizational perspective,personal perspective,TOP)、弗洛德(Flood)和杰克逊(Jackson)的总体系统干预理论(total system intervention,TSI)并称为整合系统方法论的一类(Zhu & Linstone,2000),其共同特点是:以三维框架作为分析起点,关注管理过程中的不确定性,强调管理系统整体综合性和多维分析性的统一,强调人的价值观在系统管理中的重要性及人际关系的作用等。

11.2.2 企业内部控制的 WSR 三维分析

WSR 作为一种方法论,不仅是认识、分析和梳理复杂问题的框架,而且经过多年的反复实践、对外交流和不断完善,逐渐形成了一套分析和解决问题的方法步骤。在内部控制中,如果把企业内部控制相关的基础设施、技术条件和原始数据,包括企业的资源禀赋、财务状况、主要业务经营活动和以往内部控制开展情况看成物理;那么根据国家有关法律法规、基本规范及配套指引的要求,设计和完善业务流程图、风险控制点、职责分工表、岗位说明书及方针程序手册等制度文件,开展内部控制调查、设计和实施,就是事理;而在企业内部控制建设和运行过程中,贯彻全员道德诚信观,汇聚各方面人的智慧、协调好各方面的人际沟通,加强企业不同层级对内部控制的认同度和目标一致性的理解,就是人理(黄溶冰,2021)。企业内部控制建设的物理(W)—事理(S)—人理(R)三维分析图,如图 11-1 所示。

按照《企业内部控制基本规范》的要求,企业建立和实施有效的内部控制,应当包括内部环境、风险评估、控制活动、信息与沟通和内部监督 5 个要素。将企业内部控制 5 要素贯穿于物理、事理和人理三维分析之中,形成基于 WSR 的企业内部控制矩阵,如表 11-1 所示。企业内部控制的实施过程中,物理、事理、人理相互作用、相互依存,因此,片面强调或忽略任何一个方面,必将影响整个活动的绩效,甚至导致整个内部控制体系的失败。在企业内部控制建设过程中,需要有机协调物理、事理、人理之间的关系,从而达到预期的目标。

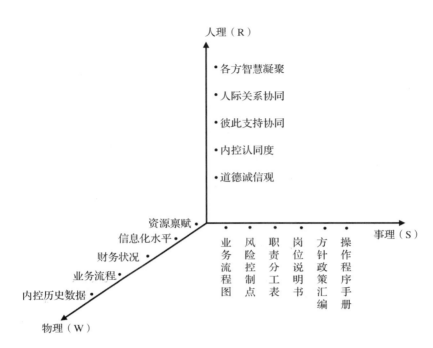

图 11-1　内部控制物理—事理—人理三维分析

表 11-1　基于 WSR 的内部控制矩阵

要素	内部环境	风险评估	控制活动	信息与沟通	内部监督
物理 （W）	治理结构,包括机构设置、权责分配,以及业务流程	内部环境和外部环境、资源禀赋和约束条件	企业各层级内部控制基础设施与信息化条件	正式与非正式沟通方式,组织内外部沟通渠道	内嵌实施机制,实现企业内部控制跟踪、监测和调节的制度化、常态化
事理 （S）	法律、法规和标准规范中对内部控制体系建设和实施的要求	内部控制目标之间的递推关系,影响目标实现的风险因素评估	内部控制目标实现的基本控制方法、技术支持及制度防线	业务活动与管理活动信息流的获取,关键数据的采集、加工和报告	持续监督和个别评估,对问题与缺陷的报告、修正和改进
人理 （R）	诚实守信的企业价值观,道德行为规范在关键岗位的落实	管理层的风险偏好及可接受的风险水平,内部控制与风险管理的结合	制度设计执行中关键控制与一般控制的人员安排与岗位职责关系	各内部控制目标可能涉及的关系人、群体及相互关系,获取彼此间的认同、支持及协同	内部审计与外部审计的人际关系协调,高层领导应增强对内部控制的责任感和纠错意识

11.3　研究假设

企业虽然公开环境信息,但绿色市场是一个典型的信息不对称市场,发布信息的企业是否真正履行环保责任,对公众来说是不可知的(Roulet & Touboul, 2015)。环境问题具有典型的积累性和长期性特征,解决中国面临的环境问题,需要切实从提高环境信息披露的透明度和可靠性入手,推动企业开展"真绿"的社会责任实践。具体而言,内部控制可能会在以下方面对企业环境信息披露产生影响。

第一,从物理因素而言,内部控制物理因素涉及的资源禀赋越丰富、业务流程越规范、财务状况越有序,越有利于促进企业环境信息披露的可靠性。"三重底线"原则反映了公司对于环境保护、社会公平和经济发展的承诺(Moon et al., 2005),目的是将可持续发展理念与整个公司的价值观和经营实践整合在一起,将公司的环境、社会和财务表现作为一个整体来进行管理。"三重底线"要求公司将环境目标和社会目标置于与财务目标同等重要的地位,并能够为此牺牲公司短期乃至中期的财务利益。目前很多企业的可持续发展报告、ESG报告和环境报告采用"三重底线"或类似原则编制,并按照通用框架披露环境财务信息和环境业绩信息。环境信息作为一种非财务信息,具有相对的独立性,得益于高质量内部控制系统中充分的信息交换机制、高效的沟通渠道和严谨的监控体系,企业即使存在漂绿动机,最终也会因缺乏有利的行动机会而宣布失败。对环境报告等非财务信息而言,有效的内部控制同样可以降低信息不对称程度,进而减少企业在环境信息披露中的道德风险和逆向选择行为。

第二,从事理因素而言,内部控制事理因素涉及的风险评估越严格、职责分工越合理、岗位设置越科学,越有利于促进企业环境信息披露的可靠性。与环境事项相关的不确定性增加了上市公司的经营风险,定期公开环境信息成为企业应对风险和维护合法性的重要途径。在《企业内部控制基本规范》中,明确要求企业在风险评估方面关注员工健康和安全环保因素,表明内部控制作为规范企业行为的制度体系,其范畴已经拓展到环境保护方面(李志斌,2014)。2010年颁布的《内部控制应用指引第4号——社会责任》中,明确提出环境保护、资源节约是企业在经营发展过程中应当履行的社会责任和义务,要求企业建立环境保护和资源节约的监控制度,定期开展监督检查,发现问题及时采取措施予以纠正,发生紧急、重大环境污染事件时应及时报告和处理。随着基本规范及其配套指引在我国上市公司中逐步推行,内部控制成为推动企业主动承担社会责任的重要治理机制,必将对企业环境信息披露水平的提高和受托环境责任的履行发挥积极的影响。

第三,从人理因素而言,内部控制人因素涉及的公司治理越完善、团队关系越协调、员工道德责任感越强,越有利于促进企业环境信息披露的可靠性。Johnstone 等(2011)考察了内部控制缺陷披露与公司治理改善的关系,研究发现:相对于无保留意见的公司,被认定存在内部控制重大缺陷的公司,其董事会、审计委员会和高层管理人员此后经历了更高的变更率;进一步地,与未修正重大缺陷的公司相比,修正内部控制重大缺陷的公司,其董事会、审计委员会和高层管理人员的结构得以明显改善。而现有文献已经证实,良好的公司治理、董事会多样性和高管学历的提升能够有效约束企业对环境的污染、改善公司的环境信息披露水平并推动公司环保承诺的真实履行(Khan et al.,2013;Lewis et al.,2014;Liao et al.,2015;Lagasio & Cucari,2019)。因此,高质量的内部控制通过与公司治理改善的相互作用,有助于减少经理人和控股股东的自利动机,最大限度地保障各利益相关者的权益,为实现企业环境报告的可靠性目标提供了合理保证。同时,漂绿防控需要在环境承诺与环境表现上保持一致,实现环境信息披露的"所说"与"所做"相匹配,这显然要求公司的各项事务必须遵循公正和道德的原则。内部控制质量高的企业,拥有更诚信的企业文化、更强的团队意识及更多有责任感、高素质的员工(Doyle et al.,2007),这些无疑可以为提高公司社会责任感和环境信息透明度,推动环境保护责任的务实履行提供有效保障。

基于以上分析,本章提出如下假设:

H:内部控制水平对企业环境信息披露的漂绿程度存在负向影响。

11.4　研究设计

11.4.1　样本选择

本章以重污染行业 A 股上市公司作为研究对象。上述行业应定期独立披露环境信息,具有典型性。同时,选择上述行业有助于控制外部压力,从而更好地考察内部控制作为内部治理机制对环境信息披露水平的影响。

我们通过对企业环境报告,以及 ESG 报告(或可持续发展报告)的环保专篇进行研读,手工收集和计算环境信息披露的相关数据。财务数据和公司特征数据来源于国泰安数据库(CSMAR)。内部控制数据来源于迪博内部控制与风险管理数据库(DIB)。由于具体研究内容及模型设定不同,各部分实证研究所使用的样本数量存在一定差异。为避免极端值的影响,本章对回归模型中的连续变量进行了上下 1% 的 Winsorize 处理。

11.4.2　变量定义

本章构建了如下回归模型:

$$GWL = \alpha + \beta_1 ICR + \sum \beta_i CONTROLS + IND + YEAR + \varepsilon \quad (11\text{-}1)$$

在模型(11-1)中,GWL 为被解释变量,表示企业环境信息披露的漂绿程度;ICR 为关键解释变量,用于衡量内部控制水平。

主要变量说明如下:

(1)漂绿程度(GWL)。根据第 4 章构建的漂绿衡量指标体系及漂绿程度的计算公式。

(2)内部控制水平(ICR)。直接使用深圳迪博公司开发的基于 5 要素的内部控制指数进行衡量,该指数按照内部控制五要素构建,由 5 个一级指标(内部环境、风险评估、控制活动、信息与沟通、内部监督)、31 个二级指标、87 个评价指标构成(林斌等,2016)。

此外,为保证研究结论的稳健性,本章还使用内部控制缺陷($ICMINUS$)情况作为内部控制水平的替代变量。如果存在以下情况之一:(1)财务报告被出具非标准审计意见,(2)发生财务报表重述,(3)因违规被中国证监会、证券交易所或财政部违规处罚,就说明企业相关年度的内部控制存在重大缺陷,$ICMINUS$ 赋值为 1,否则为 0。

(3)控制变量($CONTROLS$)。借鉴已有的研究文献(Khan et al.,2013;Liao et al.,2015;Lagasio & Cucari,2019;李志斌,2014),引入地区经济发展水平(ECO)、盈利能力(ROA)、财务杠杆(LEV)、成长性($GROWTH$)、是否亏损($LOSS$)、是否董事长兼任总经理($PART$)、独立董事比例(IDR)、个股回报

率($RATE$)等变量,以控制公司受相关特征的影响。另外,本章还在模型(11-1)中考虑了行业(IND)和年度($YEAR$)控制变量。

具体变量定义如表 11-2 所示。

表 11-2　变量定义

变量类型	变量符号	变量名称	计算方法
被解释变量	GWL	漂绿程度	见第 4 章
解释变量	ICR	内部控制水平	采用深圳迪博公司开发的内部控制指数
	$ICMINUS$	内部控制缺陷	如果存在以下情况之一:(1)财务报告被出具非标准审计意见,(2)发生财务报表重述,(3)因违规被中国证监会、证券交易所或财政部违规处罚,赋值为 1,否则为 0
控制变量	ECO	经济发展水平	企业所在地的人均 GDP(万元)
	$\ln SIZE$	公司规模	当期期末总资产的自然对数
	ROA	盈利能力	(利润总额＋财务费用)/资产总额
	LEV	财务杠杆	期末负债总额/期末总资产
	$GROWTH$	成长性	(当期主营业务收入－上期主营业务收入)/上期主营业务收入
	$LOSS$	是否亏损	公司当期发生亏损时,赋值为 1,否则为 0
	$PART$	两职兼任	董事长兼任总经理时,赋值为 1,否则为 0
	IDR	独立董事占比	独立董事人数/董事会人数
	$RATE$	个股回报率	考虑现金红利再投资的年个股回报率

11.5　实证检验

11.5.1　描述性统计

描述性统计的结果如表 11-3 所示。

漂绿程度(GWL)的均值为 54.192,中位数为 53.514,最小值为 5.000,最大值为 97.468,说明样本公司环境报告(环保专篇)的漂绿现象比较普遍,且在不同公司之间存在较大差异,这为研究内部控制水平对企业环境信息披露漂绿程度的影响提供了契机。内部控制水平(ICR)的均值为 34.436,中位数为 35.040,

表 11-3 描述性统计

变量	样本量	均值	标准差	中位数	最小值	最大值
GWL	1603	54.192	20.608	53.514	5.000	97.468
ICR	1603	34.436	8.300	35.040	7.000	59.000
ICMINUS	1603	0.265	0.441	0.000	0.000	1.000
ECO	1603	10.829	0.470	10.853	9.482	11.680
lnSIZE	1603	23.012	1.465	22.812	19.198	28.509
ROA	1603	0.043	0.062	0.034	−0.178	0.249
LEV	1603	0.485	0.208	0.492	0.042	1.003
GROWTH	1603	0.131	0.332	0.090	−0.518	2.745
LOSS	1603	0.100	0.301	0.000	0.000	1.000
PART	1603	0.138	0.345	0.000	0.000	1.000
IDR	1603	0.368	0.054	0.333	0.182	0.667
RATE	1603	0.091	0.401	0.007	−0.537	1.741

标准差为 8.300,样本辨识度较好。内部控制缺陷(ICMINUS)的均值为 0.265,即26.5%的样本存在内部控制重大缺陷。其他控制变量的描述性统计结果与已有研究类似,此处不再赘述。

按照内部控制水平高低和是否存在内部控制重大缺陷的分组描述性统计结果如表 11-4 所示。可以发现,无论是均值检验还是中位数检验,内部控制高

表 11-4 分组描述性统计

分 析 变 量 GWL	分组变量 ICR					
	高水平样本组		低水平样本组		差异检验	
	均值	中位数	均值	中位数	均值检验	中位数检验
	52.925	51.641	55.300	54.772	2.320**	2.267**
	分组变量 ICMINUS					
	无重大缺陷样本组		有重大缺陷的样本组		差异检验	
	均值	中位数	均值	中位数	均值检验	中位数检验
	52.921	52.781	57.613	57.209	4.067***	3.935***

注:***、**、*分别表示在1%、5%和10%的水平上显著。

水平样本组的企业环境信息披露漂绿程度显著低于内部控制低水平样本组；内部控制不存在重大缺陷样本组的企业环境信息披露漂绿程度显著低于内部控制存在重大缺陷样本组。组间差异检验的结论为本章的研究假设提供了初步的证据。

11.5.2　基准回归分析

表 11-5 报告了基准回归分析的结果。一方面，采取 OLS 回归分析，列（1）的检验结果表明，在控制企业经营和公司治理特征后，衡量内部控制水平的内部控制指数 ICR 在 5% 的水平上显著为负，表明企业内部控制水平越高，环境信息披露的漂绿程度越低，越有助于推动企业环保责任的务实履行，支持本章的研究假设。另一方面，采取分位数回归的方式进行检验，列（2）和列（3）的结果表明，在控制了公司特征因素后，25% 低分位点和 75% 高分位点 ICR 的系数在 1% 的水平上显著为负，与 OLS 回归结果保持一致。

表 11-5　基准回归分析

GWL	(1)	(2)	(3)	(4)	(5)	(6)
	OLS	Q25	Q75	OLS	Q25	Q75
ICR	-0.1402^{**}	-0.0739^{***}	-0.0945^{***}			
	(-2.1775)	(18.5169)	(-9.3876)			
$ICMINUS$				3.6724^{***}	5.1034^{***}	2.3904^{***}
				(3.3027)	(11.9500)	(12.0774)
ECO	-1.4169	-2.6432^{***}	-0.6933^{***}	-1.2158	-1.0022^{***}	-0.5709^{***}
	(-1.2500)	(-21.2346)	(-6.2435)	(-1.0720)	(-8.6090)	(-2.8390)
$\ln SIZE$	-5.4957^{***}	-5.6707^{***}	-4.3357^{***}	-5.3839^{***}	-5.8049^{***}	-4.0756^{***}
	(-12.4569)	(-198.4711)	(-35.1277)	(-12.0841)	(-59.6940)	(-136.3982)
ROA	-10.6986	-26.1776^{***}	-5.3069^{**}	-10.3528	-23.5370^{***}	-14.1539^{***}
	(-0.8724)	(-49.3031)	(-2.1802)	(-0.8399)	(-15.3547)	(-6.6983)
LEV	-0.2088	-4.1915^{***}	-0.4094	-1.1018	-4.0478^{***}	-2.1183^{***}
	(-0.0607)	(-25.4068)	(-0.5105)	(-0.3190)	(-5.4735)	(-7.4788)
$GROWTH$	3.6628^{**}	4.9343^{***}	-0.3867	3.8066^{**}	5.3135^{***}	0.8228^{***}
	(2.1883)	(40.5909)	(-1.5145)	(2.2733)	(15.7503)	(6.5939)

续表

GWL	(1)	(2)	(3)	(4)	(5)	(6)
	OLS	Q25	Q75	OLS	Q25	Q75
LOSS	4.0617**	2.1564***	5.1337***	4.0364**	4.7287***	4.1563***
	(2.2373)	(18.8084)	(21.4676)	(2.2453)	(19.0314)	(10.6619)
PART	3.7575***	2.4046***	5.2424***	3.6279***	1.6378***	4.3969***
	(2.7587)	(38.7853)	(19.4099)	(2.6704)	(3.6376)	(12.1221)
IDR	−0.1056	−10.4643***	8.0839***	−0.4623	−11.6379***	14.8611***
	(−0.0126)	(−35.8557)	(6.3517)	(−0.0564)	(−4.4924)	(16.2670)
RATE	0.5379	0.8960***	3.1659***	0.7212	0.9567***	1.9810***
	(0.3863)	(7.5892)	(11.1398)	(0.5187)	(2.6031)	(7.7461)
_CONS	87.2054***			78.5680***		
	(6.2895)			(5.6099)		
行业	控制	控制	控制	控制	控制	控制
年度	控制	控制	控制	控制	控制	控制
N	1603	1603	1603	1603	1603	1603
Adj. R^2	0.2022			0.2057		

注:括号内为 t 值,*、**、***分别表示在10%、5%和1%的水平上显著。

列(4)—列(6)是以内部控制缺陷情况 ICMINUS 作为内部控制水平代理变量的回归结果。无论是 Logit 回归还是分位数回归,关键解释变量 ICMINUS 的系数都在1%的水平上显著为正,即存在企业内部控制重大缺陷的企业,其环境信息披露的漂绿程度明显更高,这为本章的研究假设提供了更稳健的支持性证据。

11.5.3 稳健性检验

为保证上述研究结论的稳健性,本章开展如下稳健性检验,结果如表11-6所示。

(1)企业漂绿程度(GWL)和内部控制水平(ICR)的衡量都依赖于企业的信息披露。现实中可能存在同时影响企业环境信息披露水平和内部控制信息披露水平的遗漏变量,导致 OLS 回归中扰动项与解释变量相关,从而产生内生性问题。本章采用工具变量两阶段回归解决内生性问题。由于深圳和上海证券交

表 11-6　稳健性检验

	2SLS	Ologit	删除变量		增加控制变量		Bootstrap 自抽样	
	(1)	(2)	(3)	(4)	(5)	(6)	(7)	(8)
GWL								
ICR	-4.169*	-0.038**	-0.143**		-0.134**		-0.1402**	
	(-1.900)	(-2.034)	(-2.244)		(-2.103)		(-2.169)	
ICMINUS				3.738***		3.423***		3.672***
				(3.362)		(3.122)		(3.513)
CONTROLS	控制	控制	控制	控制	控制	控制	控制	控制
行业	控制	控制	控制	控制	控制	控制	控制	控制
年度	控制	控制	控制	控制	控制	控制	控制	控制
Kleibergen Paap rk M	4.57* (0.091)							
Hansen J	0.053 (0.805)							
N	1287	1603	1613	1613	1603	1603	1603	1603
R^2	0.547	0.056	0.201	0.201	0.217	0.220	0.202	0.206

注:括号内为 t 值。*、**、*** 分别表示在 10%、5% 和 1% 的水平上显著。Kleibergen-Paap rk M 和 Hansen J 检验中括号内为 p 值。

易所对内部控制信息披露在历史上曾有不同的要求,这会对企业内部控制信息披露产生影响,但并不会影响企业环境信息披露水平。因此,本章选择上市地点作为工具变量。相应的第二阶段回归结果见表 11-6 中列(1),$Kleibergen\text{-}Paap\ rk\ M$ 统计量的卡方值约为 4.57,拒绝不可识别的原假设。$Hansen\ J$ 统计量的卡方值约为 0.05,p 值为 0.8054,接受原假设,说明工具变量是外生的,与扰动项不相关。ICR 的系数为 -4.169,在 10% 的水平上显著为负,说明克服内生性影响后,内部控制对企业环境信息披露漂绿程度的遏制作用仍然显著且明显增强。

(2)将 GWL 和 ICR 分别由低到高排序,分成 10 等份后重新利用多元 Logit 模型进行回归。结果显示 ICR 的系数在 5% 的水平上显著为负,再次验证了本章的研究假说。

(3)由于主要解释变量 ICR 采用内部控制 5 要素衡量,公司治理变量可能已包括在内部控制指数中,删除公司治理相关控制变量($PART$ 和 IDR)后重新进行回归,研究结论不变。

(4)为保证研究结论的可靠性,本章增加了与外部压力有关的控制变量。分别以企业所在地(省级层面)环境行政处罚案件数衡量环境规制压力,以企业所在地与环境事项有关的提案数衡量公众参与压力,以企业是否遭受媒体负面环境报道衡量媒体报道压力,增加外部压力相关控制变量后重新进行回归,研究结论不变。

(5)采用 Bootstrap 自抽样的方法,对样本进行 300 次有放回随机抽样,扩大样本量后进行回归,重新计算关键解释变量的标准误。结果显示,ICR 的系数在 5% 的水平上显著为负,$ICMINUS$ 在 1% 的水平上显著为正,说明本章研究结论具有较好的稳健性。

11.6 进一步分析

为考察内部控制对企业环境信息披露漂绿程度的影响机制,本章进一步对如下问题展开研究。

11.6.1 基于产权性质的检验

在我国,国有企业的实际控制人是各级人民政府,政府的意志决定了国有企业的行为,根据国资委《关于国有企业更好履行社会责任的指导意见》等相关制度的要求,国有企业更可能在环境和社会责任方面起到模范带头作用。基于企业产权性质对样本进行分组检验的结果如表 11-7 所示。

表 11-7　基于企业产权性质的检验

GWL	(1)	(2)	(3)	(4)
	国有企业	非国有企业	国有企业	非国有企业
ICR	−0.1968***	0.1172		
	(−2.6909)	(0.8420)		
ICMINUS			3.9437***	0.9679
			(2.9441)	(0.4931)
ECO	−0.7666	−5.6921**	−0.6805	−5.3253**
	(−0.5988)	(−2.1646)	(−0.5310)	(−2.0247)
lnSIZE	−5.6960***	−5.9457***	−5.5882***	−5.8870***
	(−11.4396)	(−5.2596)	(−11.0938)	(−5.1554)
ROA	−28.6511*	12.4760	−27.4131*	14.0709
	(−1.8485)	(0.6188)	(−1.7350)	(0.7062)
LEV	−2.4047	13.5622**	−3.1916	12.7411*
	(−0.6090)	(1.9787)	(−0.8027)	(1.8444)
GROWTH	3.2814*	1.1690	3.6404*	1.2201
	(1.7032)	(0.4400)	(1.8753)	(0.4570)
LOSS	3.3538*	5.6143	3.4084*	5.8422
	(1.6470)	(1.4774)	(1.6841)	(1.5418)
PART	1.1126	5.0503**	0.9940	5.0727**
	(0.6161)	(2.4762)	(0.5450)	(2.4921)
IDR	20.0229**	−25.2593	18.1736*	−24.0358
	(1.9805)	(−1.5651)	(1.8016)	(−1.5087)
RATE	1.5549	−1.2032	1.7969	−1.2206
	(0.9247)	(−0.4157)	(1.0690)	(−0.4208)
_CONS	182.7762***	231.2226***	174.3703***	227.8739***
	(11.6569)	(6.7171)	(11.0451)	(6.5461)

续表

GWL	（1）	（2）	（3）	（4）
	国有企业	非国有企业	国有企业	非国有企业
行业	控制	控制	控制	控制
年度	控制	控制	控制	控制
N	1089	514	1089	514
$Adj.R^2$	0.2314	0.1519	0.2329	0.1509

注：括号内为 t 值，*、**、*** 分别表示在 10%、5% 和 1% 的水平上显著。

在国有企业样本组，ICR 的系数在 1% 的水平上显著为负，$ICMINUS$ 的系数在 1% 的水平上显著为正，而非国有企业样本组无论是 ICR 还是 $ICMINUS$ 的系数都不显著。表明内部控制对企业环境信息披露漂绿的遏制效应主要体现在国有企业之中，以上发现也进一步支持了国有企业对环境信息披露的重视程度更高的前期文献中的观点（Kuo et al.，2012；Meng et al.，2013）。

11.6.2 基于内部控制五要素的检验

根据分项目的内部控制指数，进一步检验内部控制五要素对企业漂绿程度的影响。由表 11-8 中列（1）—列（5）的结果可知，内部环境要素和信息与沟通要素的系数分别在 1% 和 5% 的水平上显著为负，其他要素的系数虽然为负但并不显著。这表明良好的治理结构和企业文化有助于提升企业环境信息披露透明度、促进环境保护责任的真正履行。同时，充分有效的信息与沟通机制有助于财务信息和非财务信息在企业内部、企业与外界之间进行有效传递，防范错报和漏报，最大限度地保障所公开的环境信息客观真实。

表 11-8 基于要素和整改的检验

GWL	（1）	（2）	（3）	（4）	（5）	（6）
	内部环境	风险评估	控制活动	信息与沟通	内部监督	缺陷整改
ICR	−0.4102***	−0.3842	−0.0727	−0.8604**	−0.0729	
	（−2.7463）	（−1.3333）	（−0.4510）	（−2.0956）	（−0.4582）	
L.ICMINUS						3.0193**
						（2.4527）

续表

GWL	(1) 内部环境	(2) 风险评估	(3) 控制活动	(4) 信息与沟通	(5) 内部监督	(6) 缺陷整改
ICREVI						-2.7163^{*}
						(-1.6583)
ECO	-1.3098	-1.4507	-1.4974	-1.4995	-1.5275	-1.0828
	(-1.1555)	(-1.2787)	(-1.3184)	(-1.3230)	(-1.3495)	(-0.8559)
lnSIZE	-5.5216^{***}	-5.4802^{***}	-5.5213^{***}	-5.5331^{***}	-5.4913^{***}	-5.6627^{***}
	(-12.4853)	(-12.4481)	(-12.4651)	(-12.4944)	(-12.4445)	(-11.6605)
ROA	-10.7112	-11.6191	-11.4250	-11.5241	-11.7812	-18.1216
	(-0.8743)	(-0.9536)	(-0.9308)	(-0.9426)	(-0.9694)	(-1.2643)
LEV	-0.0113	0.1242	0.0621	0.1612	0.1064	-1.7576
	(-0.0033)	(0.0361)	(0.0181)	(0.0467)	(0.0309)	(-0.4552)
GROWTH	3.5641^{**}	3.7171^{**}	3.7915^{**}	3.7971^{**}	3.8047^{**}	3.9051^{**}
	(2.1341)	(2.2055)	(2.2443)	(2.2555)	(2.2555)	(2.3542)
LOSS	3.9769^{**}	3.9530^{**}	4.0257^{**}	4.0638^{**}	3.9916^{**}	3.3690^{*}
	(2.1987)	(2.1730)	(2.2039)	(2.2371)	(2.1961)	(1.7290)
PART	3.6236^{***}	3.7928^{***}	3.7618^{***}	3.9140^{***}	3.7399^{***}	3.6739^{**}
	(2.6669)	(2.7769)	(2.7585)	(2.8570)	(2.7401)	(2.3564)
IDR	1.1741	-1.3057	-0.8044	-0.8451	-0.9493	-13.1408
	(0.1402)	(-0.1569)	(-0.0966)	(-0.1017)	(-0.1142)	(-1.4642)
RATE	0.4930	0.5148	0.5462	0.6362	0.5594	1.7613
	(0.3551)	(0.3696)	(0.3909)	(0.4581)	(0.4011)	(1.0908)
_CONS	187.5386^{***}	184.6150^{***}	185.4706^{***}	187.0849^{***}	185.0354^{***}	194.5979^{***}
	(13.5152)	(13.3432)	(13.3566)	(13.4255)	(13.3643)	(12.3811)
行业	控制	控制	控制	控制	控制	控制
年度	控制	控制	控制	控制	控制	控制
N	1603	1603	1603	1603	1603	1291
$Adj. R^{2}$	0.2037	0.2007	0.2000	0.2021	0.2000	0.2239

注:括号内为 t 值,*、**、***分别表示在 10%、5%和 1%的水平上显著。

11.5.3　基于内部控制缺陷整改的检验

我们还检验了内部控制重大缺陷整改对企业漂绿程度的影响。借鉴 Ashbaugh-Skaife(2008)的研究,如果企业上一年度存在内部控制重大缺陷的情况,$L.ICMINUS$ 取值为 1,否则为 0。如果企业随后在内部控制评价报告中声明不存在未整改的内部控制重大缺陷,则 $ICREVI$ 取值为 1,否则为 0。表 11-8 中列(6)的结果表明,$L.ICMINUS$ 的系数在 5% 的水平上显著为负,表明相对于不存在内部控制实质性缺陷的公司,存在内部控制重大缺陷且没有修正的公司,环境信息披露的漂绿程度更高。$ICREVI$ 的系数在 10% 的水平上显著为正,表明在控制了影响环境信息披露的公司特征后,相对于未整改内部控制重大缺陷的公司,改善内部控制实质性缺陷的公司,环境信息披露的漂绿程度更低。

11.7　研究结论与启示

本章以我国资本市场重污染行业上市公司为对象的研究表明,在其他条件一定的情况下,企业内部控制质量越高,环境信息披露的真实性程度越高,证实了内部控制水平对企业漂绿存在负向影响的研究假说。在考虑内生性因素的影响和经历一系列稳健性检验后,上述研究结论不变。进一步的研究发现,内部控制对企业漂绿程度的遏制作用主要体现在国有企业之中;内部控制五要素中内部环境和信息与沟通要素对企业环境责任的务实履行具有显著正向影响;内部控制重大缺陷的整改有助于提高企业环境信息披露的真实性水平。

我国内部控制规范体系所指内部控制既涉及财务报告方面,又涉及非财务报告方面,这与 SOX 法案仅关注财务报告内部控制明显不同。我国的企业内部控制建设更符合 COSO 现有理论框架的初衷及利益相关者的现实需求,但因实施难度和运行成本等问题,也引发了对该规范体系执行效果的质疑。

本章的研究证实了建立健全内部控制规范体系,不仅可以保障财务报告的可靠性,同时还有助于提升环境和社会责任等非财务信息披露的真实性和透明度,推动企业环境保护责任的务实履行。本章的政策性启示在于,内部控制是企业自律性的制度体系,在企业环境责任履行和信息披露中发挥重要导向作用和监控功能,对于利益相关者的环境权益保护具有重要意义。

第 12 章　第三方鉴证与企业漂绿治理

12.1　本章概述

进入 21 世纪以来,在企业环境和 ESG 报告数量增长的同时,也催生了 ESG 报告的第三方鉴证业务。据《毕马威 2017 年企业 ESG 报告调查》,自 2005 年开始,全球范围内进行 ESG 报告鉴证的企业数量稳步增长,其中 G250(全球收入最高的 250 家企业)在 2005—2017 年期间 ESG 报告鉴证比例增长了一倍以上,达到 67% 的水平。中国企业在环境和 ESG 报告信息披露方面增长很快,但开展环境和 ESG 报告第三方鉴证的公司比例仅在 1%～4%(沈洪涛等, 2011;翟华云等,2014;张正勇和邓博夫,2017;朱文莉和许家惠,2019)。本章以 2010—2016 年重污染行业 A 股上市公司为研究对象,经统计,在独立发布环境报告(或环保专篇)的样本中,有 33 家经过第三方鉴证,约占样本总数的 2.04%[①],说明我国企业主动寻求环境报告外部鉴证的意识是比较淡薄的。

鉴证是指"用一套特定的原则和标准判断鉴证对象的基本制度、过程和质量的一种评价方法"(Siboni,2008)。我国目前对环境和 ESG 报告鉴证没有明确的监管规定,企业可以根据自身情况自愿选择,在鉴证主体、鉴证标准、鉴证方法和鉴证意见等方面也没有统一要求(沈洪涛等,2016)。

ESG 报告鉴证的主体是报告编制者以外的独立第三方,参与鉴证的主体包括会计师事务所、咨询认证机构和行业协会三类,本章中重污染行业环境报告(或环保专篇)所涉及的鉴证主体如表 12-1 所示。各鉴证主体在鉴证时所遵循的执业标准包括:《国际鉴证业务准则第 3000 号——历史财务信息审计或审阅以外的鉴证业务》(IAE3000),《中国注册会计师协会其他鉴证业务准则第 3101

[①]　独立发布环境报告(或环保专篇)的样本共计 1619 家。

号》,社会和伦理责任协会(International Standard on Assurance and Ethical Accountability,ISEA)的《AAA1000 审验标准》(AAA1000AS),全球报告倡议组织(GRI)《可持续发展报告指南》的 G3/G4 标准,《中国企业社会责任报告评级标准》(中国社会科学院企业社会责任研究中心编制)及《中国纺织服装企业社会责任报告纲要》(中国纺织工业协会编写)等。鉴证报告的标题也呈多样化特征,包括但不限于"独立鉴证报告""验证声明""审验声明""鉴证意见""第三方证言"等,截至 2016 年底,我国尚未出现负面意见的第三方鉴证报告。

表 12-1　重污染行业环境信息披露第三方鉴证主体一览

序号	鉴证机构
1	普华永道中天会计师事务所
2	毕马威华振会计师事务所
3	德勤华永会计师事务所
4	瑞华会计师事务所
5	立信会计师事务所
6	必维国际检验集团
7	通用公证行有限公司(SGS)
8	国家认证认可监督管理委员会认证认可技术研究所(CCAI)
9	中国质量认证中心(CQC)
10	华夏认证中心有限公司
11	山东省环境保护研究设计院
12	中国纺织工业联合会
13	中国酿酒工业协会啤酒分会

12.2　研究假设

环境报告作为资本市场中一种重要的非财务信息披露形式,开展第三方鉴证是否有助于企业释放环境责任履行的真实信息,改善公司信息环境?信号传递(signal transmission)理论和管理层俘获(manager capture)理论给出了不同的观点。

一方面,信号传递理论认为,高质量的上市公司倾向于主动将自身优势向外界传递,包括较好的财务业绩、内部控制水平及环境和社会责任表现等(李正和李增泉,2012)。与财务报表审计类似,在众多披露企业环境报告(或环保专篇)的上市公司中,为避免信息不对称引发的"劣币驱逐良币"现象,相对于"漂绿"企业,"真绿"企业更倾向于通过第三方鉴证所传递的积极信号为企业赢得声誉,将本企业与其他企业区分开来,从而以较低的成本向利益相关者传递与决策相关的增量信息。

在我国目前的制度背景下,对环境信息披露事项的鉴证活动是企业自愿开展的,这也在一定程度上表明企业对于自身的环境表现是自信的,并希望通过第三方审验来证实本企业的环境报告(或环保专篇)中所含信息的真实与公允,进而缩小报告提供者与使用者之间的"信任差距"。

已有文献研究表明,第三方专业机构所出具的鉴证意见是增强企业社会责任信息可靠性的重要举措,为投资者提供了决策有用的信息,提高了社会责任报告的可信度。Pflugrath 等(2011)利用实验研究方法考察了澳大利亚、美国和英国的金融分析师对企业社会责任报告信任度的差异,他们发现信任程度主要取决于鉴证机构的类型(专业会计师与咨询认证顾问),当企业社会责任报告得到第三方鉴证且鉴证人是专业会计师时,报告的可信度更高。Casey 和 Grenier(2015)研究发现,第三方鉴证增加了社会责任信息披露的价值相关性,进而降低了公司权益资本成本。李正和李增泉(2011)的研究也发现,企业社会责任报告鉴证可以增加价值相关性,鉴证意见具有正向的市场反应。权小锋等(2015)发现,经过第三方鉴证的上市公司,其社会责任报告的工具性得到抑制;同时制约了管理层的自利倾向,降低了股价崩盘风险。在随后的研究中,权小锋等(2018)进一步发现,相比于自愿进行社会责任报告第三方鉴证的公司,未进行第三方鉴证公司的社会责任信息披露水平与企业未来长期违规倾向的相关性更强。徐细雄和李摇琴(2016)分析指出,社会责任报告审计作为一种外部治理机制和监督手段,能够提升企业社会责任信息披露质量。

另一方面,"规制俘获"一词常用来形容被规制者控制了规制机构政策过程,从而做出对自身有利的政策规定这样一种经济现象。一些研究表明,在环境报告的鉴证过程中,很容易发生鉴证意见被管理者"俘获"的现象(Power,1997),即管理者和专家通过强大的利益集团形成一种制度,使鉴证者失去独立性,导致鉴证结论对外部使用者而言实际上并不具有信息价值(戴慧婷和沈洪涛,2012)。Ball等(2000)通过对1992—1998年的53份环境报告的第三方鉴证意见分析后发现,上述报告更类似于管理咨询报告,鉴证主体的独立性不足,鉴证过程由被鉴证者(即管理者)所控制,他们把这种现象称为"管理者俘获"。O'Dwyer和Owen(2005)对2002年41份鉴证报告的研究进一步证实了Ball等的观点,他们指出环境和社会责任报告的鉴证过程很大程度上受到管理者的控制,无论是会计师事务所还是咨询机构,两类鉴证主体都是为管理者而不是为其他利益相关者考虑"受托责任"。

环境报告鉴证结论的可信度源于鉴证提供者的专业水平及鉴证服务的标准和程序是否规范合规。目前,环境报告的第三方鉴证在我国尚属于新兴领域,在鉴证主体、鉴证标准以及鉴证程序等方面尚无统一规范,沈洪涛等(2011)以2008—2009年沪深两市上市公司为样本的研究也表明,在我国,社会责任报告鉴证尚无法提高企业社会责任表现和社会责任报告的可信度。因此,漂绿企业很可能通过"管理层俘获"控制第三方鉴证的过程,使其成为粉饰企业环境业绩和提升个人职业声誉的工具。

基于以上分析,本章提出两个竞争性研究假设:

H1a:第三方鉴证有助于抑制企业漂绿行为。

H1b:第三方鉴证无助于抑制企业漂绿行为。

12.3 研究设计和实证检验

近年来,国际上开展企业环境和ESG报告鉴证的实证研究多源自西方国家(Borial et al., 2019),国内使用大样本数据进行的实证研究并不多见。由于国内第三方鉴证的样本数量有限,是否鉴证的决策又可能与一些公司特质相关,很容易带来小样本偏误和样本选择偏误。为克服上述问题,本章采取倾向评分匹配(PSM)并结合Bootstrap自抽样方法进行统计推断。

12.3.1 研究设计

倾向评分匹配的分析步骤如下。

(1)选择协变量

以环境信息披露事项经过第三方鉴证的上市公司作为处理组,按照行业相同(IND)、年份($YEAR$)相同,公司规模(ln$SIZE$)、盈利能力(ROE)和产权性质(OWN)①最接近原则寻找合适的配对样本(控制组)。

(2)进行倾向评分匹配

使用 Logit 回归计算倾向得分,采取最近邻匹配方法进行 1∶3 配对,检验是否满足共同支撑假定和数据平衡假定。

共同支撑(common support)假定要求处理组和控制组的倾向得分取值范围必须包含相同的部分,否则处理组的个体将无法找到与之匹配的控制组个体。本章采用 ROC 曲线来测试共同支撑的拟合效果(见图 12-1),经计算,AUC 的值为 0.637,即 ROC 曲线以下的面积为 63.7%,在 50% 的最优水平附近(±15%)可接受的范围之内,共同支撑假定得到满足。

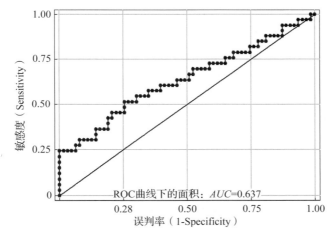

图 12-1　匹配之后的共同支撑效果

数据平衡(data balancing)假定要求,如果倾向得分估计比较准确,匹配后的处理组与控制组在均值上应该比较接近,不存在显著差异。由表 12-2 的 Panel A 可知,在倾向评分匹配之前,公司规模和盈利能力在处理组和控制组之间存在显著差异,而经过匹配之后,两组之间所有特征变量的差异均不再显著。根据 Panel B 的显著性检验可知,匹配之后重新进行 Logit 回归的 LR 检验其 p 值不再显著,即行业、年度、公司规模、盈利能力和产权性质等特征变量已无法

---

① 公司规模、盈利能力和产权性质分别使用总资产的自然对数,净资产收益率和是否是国有企业来表示。

对两组之间是否开展环境报告第三方鉴证的决策做出有效解释,处理组和控制组观测样本分布的均衡性得到满足。

表 12-2　匹配之后的数据平衡效果

Panel A:差异性分析

变量	匹配前	均值		%bias	%reduct|bias|	t Test	
	匹配后	处理组	对照组			t	p>|t|
lnSIZE	U	24.602	23.089	98.500		5.600	0.000
	M	24.602	24.245	23.300	76.400	1.000	0.321
ROE	U	0.125	0.084	36.900		1.820	0.069
	M	0.125	0.122	2.300	93.800	0.110	0.915
OWN	U	0.667	0.757	−19.900		−1.180	0.239
	M	0.667	0.697	−6.700	66.400	−0.260	0.795

Panel B:显著性检验

	$Ps R^2$	LR Chi2	$p>$Chi2
匹配前	0.216	59.79	0.000
匹配后	0.063	5.79	0.983

(3)计算处理效应

根据匹配后样本计算平均处理效应,结果如表 12-3 所示。

表 12-3　平均处理效应(最近邻匹配)

变量	样本	处理组	对照组	ATT	S.E.	t-stat
GWL	匹配前	31.537	56.613	−25.076	3.570	−7.02***
	匹配后	31.537	46.587	−15.051	4.040	−3.73***
GWLS	匹配前	28.182	58.174	−29.992	3.292	−9.11***
	匹配后	28.182	45.455	−17.273	4.286	−4.03***
GWLE	匹配前	39.316	58.584	−19.268	4.751	−4.06***
	匹配后	39.316	50.032	−10.716	5.321	−2.01**

12.3.2　结果分析

由表 12-3 可知,倾向评分匹配之前,经过第三方鉴证处理组的漂绿程度(GWL)均值为 31.537,未经过第三方鉴证控制组的漂绿程度(GWL)均值为 56.613,两组之间的差异为 25.076,在 1% 的水平上显著。说明第三方鉴证有助于抑制企业漂绿行为,研究假设 H1a 得到验证。经过倾向评分匹配之后,控制组的漂绿程度为 46.587,两组之间的差异缩小为 15.051,仍在 1% 的水平上显著,说明在考虑到可能的样本选择偏误后,研究假设 H1a 仍得到支持。

同时,选择性披露($GWLS$)、表述性操纵($GWLE$)在处理组和控制组之间的差异至少在 5% 的水平上显著。说明第三方鉴证的治理效应一方面体现在减少环境信息披露中的随意性,促进企业按照有关规定和指南的要求全面反映环境保护责任履行情况;另一方面体现在促进企业环境信息披露更加务实,较多地披露实质性行动而非象征性举措,增强了企业环境信息披露的可靠性。

表 12-4 是稳健性检验的结果。Panel A 中分别使用半径匹配和核匹配重新计算处理效应,结果表明 GWL,$GWLS$,$GWLE$ 在处理组和控制组之间存在显著差异。Panel B 中使用 Bootstrap 自抽样方法,对样本进行 500 次有放回随

表 12-4　稳健性检验

Panel A：改变匹配方法

变量	半径匹配		核匹配	
	ATT	t 值	ATT	t 值
GWL	−16.168	−4.98***	−18.181	−6.88***
$GWLS$	−17.836	−5.71***	−22.531	−8.58***
$GWLE$	−13.362	−2.72**	−12.865	−3.11***

Panel B：Bootstrap 计算标准误差

变量	最近邻匹配		半径匹配		核匹配	
	ATT	z 值	ATT	z 值	ATT	z 值
GWL	−15.051	−3.04***	−16.168	−3.94***	−18.181	−5.70***
$GWLS$	−17.272	−3.41***	−17.836	−4.38***	−22.530	−6.15***
$GWLE$	−10.716	−1.68*	13.362	−2.25**	−12.865	−2.89***

注:括号内为 t 值,* 、** 、*** 分别表示在 10%、5% 和 1% 的水平上显著。

机抽样,扩大样本量后重新检验,结果表明两组之间的差异仍然在统计上显著,本章的研究结论具有稳健性。

12.4 研究结论与启示

本章采用倾向评分匹配(PSM)方法考察处理效应,研究结果表明,对环境信息披露开展第三方鉴证有助于抑制企业漂绿行为,减少选择性披露和表述性操纵的印象管理空间,在经历多种匹配方法和采取 Bootstrap 计算标准误等稳健性检验后上述结论仍然存在。本章的政策启示在于:第三方鉴证能够促进企业的环境信息披露遵循实质性、可靠性和真实性等环境报告编制指南的要求,提升环境报告(或环保专篇)的信息价值,减少企业在环境信息披露中的漂绿行为。

在欧盟和日本,政府通过设立"环境报告重大奖",鼓励企业积极披露环境信息,从正面促使企业实施与社会和公众有益的环境活动。同时,国外大部分世界 500 强公司的企业环境报告书通过了第三方审验,虽然第三方审验并未制度化,但是其发展迅速且审验机构多样化(包括会计师事务所、咨询公司以及环境研究所等)。在我国,相关部门对企业环境报告鉴证方面的规定比较模糊,应尽快出台相关政策文件,加强对环境报告第三方鉴证机构的规范,明确鉴证资质、鉴证标准、鉴证收费及鉴证报告的格式和内容等方面的要求,提高社会对鉴证过程和鉴证意见的认可度(黄溶冰和储芳,2021)。

第 13 章　中央环保督察
与企业漂绿治理

13.1　本章概述

"美丽中国"是中华民族永续发展的奋斗目标,在推进生态文明建设过程中,需要充分落实政府监管责任,切实规范企业行为,并找准环境污染问题的根源所在。企业既是市场经济活动的主体,同时也是首要的"污染源",这就决定了企业污染治理在我国环境治理工作中的重要地位。环境信息披露作为一种信息化工具,是利益相关者了解企业环境表现和环境责任响应情况的重要渠道,但很多企业采取印象管理策略漂绿已经成为生态文明建设中的一道不和谐音符(黄溶冰和赵谦,2018)。因此,如何提高企业环境信息披露质量并从漂绿现象背后探索环境监管的有效途径,关系到我国未来环境治理和政策部署的主要方向。

而回答这一问题离不开对我国特殊制度背景下的官员考核机制的探讨。在中国式分权的制度背景下,政治上的集权和经济上的分权塑造了环境领域的"属地管理"模式。地方政府作为中央政府与企业之间的"桥梁",其如何执行上级制定的环境政策,对污染治理发挥着重要的作用。然而,受传统"增长锦标赛"晋升考核机制的影响(周黎安,2007),地方官员为了实现职位升迁等政绩诉求,一味地追求任期内的经济增长绩效,并长期性忽视环境治理,从而使中央制定的环保政策无法得到有效落实。"政企合谋"现象广泛存在,企业环境违法成本低,更缺乏高质量环境信息披露的动机。

为更好地贯彻落实党中央在环境保护领域的决策部署,必须通过环境监管体系创新来践行绿色发展道路。2015 年 7 月,中央全面深化改革领导小组第十四次会议审议通过了《环境保护督察方案(试行)》,中央环保督察制度应运而生,从 2016 年初到 2017 年底的两年时间内,中央环保督察完成了从试点到全国覆盖的环境治理实践。其将监管对象直接指向了地方党委政府,并要求落实地方党委政府的环境保护主体责任,推动被督察地区的生态文明建设。那么,贯彻"党政同责、一岗双责"的中央环保督察制度,通过督企和督政的结合,能否促使企业真实履行环境责任,进而在环境信息披露中减少漂绿行为?对该问题的探究,有助于客观衡量中央环保督察制度的微观治理效果。

基于此,本章从企业漂绿的视角检验中央环保督察制度的治理效果和作用机制,并进一步分析地方官员经济绩效考核压力对该项政策效应的影响。本章的边际贡献体现在:

第一,中央环保督察作为基于我国特殊制度背景,推进生态文明建设的一项制度创新,国外没有成熟的经验可供借鉴,本章借助该项制度逐步推广的"准自然实验"情景,采用双重差分法,从环境信息披露的视角形成中央环保督察制度绿色治理效应的因果推断,丰富了中央环保督察制度的相关理论。

第二,本章考察国家宏观环境政策对企业漂绿行为的影响,拓宽了已有文献对漂绿现象研究的范围和边界。结合地方官员绩效考核压力,分析晋升锦标赛机制对中央环保督察与企业漂绿间关系的影响,有助于为我国政绩考核和环境治理方面的深化改革提供借鉴参考。

本章接下来的安排如下,13.2 节是文献综述和研究假设,13.3 节是研究设计,13.4 节是实证检验,13.5 节是进一步分析,13.6 节是研究结论与启示。

13.2 文献综述和研究假设

13.2.1 文献综述

(1)中央环保督察的宏观效应

这方面的文献包括中央环保督察与地方政府环境治理及与地区空气质量之间关系的研究。

中央环保督察的实施对地方政府的环境责任响应方式产生了差异性影响。如娄成武和韩坤(2021)的研究发现:中央环保督察通过纵向干预、横向吸纳及间接渗透等方式,对传统环境治理模式进行了重构,推动从"政府管理"向"多元共治"的变革并形成积极的溢出效应。郁建兴和刘殷东(2020)基于浙江省的典型案例指出:"一竿子插到底"的逐层下沉督察方式,降低了央地间的信息不对称,促进地方政府加大了环境政策执行力度;而整改和问责则纠正了地方治理目标偏差,巩固了督察效果。也有一些学者结合多案例分析指出,当地方政府面临经济发展及资源约束等困境时,多任务下的环境治理往往会被搁置(张国兴等,2021)。主要表现为通过遮掩环境违规行为或降低标准等方式,敷衍应对环保督察(蔺雪春等,2020),以及采取关停企业等"一刀切"或"救火式"的消极应对策略(苑春荟和燕阳,2020;Xiang & van Gevelt,2020)。

针对中央环保督察能否改善空气质量这一议题,已有研究持相似的观点,即认为环保督察通过组织调整、激励惩罚驱动及公众参与等途径实现了常规环境治理的转型,在改善空气质量方面取得了较好的效果(王岭等,2019;邓辉等,2021;刘张立和吴建南,2019;Lin et al.,2021)。在肯定环保督察获得积极效果的同时,部分文献也指出其可能会推高环境治理的成本(刘亦文等,2021),导致地方政府采取临时性措施,策略性地应对空气污染治理(周晓博和马天明,2020)。

(2)中央环保督察的微观效应

这一类文献主要探讨中央环保督察对企业绿色治理、财务绩效及信息披露等方面的影响。

在绿色治理方面,已有研究认为中央环保督察有助于提高污染企业环保投资水平(杜建军等,2020;谭志东等,2021),促进企业创新升级和绿色转型(李依等,2021;赵海峰等,2022),缓解政企合谋和改善企业环境绩效(王鸿儒等,2021)。在财务绩效方面,中央环保督察对污染企业的财务绩效产生正向影响(谌仁俊等,2019)。在信息披露方面,黄北辰等(2021)使用"崩盘统计量"衡量股价大规模负向波动,并将其作为负面信息的代理变量,他们的研究发现,环保督察期间,被督察地区企业面对外部压力,通过减少重大消息披露,以达到降低公众关注的目的。李哲等(2022)利用实证研究发现,企业采取"多言寡行"策略对环境责任表现进行印象管理,有助于获得政府补贴,但中央环保督察能够显著抑制"多言寡行"的资源获取效应。

(3)文献简评

从已有文献可知,中央环保督察制度对我国生态文明建设起到了积极和正向的促进作用;同时部分研究也指出,在政策执行中地方政府可能存在敷衍和短期行为。面对中央环保督察的压力,污染企业增加了环保投资,减少了负面消息,并积极寻求绿色转型。实际上,在环保督察期间企业还可能通过环境信息披露对外展示自身的环境表现,并根据对管制压力的认知采取针对性的披露策略。目前鲜有文献对该问题进行系统研究。此外,在分析中央环保督察这一宏观环境政策对微观企业的影响时,宏观—微观的压力传递机制是如何发挥作用的,也值得深入探讨。

基于此,本章对中央环保督察制度与企业环境信息披露漂绿现象之间的关系进行考察,并将地方政府行为嵌入两者关系的研究框架,以期在借鉴已有文献的基础上弥补当前研究的不足。

13.2.2 假设提出

(1)中央环保督察与企业漂绿

与以往的"环保风暴"不同,环保督察按照全链条模式开展工作,以中央名义赋予督察组最高权威,在"督企"和"督政"基础上,进一步强化被督察地区环境保护"党政同责"和"一岗双责",具有坚持问题导向、突出边督边改及压实党政责任等鲜明特征(罗三保等,2019),有助于克服激励结构不合理、社会面压力不足等问题,从而能够在改善环境绩效方面产生积极的政策效应(Jia & Chen,2019)。

根据中央规定,环保督察的结果会作为被督察地区领导干部综合考核评价、奖惩任免的重要依据;同时也会对损害生态环境的行为予以责任追究,这一激励约束制度可能会对地方官员环境治理偏好产生影响。胡光旗等(2022)总结指出,中央环保督察内嵌于国家治理体系,具有"三阶段、七环节、多方式"的基本特征。具体如图13-1所示"央字头"带队并跨部门组建的环保督察组首先会在省(自治区、直辖市)级层面开展准备工作,通过访谈相关领导并调阅资料,全面了解辖区内的整体环境情况。其次,督察组会进一步下沉至地市层面,通过受理环境信访和举报、走访问询及现场突击检查等方式,对前期工作中发现的问题进行调查、取证和分析,并形成督察报告。最后,督察组会将结果反馈给相关部门,督促地方政府整改落实。

中央环保督察在运行机制上强调国家权威和公众参与。一方面,环保督察以中央权威介入省级乃至地市级党委和政府的环境治理工作,通过不断下沉督察的方式层层分解环境治理目标。在环保督察期间,被督察地区会面临"突袭检查"所带来的自上而下的震慑,这样的环保压力会促使地方官员提高环境执法力度,并采取更为严格的监管措施来提高企业对环境保护工作的重视。在督察期间,重污染企业作为污染大户,更易受到地方政府的重点监管,会面临环境

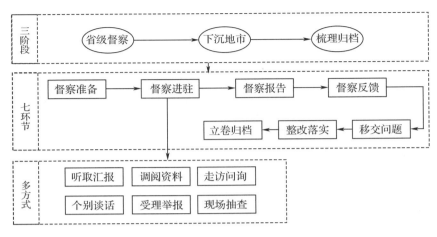

图 13-1　中央环保督察的运行机制

法规带来的合法性压力。为证实自身经营符合政策法规的要求,重污染企业会积极、合规地通过环境信息披露进行"告白",让监管部门了解其环境表现,以维护自身经营的合法性(Neu et al.,1998)。

另一方面,中央环保督察能够发挥动员公众参与的效应,通过接受信访和公众举报,减少了信息不对称(张凌云等,2018;郑思尧和孟天广,2021)。若重污染企业对自身环境问题"保持缄默"或采取"言行不一致"的方式漂绿,相关违法、违纪信息很容易反馈到督察组层面,进而导致监管部门的介入,这会大大增加企业漂绿被曝光的概率、增加漂绿实施的成本。因此,在环保督察期间,重污染企业会如实地披露环境信息以回应社会公众对于环境伦理的诉求。

综上,中央环保督察形成多元共治的局面,有利于重污染企业以更加积极务实的态度披露环境信息,抑制企业的漂绿行为。据此我们提出以下假设:

H1:中央环保督察有助于降低重污染企业环境信息披露的漂绿水平。

(2)受经济绩效考核压力的影响

我国所面临的环境问题,从表面来看是政府监管不力导致了环境治理低效,但环境污染背后的深层次原因源于我国在特殊的制度背景下所实施的政绩考核机制(刘瑞明和金田林,2015)。具体来说,中央政府通常掌握着行政管理和人事任免等方面的控制权和决定权。在上级将各种任务指标分派到下级政府的过程中,能够通过奖励和惩罚的制度化管理来保证目标的完成。在自上而下的考核机制中,为了获得政治上的晋升或实现其他利益目标,政府官员会基于上级评价而展开"标尺竞争"(周黎安,2007)。而随着改革开放后中央工作重心向经济建设转移,地方官员的晋升考核标准也转向以经济绩效为主,这导致官员的政治前途与地区的经济增长水平相关联,从而对渴望政治晋升的官员形成了强有力的激励,为发展地区经济注入了强大动力。

传统政绩观"唯 GDP 论英雄"的官员晋升考核机制在很大程度上导致了地方官员热衷于经济绩效相对排名的惯性思维。因环境问题的复杂性,环境绩效在短期内难以实现,当面临经济绩效考核压力所带来的挑战时,为了追求有限任期内的显性政绩,地方政府行为可能无法摆脱对"为增长而竞争"的路径依赖,把经济发展视作主要任务。特别是在环保督察介入期间,如果采取严厉的监管措施,不仅会提高企业的运营成本,甚至还会在限产关停等环境整顿中降低企业经济效益,不利于地方的经济发展和财政稳定。面对经济增长和环境质量的"两难",环境政策执行在地方层面可能会出现"断裂"的现象,地方官员很可能按照环境问题只求"及格"不求"优异"的思维定式,视环境治理为一项次要任务。

中央环保督察作为环境垂直监管体制的一项重大制度创新,其首次实施虽被寄予厚望,但各地普遍处于观望状态。地方政府行为可能存在锁定效应,即在有限理性下仍然按照过去的方式进行决策,而这些决策很可能受传统政绩观的组织惯性思维的影响。因此,在环保督察期间,当地方官员面临较大的经济绩效考核压力时,他们可能会放松对辖区内污染企业的环境规制要求,中央环保督察对企业漂绿的抑制作用也会被削弱。由此,我们提出以下假设:

H2:经济绩效考核压力会弱化中央环保督察对污染企业漂绿的抑制作用。

13.3　研究设计

13.3.1　样本选择和数据来源

中央环保督察于 2016 年开始实施,2017 年底实现了首轮全覆盖。因此,本章将样本区间设定为 2010—2017 年,这样既可以有足够时间开展平行趋势检验,又可以排除环保督察"回头看"的影响。在政策实施期间,污染企业的排污情况将会受到重点督察。本章以沪深 A 股重污染上市公司作为研究对象,以期更好地评估政策效应。重污染行业的划分参考原国家环保总局 2010 年颁布的

《上市公司环境信息披露指南（试行）》。

本章所使用的环境信息公开资料来自企业披露的环境报告、ESG 报告及可持续发展报告（简称环境报告），均为手工搜集整理；公司财务和其他公司特征数据来自国泰安 CSMAR 数据库；城市层面数据来自《中国城市统计年鉴》《中国环境年鉴》。

对于初始样本，首先，剔除上市公司所在地为直辖市的重污染企业样本，以减少直辖市与地级城市之间因行政隶属关系等方面的差异所带来的影响；其次，剔除了研究期间转型为非污染行业、退市、当年新上市及相关数据缺失的样本，共得到 1279 个有效观测值。为了排除极端异常值的干扰，本章对连续型控制变量进行了上下 1% 分位的缩尾处理。

13.3.2　模型设定和变量定义

借鉴已有的研究成果（王岭等，2019；邓辉等，2021；杜建军等，2020），将中央环保督察视为一项外生政策冲击和准自然实验，采用双重差分方法评估政策的净效应。本章分别构建了模型(13-1)、模型(13-2)用于检验研究假设 H1 和 H2：

$$GWL_{it} = \beta_0 + \beta_1 Dc_{pt} + \sum_{m=2}^{p}\beta_m X_{it} + \sum_{n=p+1}^{q}\beta_n Y_{ct} + \mu_i + \gamma_t + \varepsilon_{it} \tag{13-1}$$

$$GWL_{it} = \beta_0 + \beta_1 Dc_{pt} + \beta_2 Fpr_{ct} + \beta_3 Dc_{pt} \times Fpr_{ct} + \sum_{m=4}^{p}\beta_m X_{it}$$
$$+ \sum_{n=p+1}^{q}\beta_n Y_{ct} + \mu_i + \gamma_t + \varepsilon_{it} \tag{13-2}$$

其中，下标 i、t、p 和 c 分别代表公司、年度、省份及城市；GWL 为被解释变量，用于衡量企业漂绿程度；Dc 为解释变量，表示中央环保督察这一政策冲击；Fpr 为调节变量，表示经济绩效考核压力；X 和 Y 为控制变量，分别表示影响漂绿的企业层面和城市层面的其他因素；μ 表示公司固定效应，γ 表示年度固定效应，ε 为随机扰动项。

被解释变量：根据第 4 章构建的漂绿衡量指标体系，按照图 13-2 的逻辑及相应公式计算 GWL。

解释变量：中央环保督察（Dc）。根据中央统一安排，2016 年，13 个省份接受督察；2017 年，14 个省份接受督察。Dc 表示公司注册地是否发生过中央环保督察组的首轮进驻，即公司 i 所在省份 p 在 t 期有督察组进驻，在进驻期间及之后，Dc 取值为 1，否则为 0。根据研究假设 H1，在模型(1)中，如果 Dc 的系数

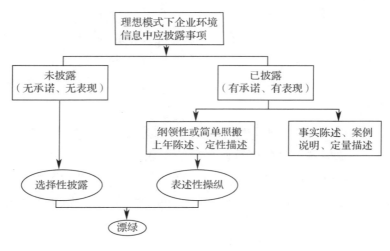

图 13-2 企业漂绿的衡量

显著为负,则说明中央环保督察对被督察地区重污染企业的漂绿水平具有抑制作用。

调节变量:根据研究假设 H2,在模型(2)中构建了经济绩效考核压力(Fpr)与解释变量(Dc)的交互项。借鉴钱先航等(2011)的做法,本章从城市生产总值增长率和财政盈余两个维度衡量地方官员的经济绩效考核压力(Fpr)。当生产总值增长率和财政盈余小于当年可比地区的加权平均值时赋值为 1,否则为 0。该变量的取值范围为[0,2],取值越大,表明地方官员面临的经济绩效考核压力越大。为了避免内生性可能带来的影响,本章对该指数进行滞后一期处理。在模型(2)中,如果 $Dc \times Fpr$ 的系数显著为正,则说明经济绩效考核压力会弱化中央环保督察对被督察地区重污染企业漂绿的抑制作用。

控制变量:进一步控制其他因素的影响。包括:企业规模($lnasset$)、盈利能力(Roa)、财务杠杆(Lev)、成长性($Growth$)等公司财务变量;产权性质(Own)、股权集中度($Shr1$)、管理层持股($Hold$)、董事长和总经理两职兼任($Ndual$)、上市年龄($Listage$)等公司治理变量;经济发展水平($lngdp$)、工业废水排放量($lnwater$)、工业二氧化硫排放量($lnso2$)等城市特征变量。

此外,在后文的进一步分析中,我们还选取环境行政处罚案件数(Reg)和政府补助(Sub)作为中间变量开展作用机制检验;选取法治化水平(Law)、行业竞争度(Hhi)、媒体关注(Mdi)和政治关联(Pc)作为分组变量进行异质性检验。

主要变量定义表如表 13-1 所示。

表 13-1　主要变量定义

类型	名称	符号	说明
被解释变量	漂绿程度	GWL	见上文
解释变量	中央环保督察	Dc	见上文
调节变量	经济绩效考核压力	Fpr	见上文
控制变量	企业规模	$lnasset$	Ln(期末总资产)/万元
	盈利能力	Roa	净利润/总资产平均余额
	财务杠杆	Lev	负债总额/资产总额
	成长性	$Growth$	(当年主营业务收入－上年主营业务收入)/上年主营业务收入
	产权性质	Own	国有企业取值为 1,民营企业取值为 0
	股权集中度	$Shr1$	第一大股东持股比例
	管理层持股	$Hold$	ln(管理层持股数量)
	两职兼任	$Ndual$	当董事长和总经理两职兼任时,取值为 1,否则为 0
	上市年龄	$Listage$	ln(公司上市年龄)
	经济发展水平	$lngdp$	ln(各市辖区生产总值)/万元
	工业废水排放量	$lnwater$	ln(各市辖区工业废水排放量)/万吨
	工业二氧化硫排放量	$lnso2$	ln(各市辖区工业二氧化硫排放量)/吨
中间变量和分组变量	环境行政处罚案件数	Reg	根据各年度《中国环境年鉴》省级层面的数据,以省内各地级市生产总值为权重分解
	政府补助	Sub	根据财务报表附注资料,采取期初资产总额平减
	法治化水平	Law	按照 2015 年《中国市场化指数报告》(樊纲、王小鲁)中各地区"市场中介组织发育和法治环境指数"的中位数分组,Law 大于中位数时取值为 1,否则为 0
	行业竞争度	Hhi	按照 2015 年各行业的赫芬达尔指数的中位数分组,Hhi 大于中位数时取值为 1,否则为 0
	媒体关注	Mdi	当企业年度有负面环境新闻报道时 Mdi 取值为 1,否则为 0
	政治关联	Pc	董事长或总经理有各级人大代表、政协委员以及在各级地方政府、法院、检察院任职经历时,Pc 取值为 1,否则为 0

13.4 实证检验

13.4.1 描述性统计

表 13-2 为主要变量的描述性统计结果。结果显示,GWL 的最大值为 97.47,均值为 54.00,标准差为 20.60,说明企业漂绿行为较为普遍,且不同企业之间存在较大差异。Fpr 的均值为 1.106,说明地方官员面临不同程度的经济绩效考核压力。此外,公司和城市层面的数据分布较为分散,说明各变量之间存在一定的差异。

表 13-2　主要变量描述性统计结果

变量	观测值	平均值	标准差	最小值	中位数	最大值
GWL	1279	54.00	20.60	0	54.42	97.47
Dc	1279	0.164	0.371	0	0	1
Fpr	1279	1.106	0.696	0	1	2
$lnasset$	1279	13.74	1.294	9.988	13.60	17.13
Roa	1279	0.0420	0.0630	-0.180	0.0310	0.250
Lev	1279	0.491	0.208	0.0420	0.498	1.007
$Growth$	1279	0.140	0.338	-0.520	0.0960	2.771
Own	1279	0.670	0.470	0	1	1
$Shr1$	1279	37.72	15.70	3.390	36.69	83.74
$Hold$	1279	3.170	3.510	0	1.615	11.53
$Ndual$	1279	0.841	0.366	0	1	1
$Listage$	1279	2.447	0.546	0	2.565	3.258
$lngdp$	1279	16.42	1.210	13.19	16.41	19.23
$lnwater$	1279	8.901	0.913	5.293	8.884	11.37
$lnso2$	1279	10.68	1.033	6.221	10.90	13.12
Reg	1279	5.224	1.449	0	5.32	9.06
Sub	1279	0.005	0.009	0	0.003	0.088

13.4.2　多元回归分析

本章使用个体(公司)和时点(年份)双固定效应模型,标准误聚类到省份层面。表 13-3 中列(1)—列(2)是模型(13-1)的估计结果,无论是否加入控制变量,Dc 的系数均在 5% 的水平上显著为负,说明中央环保督察能够降低被督察地区重污染企业的漂绿程度,显著改善企业的环境信息披露水平,研究假设 H1 得以验证。表 13-3 中列(3)—列(5)是模型(13-2)的估计结果,列(3)中,$Dc \times Fpr$ 的系数为正,在 5% 的水平上显著,即地方政府的经济绩效考核压力会显著弱化环保督察对企业漂绿的抑制作用。进一步按 Fpr 是否大于 1 将全样本分为经济绩效考核压力较大组和较小组进行分样本检验,结果分别如列(4)和列(5)所示,Dc 的系数仅在经济绩效考核压力较小的子样本中显著,且系数的绝对值高于经济绩效考核压力较大地区的估计结果,进一步支持了本章的研究假设 H2。其他控制变量的估计结果与已有文献基本一致。

表 13-3　基准回归结果

变量	(1) GWL	(2) GWL	(3) GWL	(4) GWL 高经济绩效压力	(5) GWL 低经济绩效压力
Dc	−4.1786**	−4.6678**	−8.1583***	−0.3626	−6.3733**
	(−2.1527)	(−2.1942)	(−4.2490)	(−0.0975)	(−2.5784)
Fpr			0.3025		
			(0.4975)		
$Dc \times Fpr$			3.0212**		
			(2.3655)		
ln$asset$		−3.5575*	−3.2870*	2.8106	−7.2147*
		(−1.8805)	(−1.7450)	(1.1324)	(−2.0175)
Roa		−35.2727***	−35.3599***	−19.8919	−36.8729
		(−2.8579)	(−2.8434)	(−1.4408)	(−1.6152)
Lev		−3.1565	−3.1921	−0.5579	0.1512
		(−0.4862)	(−0.4972)	(−0.0384)	(0.0158)

续表

变量	(1) GWL	(2) GWL	(3) GWL	(4) GWL 高经济 绩效压力	(5) GWL 低经济 绩效压力
Growth		1.2100	1.2009	−2.2910	0.6296
		(0.8120)	(0.7962)	(−0.7329)	(0.3985)
Own		10.2811***	9.8255***	13.9946***	7.6734
		(4.7604)	(4.3665)	(3.6734)	(1.5612)
Shr1		0.0608	0.0632	0.2238	−0.0276
		(0.5390)	(0.5735)	(0.9930)	(−0.1753)
Hold		0.2668	0.2720	0.9212	−0.1719
		(0.5987)	(0.6127)	(1.0233)	(−0.2533)
Ndual		0.6352	0.5114	0.1984	0.4516
		(0.3015)	(0.2431)	(0.0458)	(0.1898)
Listage		−0.4393	−0.2421	−2.8232	2.3224
		(−0.1132)	(−0.0600)	(−0.2732)	(0.3508)
lngdp		2.3821	2.7808	−3.9230	3.4774
		(1.2018)	(1.3788)	(−0.9200)	(1.5531)
lnwater		0.3939	0.6532	3.4377*	−0.8004
		(0.1805)	(0.2966)	(1.8800)	(−0.2721)
lnso2		1.0448	1.1724	−1.5954	2.4927
		(0.6510)	(0.7081)	(−0.5219)	(1.3796)
_cons	54.6850***	43.2551	28.8510	50.6349	68.5671
	(164.9427)	(0.9544)	(0.6170)	(0.7034)	(1.0527)
Firm	Yes	Yes	Yes	Yes	Yes
Year	Yes	Yes	Yes	Yes	Yes
N	1279	1279	1279	349	878
Adj. R^2	0.6326	0.6369	0.6379	0.7099	0.6121

注:括号内为 t 值,*、**、*** 分别表示在 10%、5% 和 1% 水平上显著。下同。

13.4.3 稳健性检验

13.4.3.1 平行趋势检验

借鉴 Li 等(2016)的做法,采用事件研究法,生成年份虚拟变量,开展平行趋势检验。本章构建如下回归模型:

$$GWL_{it} = \beta_0 + \sum_{-7}^{1} \beta_k Dc_{pk} + \sum_{m=2}^{p} \beta_m X_{it} + \sum_{n=p+1}^{q} \beta_n Y_{ct} + \mu_i + \gamma_t + \varepsilon_{it} \quad (13\text{-}3)$$

本章选择的样本区间为 2010—2017 年,其中 2016—2017 年为政策试点期间。因此,模型(13-3)中,β_k 中 k 的取值范围为[$-7,1$],k 为负值时表示中央环保督察实施的前 k 年,k 取值为 0 时表示环保督察实施当年,k 为正数时表示督察进驻后 k 年。图 13-3 是平行趋势检验的结果,在政策实施之前,Dc 的系数均不显著,满足平行趋势假设;而在政策实施当年,中央环保督察对企业漂绿产生了显著的抑制作用。同时上述结果也表明,中央环保督察对企业环境信息披露质量的改善具有时效性,即在督察介入的当年($Dc0$)有效而在下一年($Dc1$)则不再显著。从图 13-3 的结果可知,$Dc1$ 的系数朝正向反弹,但并未达到显著性水平,这与已有文献对运动型治理模式存在暂时性纠偏现象的担忧是一致的(周晓博和马天明,2020;Xiang & van Gevelt,2020)。

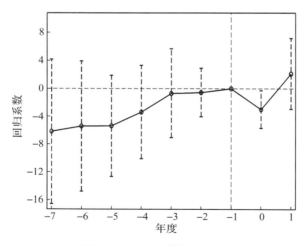

图 13-3 平行趋势检验结果

13.4.3.2　安慰剂检验

首先,将样本区间设定为 2010—2015 年,虚拟的政策冲击时间提前两年,构建伪处理变量(Dc_pre),按照模型(13-1)重新进行回归,结果如表 13-4 中列(1)所示,Dc_pre 的系数为负,但并不显著。其次,将政策冲击时间设定为 2016 年,仅以 2016 年未接受环保督察的企业(即 2017 年督察组进驻地区的企业)为样本进行分析,回归结果如表 13-4 中列(2)所示,$Dc2016$ 的系数同样不显著,说明虚拟的政策实施时间和样本对企业漂绿并未产生显著抑制作用。

13.4.3.3　倾向评分匹配(PSM)检验

为避免因样本选择偏误而导致的估计偏差,针对是否督察当年($Dc0$)的情况,采用倾向评分匹配(PSM)和双重差分(DID)相结合的方法进行稳健性检验,以省份层面控制变量(地区生产总值、工业污水排放和二氧化硫排放)作为协变量,采用 1∶1 匹配后的样本对模型(13-1)进行回归,结果如表 13-4 中列(3)所示,关键解释变量的系数在 1% 的水平上显著为负,与基准回归的结果一致。

表 13-4　安慰剂检验和 PSM＋DID 检验结果

变量	安慰剂检验		PSM 检验
	(1)	(2)	(3)
	GWL	*GWL*	*GWL*
Dc_pre	－0.6455		
	(－0.2690)		
Dc2016		6.6712	
		(1.1415)	
Dc0			－3.2023***
			(－3.6636)
Controls	Yes	Yes	Yes
Firm	Yes	Yes	Yes
Year	Yes	Yes	Yes
N	960	654	878
Adj. R²	0.6571	0.6484	0.2691

13.4.3.4　排除性检验

国家近年来出台的其他环境政策可能会对本章估计结果产生影响,我们主要考虑了绿色信贷政策、领导干部自然资源资产离任审计试点和去产能政策。

首先,本章以经资产总额平减后的借款总额($Loan$)作为绿色信贷政策的代理变量,对模型(1)和模型(2)重新进行回归,结果如表 13-5 中列(1)—列(2)所示。其次,参照前文的做法,构建自然资源资产离任审计试点虚拟变量($Audit$),即当某一城市处于审计试点当期及之后时,$Audit$ 赋值为 1,否则为 0,将 $Audit$ 加入模型(13-1)和模型(13-2),再次回归的结果如表 13-5 中列(3)—列(4)所示。最后,为了控制去产能政策可能带来的叠加影响,本章剔除了属于去产能行业(煤炭、钢铁、水泥、电解铝、船舶和玻璃)的 70 家上市公司样本,对模型(13-1)和模型(13-2)重新进行回归,结果如表 13-5 中列(5)—列(6)所示。上述测试结果表明,在控制绿色信贷政策、领导干部自然资源资产离任审计试点和去产能政策的影响后,中央环保督察对企业漂绿的抑制作用,以及经济绩效考核压力的负向调节效应仍然存在。

表 13-5　排除性检验结果

变量	控制绿色信贷政策		控制领导干部自然资源资产离任审计试点		控制去产能政策	
	(1)	(2)	(3)	(4)	(5)	(6)
	GWL	GWL	GWL	GWL	GWL	GWL
Dc	-4.6753^{**}	-8.1599^{***}	-4.6637^{**}	-8.4404^{***}	-4.8290^{**}	-8.2642^{***}
	(-2.1943)	(-4.2522)	(-2.2811)	(-4.9181)	(-2.2060)	(-4.0106)
Fpr		0.3077		0.3074		0.1327
		(0.5010)		(0.5065)		(0.2145)
$Dc \times Fpr$		3.0166^{**}		3.1706^{**}		2.9861^{**}
		(2.3512)		(2.4104)		(2.2582)
$Loan$	1.5060	1.5036				
	(0.9095)	(0.9143)				
$Audit$			-0.0299	0.7953		
			(-0.0127)	(0.3468)		

续表

变量	控制绿色信贷政策		控制领导干部自然资源资产 离任审计试点		控制去产能政策	
	(1)	(2)	(3)	(4)	(5)	(6)
	GWL	*GWL*	*GWL*	*GWL*	*GWL*	*GWL*
Controls	Yes	Yes	Yes	Yes	Yes	Yes
Firm	Yes	Yes	Yes	Yes	Yes	Yes
Year	Yes	Yes	Yes	Yes	Yes	Yes
N	1279	1279	1279	1279	1209	1209
Adj. R²	0.6367	0.6377	0.6365	0.6376	0.6293	0.6301

13.4.3.5 指标敏感性检验

为了更好地刻画中央环保督察在不同地区的政策执行力度,本章手工整理了各地区环保督察反馈情况,并对移交环境案件数、约谈党政官员数、问责党政官员数进行对数化处理,分别以 $Case$、$Interview$、$Account$ 表示,用于替换模型(13-1)和模型(13-2)中 Dc 虚拟变量。

表 13-6　指标敏感性检验结果

变量	移交环境案件数		约谈党政官员数		问责官员数	
	(1)	(2)	(3)	(4)	(5)	(6)
	GWL	*GWL*	*GWL*	*GWL*	*GWL*	*GWL*
Case	−0.6305**	−1.0599***				
	(−2.4157)	(−4.9847)				
Interview			−0.7010**	−1.1158***		
			(−2.1942)	(−3.9927)		
Account					−0.7382**	−1.3069***
					(−2.2148)	(−4.3051)
Fpr		0.2832		0.3310		0.2992
		(0.4593)		(0.5280)		(0.4903)
Case×Fpr		0.3819**				
		(2.4409)				

续表

变量	移交环境案件数		约谈官员数		问责官员数	
	（1）	（2）	（3）	（4）	（5）	（6）
	GWL	GWL	GWL	GWL	GWL	GWL
$Interview \times Fpr$				0.4275*		
				(1.9682)		
$Account \times Fpr$						0.4816**
						(2.5183)
$Controls$	Yes	Yes	Yes	Yes	Yes	Yes
$Firm$	Yes	Yes	Yes	Yes	Yes	Yes
$Year$	Yes	Yes	Yes	Yes	Yes	Yes
N	1279	1279	1279	1279	1279	1279
$Adj.R^2$	0.6371	0.6381	0.6367	0.6374	0.6369	0.6379

重新回归的结果见表 13-6，$Case$、$Interview$、$Account$ 及其与 Fpr 交互项的结果与前文一致，说明采用连续型变量替换虚拟变量后，研究结论不变。

13.4.3.6　缩减样本规模和增加控制变量

第一，如果地方官员面临即将退休的情况，可能会影响环保督察的约束力，本章剔除各地市主要领导干部年龄超过 58 岁的样本重新回归，结果如表 13-7 中列（1）—列（2）所示。第二，从平行趋势检验的图 13-3 来看，在［-7，-3］区间存在明显向上趋势，该趋势虽然与［-1,0］相反，但是却与［0,1］保持一致，这说明该事前趋势会使第 0 期的效应被低估，但会使第 1 期的效应被高估。为减少这种影响，本章以 2012—2017 年作为研究区间，重新检验的结果如表 13-7 中列（3）—列（4）所示。第三，除年龄因素外，地方官员其他个人特征也可能影响其环境治理行为，进而影响环保督察的政策效果。本章在模型中增加各地市市长的个人特征（如性别、教育背景、任期等）作为控制变量。回归结果如表 13-7 中列（5）—列（6）所示。无论是缩减样本规模、压缩研究区间还是增加控制变量，回归结果仍与前文保持一致，说明本章的研究结论具有稳健性。

表 13-7　缩减样本规模和增加控制变量的检验结果

变量	缩减样本规模		压缩研究区间		增加控制变量	
	(1)	(2)	(3)	(4)	(5)	(6)
	GWL	GWL	GWL	GWL	GWL	GWL
Dc	-5.0415^{**}	-8.2565^{***}	-4.6505^{**}	-7.9993^{***}	-4.6421^{**}	-7.8272^{***}
	(-2.1314)	(-3.4942)	(-2.1965)	(-3.1898)	(-2.2215)	(-3.9955)
Fpr		0.1689		-0.7415		0.2526
		(0.2515)		(-0.7370)		(0.3667)
$Dc \times Fpr$		2.8115^{*}		2.8655^{*}		2.7282^{**}
		(2.0363)		(1.9058)		(2.0869)
$Controls$	Yes	Yes	Yes	Yes	Yes	Yes
$Firm$	Yes	Yes	Yes	Yes	Yes	Yes
$Year$	Yes	Yes	Yes	Yes	Yes	Yes
N	1207	1207	1013	1013	1279	1279
$Adj. R^2$	0.6406	0.6412	0.6770	0.6777	0.6376	0.6382

13.5　进一步分析

13.5.1　作用机制检验

本章的实证结果表明,中央环保督察的实施能够显著改善重污染企业的环境表现,降低企业漂绿水平,从微观企业层面验证了中央环保督察的环境治理效应。如前文理论分析所述,面对中央政府向下传达的环保压力,地方政府可能加大环境执法力度,凭借其"威慑之手",通过提高环境违法成本来倒逼企业改善环境信息披露;也可能是向企业伸出"扶持之手",通过给予政府补助促使企业开展环境治理,进而改善信息披露水平。因此,地方政府在推进落实的过程中,拥有很大的环境政策工具选择空间,我们需要对其中的作用机制开展进一步检验。基于此,我们构建了模型(13-4)和模型(13-5):

$$Regct = \beta_0 + \beta_1 Dc_{pt} + \sum_{m=2}^{p} \beta_m tControls_{ct} + \mu_c + \gamma_t + \varepsilon_{ct} \qquad (13\text{-}4)$$

$$Subit = \beta_0 + \beta_1 Dc_{pt} + \sum_{m=2}^{p} \beta_m X_{it} + \sum_{n=p+1}^{q} \beta_n Y_{ct} + \mu_i + \gamma_t + \varepsilon_{it} \qquad (13\text{-}5)$$

其中,Reg、Sub 分别代表地方政府的"威慑之手"和"扶持之手",用环境行政处罚案件数和政府补助数表示。模型(13-4)的控制变量选取了地区经济发展水平($\ln gdp$)、地区工业废水排放量($\ln water$)、地区工业二氧化硫排放量($\ln so2$)及官员特征变量(年龄、性别、任期和学历)。模型(13-5)中的控制变量与模型(13-1)相同。环境行政处罚案件数来自《中国环境年鉴》,该指标为省级层面数据,借鉴刘满凤和陈梁(2020)的做法,以地级市生产总值占本省生产总值的比例作为权重,与省级层面指标相乘,并对其进行对数化处理。政府补助来自企业财务报表附注,采用期初资产总额平减。

表 13-8　机制检验结果

变量	(1)	(2)
	Reg	Sub
Dc	0.2332***	0.0009
	(3.1361)	(0.7401)
$Controls$	Yes	Yes
$City$	Yes	No
$Firm$	No	Yes
$Year$	Yes	Yes
N	797	1279
$Adj.R^2$	0.6156	0.4435

机制分析的结果如表 13-8 所示,列(1)中,Dc 的系数在 1% 的水平上显著为正;列(2)中,Dc 的系数为正,但并不显著。这说明在中央环保督察实施后,被督察地区主要是通过提高环境执法力度而非经济补助来倒逼企业开展污染治理。可能的解释是,面对环保督察自上而下传导的治理压力,命令控制工具能够迅速达到控制与治理污染的目的,而重污染企业基于获取合法地位的考虑,在真实履行环境责任的同时,提高了环境信息披露水平。

13.5.2　异质性检验

(1)基于法治化水平的分析

企业行为决策会受到法治环境的影响,完善的法治制度和有效的法律监管能够促使企业承担环境保护等社会责任。因此,本章按照 2015 年,即中央环保督察前一年各省(自治区、直辖市)法治化水平(*Law*)的中位数,利用分样本进行异质性检验。回归结果如表 13-9 中 Panel A 的列(1)和列(2)所示,环保督察对企业漂绿的抑制作用仅在高法治化水平组中显著。可能的解释是,法律制度是企业环境责任表现的最低标准,地区法律制度越完善,执法与监管越到位,惩罚机制越严格,环保督察的影响越容易通过地方政府严格落实各项法律法规传导至企业,促进企业"真绿"的社会责任履行。

表 13-9　异质性检验的结果

Panel A:基于法治化水平和行业竞争程度				
变量	(1)	(2)	(3)	(4)
	$Law=1$	$Law=0$	$Hhi=1$	$Hhi=0$
	GWL	GWL	GWL	GWL
Dc	-5.5575^*	-2.4388	-6.2803^{**}	-1.1930
	(-1.9092)	(-0.8270)	(-2.3532)	(-0.3476)
Controls	Yes	Yes	Yes	Yes
Firm	Yes	Yes	Yes	Yes
Year	Yes	Yes	Yes	Yes
N	873	406	877	402
$Adj.R^2$	0.5982	0.7140	0.6046	0.7265

Panel B:基于媒体关注和政治关联				
变量	(1)	(2)	(3)	(4)
	$Mdi=1$	$Mdi=0$	$Pc=1$	$Pc=0$
	GWL	GWL	GWL	GWL
Dc	0.0001	-3.3793^{**}	-0.0012	-3.8204^*
	(0.0012)	(-2.0296)	(-0.0016)	(-1.8800)
Controls	Yes	Yes	Yes	Yes
Firm	Yes	Yes	Yes	Yes
Year	Yes	Yes	Yes	Yes
N	66	1213	125	1154
$Adj.R^2$	0.0566	0.2648	0.1636	0.2744

（2）基于行业竞争程度的分析

在重污染行业中，煤炭、石油和电力等企业一般是当地的经济支柱，这类垄断型企业的进入壁垒较高、竞争程度较低，对政策冲击的反应往往不够敏感。而竞争型企业为了生存、发展及获取地方政府的资源倾斜，往往会对新政策做出积极的正面反应。因此，本章利用赫芬达尔指数衡量行业竞争程度（Hhi），按照 2015 年该指数的中位数进行分组检验。回归结果如表 13-9 中 Panel A 的列（3）和列（4）所示，环保督察对企业漂绿的抑制作用仅在高行业竞争度组中显著，说明中央环保督察的压力传递效应在竞争型企业中比在垄断型企业中更加敏感。

（3）基于媒体关注的分析

新闻媒体作为一种第三方机制，对企业环境表现发挥监督作用。尤其是媒体的负面报道，会引起社会公众甚至监管部门的关注和介入。因此，本章在财经新闻数据库和新闻网站上以主题搜索的方式，整理企业负面环境新闻报道的资料，按照中央环保督察实施前一年（2015 年）是否存在媒体关注的负面环境报道（Mdi）开展分组检验。回归结果如表 13-9 中 Panel B 的列（1）和列（2）所示，环保督察对企业漂绿的抑制作用仅在无媒体负面报道组中显著。可能的解释是，中央环保督察作为一项正式制度，对非正式制度的媒体监督产生了替代作用。当面临媒体的负面环境报道时，企业往往会通过积极的环境信息披露进行合法性管理并改善自身形象，环保督察的政策效果可能不够明显。而在媒体关注度低的企业中，环保督察通过接受群众举报、环境信访等方式发挥了正式监督作用。

（4）基于政治关联的分析

在我国，地方政府对各类经济资源拥有绝对的自由裁量权，政企关系成为主要的市场主体关系，而在学术界，相关学者称之为政治关联。本章按照中央环保督察实施前一年（2015 年）是否存在政治关联（Pc）对全样本进行分组检验，回归结果如表 13-9 中 Panel B 的列（3）和列（4）所示，环保督察对企业漂绿的抑制作用仅在非政治关联组中显著。这进一步证实了已有文献的研究结论，即政治关联为企业逃避环境监管提供了庇护，从而使企业缺乏环境治理的动力（龙硕和胡军，2014）。

13.5.3　政绩观转型的检验

根据前文的分析，经济绩效考核压力对中央环保督察的微观政策效果存在抵消作用。这表明传统的"唯 GDP 论英雄"的官员政绩考核方式虽然能够在一定程度上推动辖区内的经济增长,但往往以牺牲环境质量为代价,降低了环境政策的实施效果。

生态文明建设需要将政绩考核方式从传统的经济增长锦标赛模式转型为公众满意的"和谐"锦标赛模式。借鉴钱先航等(2011)及前文经济绩效考核压力指数的构建方法,我们选取社会公众比较敏感的空气污染指标,利用工业 SO_2 减排率和工业烟尘减排率构建环境绩效考核压力指数(Epr)。若减排率绝对值低于可比地区的加权平均值,赋值为 1,否则为 0。该变量取值范围[0,2],取值越大,表明地方政府面临的环境绩效考核压力越大。

在此基础上,构建包括经济绩效与环境绩效的综合绩效考核压力指数(Tpr)如下:

$$Tpr^{ab} = a \times Fpr + b \times Tpr$$

为检验不同政绩观的影响,我们对 Fpr 和 Epr 分别赋予不同的权重(a,b),以上标表示,例如 $Tpr^{91} = 0.9 \times Fpr + 0.1 \times Epr$,以此类推。

以 Tpr 代替 Fpr 重新对模型(13-2)进行回归,结果如表 13-10 所示。列(1)—列(10)中,经济绩效指数权重逐列降低、环境绩效指数权重逐列增加,当环境绩效指数权重达到 50% 时,$Dc \times Tpr$ 的系数不再显著,即"和谐"锦标赛模式有助于克服传统政绩观对中央环保督察政策效果的负面影响。

表 13-10　基于政绩观转型的检验结果

变量	(1)	(2)	(3)	(4)	(5)	(6)	(7)	(8)	(9)	(10)
	Gwl	Gwl	Gwl	Gwl	Gwl	Gwl	Gwl	Gwl	Gwl	Gwl
(a,b)	(9,1)	(8,2)	(7,3)	(6,4)	(5,5)	(4,6)	(3,7)	(2,8)	(1,9)	(0,10)
Dc	−8.3932***	−8.5394***	−8.4589***	−8.0080***	−7.1941***	−6.2589**	−5.4860**	−4.9858**	−4.7178**	−4.6010**
	(−4.4253)	(−4.5130)	(−4.3398)	(−3.8399)	(−3.2253)	(−2.7172)	(−2.3776)	(−2.1874)	(−2.1040)	(−2.0857)
Tpr	0.3492	0.3605	0.3095	0.2055	0.1087	0.0692	0.0778	0.1000	0.1162	0.1227
	(0.5334)	(0.5129)	(0.4129)	(0.2616)	(0.1356)	(0.0873)	(0.1020)	(0.1400)	(0.1761)	(0.2029)
$Dc \times Tpr$	3.4563**	3.8687**	4.1063**	3.9544*	3.3020	2.3205	1.3428	0.5830	0.0720	−0.2453
	(2.4934)	(2.5396)	(2.3821)	(1.9909)	(1.5025)	(1.0392)	(0.6380)	(0.3061)	(0.0424)	(−0.1620)
$Controls$	Yes	Yes	Yes	Yes	Yes	Yes	Yes	Yes	Yes	Yes
$Firm$	Yes	Yes	Yes	Yes	Yes	Yes	Yes	Yes	Yes	Yes
$Year$	Yes	Yes	Yes	Yes	Yes	Yes	Yes	Yes	Yes	Yes
N	1279	1279	1279	1279	1279	1279	1279	1279	1279	1279
R^2	0.6379	0.6379	0.6377	0.6374	0.6370	0.6366	0.6364	0.6362	0.6362	0.6362

13.6　研究结论与启示

本章以 2010—2017 年沪深 A 股重污染企业作为研究对象,利用中央环保督察分阶段实施的准自然实验场景,采用双重差分法,实证检验了中央环保督察对企业漂绿行为的影响及绩效考核压力的调节效应。本章的研究结论如下:第一,中央环保督察显著降低了被督察地区重污染企业的漂绿程度,提高了企业环境责任响应水平。第二,经济绩效考核压力会抵减中央环保督察的微观政策效果,即较高的经济绩效考核压力会削弱中央环保督察对企业漂绿的抑制作用。第三,作用机制检验的结果显示,中央环保督察期间,被督察地区主要是通过加大环境执法力度来督促企业开展"真绿"的社会责任实践。第四,异质性检验的结果显示,中央环保督察对企业漂绿的抑制作用在不同情形下存在差异性,即仅在法治化水平高、行业竞争度高、媒体关注度低及非政治关联的样本中显著。第五,将环境绩效指标纳入官员政绩考核机制后,经济绩效考核压力对该政策的负面影响在一定程度上得到了改善。

根据本章的研究发现,其政策启示在于:一方面,作为加强生态文明建设的重要制度创新,中央环保督察的首轮实施强化了地方政府在环境治理中的主体地位,促进了重污染企业切实履行环境责任,抑制了环境信息漂绿的机会主义行为。该项制度的常态化,有助于推进绿色治理和绿色发展(黄溶冰和储芳,2023)。另一方面,中央环保督察的效果具有一定的时效性,为保证环保督察的后续实施产生预期的政策效果,需要加大配套措施的改革力度,包括:第一,加强法治化建设,以法律约束力为环保督察执法提供保障。第二,打造亲清政企关系,推进污染治理的政企合作。第三,完善领导干部目标责任考核制,尤其是要改变经济发展是"硬任务"、环境保护是"软约束"的惯性思维,在督察过程中,既要有容错免责机制,更要坚持责任追究机制。

第 14 章　政策建议

漂绿问题的形成和演化具有复杂性,单一路径或模式难以有效发挥作用,需要采取多中心的治理模式。本章在对前述各专题内容进行归纳和总结的基础上,充分挖掘相关研究结论及经验证据的实践价值和政策含义,利用各项政策建议的协同性、互补性,尝试探索宏观—微观、外部—内部、政府—社会—企业协调配合的多中心治理体系。

14.1　政府层面的政策建议

政府作为规范市场主体行为的顶层设计者和政策制定者,应该进一步增加宏观制度供给并增强外部规则约束,加强对企业漂绿行为的治理与防范。

14.1.1　完善环境信息披露法律法规

在部门规章层面,2003 年以来,环境保护部(现生态环境部)等部门先后发布了多项环境信息披露相关指导性政策文件。在人大立法层面,2014 年颁布了新修订的《中华人民共和国环境保护法》(简称新《环境保护法》)。上述法律和政策性文件的颁布实施无疑对规范企业的环境信息披露发挥着积极作用。但也应该认识到,目前我国针对企业环境信息披露的制度性规定总体上仍以生态环境部等部门发布的部门规章为主体,立法层次不高、权威性不足,难以引起企业的足够重视。2015 年实施的新《环境保护法》,虽然属于最高层次的立法,但其对企业环境信息披露的相关规定比较笼统,侧重于对重点排污单位的约束,有待进一步细化并完善相关配套措施。在法律、法规和规章三级立法层次中,我国尤其缺乏法规层次的对企业环境信息披露的约束。考虑到目前的现实情况,建议尽快整合企业环境信息披露的制度要求并提升至国务院发布的行政法规的层级,如《中华人民共和国企业环境信息披露条例》,以增强权威性和威慑力。在国家层面"有法可依"的基础上,生态环境部门才有依据细化环境信息披露方面的技术性规定。与此同时,应积极鼓励地方人大、地方政府根据本地区实际情况制定配套的地方性法规、地方规章及其他规范性文件,不断完善企业环境信息披露法律法规和政策体系。

14.1.2　统一环境信息披露标准

早在 1998 年,联合国国际会计和报告标准政府间专家组就发布了一份比较系统完整的关于企业环境会计与报告的应用指南。全球报告倡议组织(GRI)于 2021 年发布的《可持续报告准则》(第五版)则使基于 GRI 的环境信息披露内容框架体系成为各国企业编制可持续发展报告的主要依据。2021 年 4 月,欧盟委员会(EC)发布了《公司可持续发展报告指令》(Corporate Sustainability Reporting Directive,CSRD)征求意见稿,这标志着欧盟的 ESG 报告编制将从多重标准走向统一规范。2023 年 6 月,国际可持续发展准则理事会(ISSB)发布了《国际财务报告可持续披露准则》(包括 IFRS S1 和 IFRS S2),向着建立可持续信息披露全球基准又迈出了重要一步。

为推动高质量发展,引导企业践行可持续发展理念,2024 年 12 月,财政部等九部委联合印发了《企业可持续披露准则——基本准则(试行)》(简称《基本准则》)。《基本准则》的发布,拉开了国家统一的可持续披露准则体系建设的序幕,具有重要的里程碑意义。企业可持续披露准则包括基本准则、具体准则和应用指南。具体准则和应用指南的制定应当遵循基本准则。目前国内企业的环境信息披露仍存在较大的可选择空间,导致不同企业之间及同一企业在不同时期所披露环境信息缺乏统一性、规范性和可比性。建议尽快出台可持续信息披露具体准则和应用指南,统一编制口径,规范企业环境信息披露标准、增强数据信息的可比性,进一步压缩企业在环境信息披露形式、内容方面的选择和操纵空间。

14.1.3　加强政府监管、落实主体责任

法制进程的有效推进须同时依赖文本立法上的"有法可依"与执法实践上的"执法必严",仅追求制度文本的质量或立法体系的完备,其实际作用可能是相当有限的(包群等,2013)。在我国,一项政策功能的发挥 90% 取决于实施环节的有效执行(陈振明,2003)。近年来,虽然社会各界普遍关注,但上市公司环

境信息披露流于形式、言行不一等现象依然比较突出。究其原因,这与政府部门监管上的"有法不依""执法不严"有直接关系,即执法实践上存在的漏洞致使企业可以长期以低违法成本应对漂绿行为引致的潜在法律责任。漂绿行为的防控需要进一步加强地方政府的属地管理和落实主体责任。一是要加大力度推进环保督察及后续整改工作,坚持问题导向、目标导向,严格落实责任,注重协调联动,加强生态环境执法,紧盯薄弱环节,做到即知即改、立行立改。二是要进一步扩大强制性披露环境信息的市场主体范围,由目前的重点排污单位、实施清洁生产审核企业、发债企业等逐渐扩展至全体 A 股上市公司,积极鼓励其他企业主动披露环境信息。三是要建立严格的惩处机制,对纳入强制披露范围但未披露或未如实披露等违法违规行为,应进行重点规范,加大惩处力度,必要时记入企业诚信档案,并公之于众。四是要建立健全联合执法机制,探索多部门、多机构联合执法,相互配合、相互协同,切实提升环境监管效果。五是要进一步落实主体责任,可以借鉴美国萨班斯-奥克斯利法案(SOX 法案)的做法,要求公司管理层对环境报告的真实性、合规性予以承诺,采取将公司责任与管理者个人连带责任相结合的方式促使企业如实披露环境信息。

14.1.4 推进领导干部自然资源资产离任审计制度

党的十八届三中全会通过的《中共中央关于全面深化改革若干重大问题的决定》中明确提出,"探索编制自然资源资产负债表,对领导干部实行自然资源资产离任审计。建立生态环境损害责任终身追究制"。2015 年开始,领导干部自然资源资产离任审计试点在全国范围展开;2018 年,该项制度在全国范围推广。大气污染防治、土地资源、水资源、森林资源及矿山生态环境治理等被纳入审计监督的重点领域。

领导干部自然资源资产离任审计是我国"党管干部"制度背景下一项富有创新性的环境政策,对加强生态文明建设具有特殊的重要意义。黄溶冰(2023)的研究表明,在 2015—2017 年领导干部自然资源资产离任审计试点期间,与对照组相比,审计试点辖区处理组的企业绿色响应水平显著提升,且在试点期各阶段都显著为正,说明领导干部自然资源资产离任审计制度具有环境治理效应。面对自然资源资产离任审计带来的环境治理压力,特别是地方政府对污染企业施加的压力达到一定程度时,污染企业的理性决策是对所承担的环境保护责任予以积极响应,改变其生产决策和资源配置模式,不断提升环境治理水平,最终通过绿色转型构建可持续竞争优势。

为更好地发挥领导干部自然资源资产离任审计的建设性作用,使用好考核评价这根"指挥棒",我们建议注意如下事项:第一,审计结果必须用于地方官员考核晋升的激励约束当中。要切实发挥领导干部自然资源资产离任审计的威慑力,就必须加强审计结果运用,问题的查处要与领导干部或政府部门履职尽责情况挂钩;在总体评价的基础上,对具体问题进行责任界定,将审计结论写入领导干部人事档案,对于环境业绩差的地方官员,在干部选拔、任用和奖惩时真正做到"一票否决"。第二,考虑到官员任期短与环境问题滞后性的矛盾,应实行生态环境损害责任终身问责。对那些破坏生态环境的地方官员,要真追责、敢追责、严追责,特别是导致资源严重浪费和环境重大污染、给人民群众利益造成重大损害的,在官员晋升、调任、离任乃至退休后仍应按《党政领导干部生态环境损害责任追究办法(试行)》的有关规定,对其执政期间承担的环境保护责任进行追责。第三,完善政府官员的目标责任制和岗位责任制,明确各级政府党政领导干部、自然资源主管部门负责人、资源型国有企业负责人应承担的经济责任和环境责任。探索领导干部经济责任审计和自然资源资产离任审计一体化工作格局,不仅查经济账,也查生态账,推进领导干部自然资源资产离任审计常态化、制度化和规范化。

14.1.5 培育和发展第三方鉴证机构

一方面,我国大部分企业开展环境和 ESG 报告鉴证的意愿很低。另一方面,目前环境和 ESG 报告的鉴证业务以行业协会、咨询认证机构为主,会计师事务所的比重较小,各鉴证机构的独立性、业务能力、鉴证质量参差不齐,缺乏统一的鉴证准则和报告标准。

为发展适应我国国情的企业环境与 ESG 报告鉴证业务,我们的建议如下:一是要加强鉴证主体执业资质认定与规范,逐渐形成以会计师事务所为主、其他专业咨询机构为辅的市场格局。二是应加快研究制定针对环境和 ESG 报告鉴证的相对统一、适应我国客观实际的鉴证准则。三是进一步规范和统一鉴证报告格式,在结论中明确企业环境报告或披露的环境事项是否真实、合法、公允,避免鉴证意见表述的随意性和模糊性。四是要加强鉴证业务质量控制,在加强执业人员培训和内部质量控制制度的基础上,还应建立外部利益相关者参与鉴证过程的监督机制,增加对企业管理层与鉴证机构"合谋"漂绿行为的监督。五是逐步推进强制鉴证,实施凡披露必鉴证及连续鉴证。六是建立监督机制,证券监管部门应定期或不定期组织开展执业质量检查,加强引导与管理。

14.1.6　以绿色金融推动绿色发展

绿色金融涵盖银行、证券、保险、排放权交易、财政税收、信息披露等多方面,具有形式灵活多样且能够运用市场机制手段将环境问题的外部性内部化等优点。为更好地发挥绿色金融在推动企业绿色发展中的积极作用,一是银保监会等部门应进一步加强政策执行监管力度,落实金融机构及相关责任人员的主体责任。二是积极开展绿色认证、绿色指数编制和推进绿色社会责任投资。绿色认证及评级体系依靠多元、可靠的数据来源,有助于获取企业环境责任履行的真实资料,评价结果有助于金融机构更准确地识别"漂绿"客户和"真绿"客户。三是应进一步完善排放权交易市场机制,建立统一的全国性市场,形成比较成熟的定价标准与价格引导机制,激发市场主体参与排放交易的积极性,将节能减排活动落到实处。四是将企业环境信息披露及其质量状况纳入企业申请股权再融资的重要市场准入条件,如规定"企业近 3 年内不得因环境信息披露违法、违规行为被监管部门通报、批评、警告、处罚或被第三方鉴证机构出具非标准意见"等,并实行"一票否决"制。

14.2　社会层面的政策建议

政府监管的成本较高,且单一监管主体与被监管对象数量众多及程序复杂性之间存在矛盾。因此,有必要从更广泛的社会层面探讨加强漂绿行为治理与防范的可行路径。

14.2.1　培育环保公益组织

环保公益组织在企业环境和社会责任议题领域内往往具有一定的专业知识水平优势(肖红军等,2013),有能力承接政府监管部门转移的部分职能,是漂绿治理的倡议督导者。相较于欧美国家,我国环保公益组织的整体发展水平还比较低,对企业环境责任履行的约束力和影响力比较有限。因此,有必要进一步培育环保公益组织,使其逐渐成为参与漂绿治理的重要主体,以及承接、补充政府监管职能的一支重要力量。

一是应持续深化制度性改革,减少门槛约束,积极支持环保公益组织的设立并扶持其发展,不断壮大环保公益组织力量。二是鼓励环保公益组织开展科普活动和知识讲座。这不仅有利于加强环保公益性组织与公众之间的互动和联系,更有助于公众不断提高绿色环保意识、增强漂绿信息甄别能力。三是积极推进环保公益维权。目前我国尚未建立起系统而完善的环保公益维权体系,环保公益组织具备一定的专业优势,且发挥着凝聚社会环保意识的积极作用,政府有关部门应积极采取有效措施,必要时给予一定的补助,努力将环保公益组织打造成为公众参与环保公益维权的重要渠道。四是大力发展环保公益诉讼。2015 年实施的新《环境保护法》虽然已将环保公益诉讼制度纳入其中,但相关条款规定仍是原则化的,在第 58 条中规定了哪些环保公益组织可以发起环保公益诉讼,但对诸如提起环保公益诉讼的具体程序、管辖法院、诉讼费、举证责任分配、判决生效执行等关键事项却并未给出十分明确的规定,应对相关条款予以进一步细化和完善,推进建设适应我国国情的环保公益诉讼制度。

14.2.2 强化新闻媒体监督

新闻媒体作为现代社会的信息中介,是漂绿治理的舆论引导者。在环境问题日趋严峻且备受关注的今天,新闻媒体作为独立的外部监督者,其对企业环境问题的相关报道有助于提高企业环境信息披露的透明度和可靠性。不仅如此,作为"吹哨人",新闻媒体的负面报道或曝光行为还可能引起监管部门的关注与重视,增加环保部门介入违法违规企业调查的可能性,继而成为完善环境监管体系的重要辅助性工具。

媒体的环境报道应坚守诚实客观的底线,媒体不应该成为企业不实环境报道的"阵地";同时对于企业违反环保法规或虚假环保宣传的揭露,必须以事实为依据,避免出现居心不良者利用环境问题恶意诋毁竞争对手的情形(Eric,2012)。在重视传统媒介的同时,亦应顺应时代发展潮流,充分发挥新型互联网媒介舆论引导的积极作用,在微信、微博等新媒体平台上及时接收关于环境问题的信息,核实真实性后适时发表评论与转发消息,形成针对环境问题的公共舆论,增加企业实施漂绿行为的外部舆论压力。

14.2.3　提升公众环境保护意识

公众是漂绿治理的广泛参与者,具有不容忽视的社会影响力。然而现阶段公众的环境保护意识总体偏弱,公众参与基本上仍停留在"事后被动参与"的初级阶段(周晓丽,2019)。同时,企业漂绿行为不仅形式多样,而且具有较强的隐匿性,大大增加了公众的识别难度。因此,有必要采取有效措施,进一步提升公众的环境保护意识。一是要推广绿色环保理念,积极开展绿色教育,倡导绿色的消费与生活方式,培育生态公民。二是探索实施举报有奖制度,工商行政管理部门和生态环境部门应引导消费者和公众加入反漂绿阵营,及时反馈企业在环境保护方面的虚假宣传。三是完善举报人保密制度,充分保障公众的环境知情权、参与权与监督权,充分调动公众参与监督的积极性。

14.3　企业层面的政策建议

微观企业作为环境和资源耗用的重要市场主体、环境污染的主要来源和直接生产者,是加强绿色治理、如实披露环境信息的关键行动者。

14.3.1　提高公司治理水平

现实中经常出现的"内部人控制"、管理者自利性行为及信息不对称等产生了所有者与经营者之间的代理问题。环境信息披露已经成为现代企业合法性来源的重要体现,而公司治理较好的企业能够及时甄别和最大限度地满足环境利益相关者的环保诉求(毕茜等,2012)。具体到漂绿问题,作为经营者的管理层不仅是企业环境信息最终发布者,更在与利益相关者的环境信息竞争中占据绝对优势,掌握着大量所谓"不为外人所知"的私有环境信息,管理层的态度和行为逻辑无疑对企业漂绿治理至关重要。因此,促使企业如实披露环境信息的关键还在于进一步缓解代理问题,降低内外部环境信息不对称,不断提高公司治理水平。具体来说,可以从以下几个方面入手:一是适当提高管理层持股比例。管理层持股不仅有助于降低信息不对称,更重要的是将管理者利益与公司及股东利益捆绑在一起,管理层将更加重视公司的长远发展,降低自利性倾向,将污染防控作为克服未来发展瓶颈的关键环节,主动开展源头治理,进而增加如实披露企业环境信息的积极性。二是发挥董事会的绿色治理功能。在公司章程中应明确绿色发展价值观,且规定董事会应对企业环境责任履行状况的有效性负责,鼓励在董事会下设专门的环境与社会责任委员会(Liao et al.,2015),并聘请具有环保背景的外部董事加入,提高和保持该专业委员会的独立性和胜任能力。环境与社会责任委员会应定期召开环境治理专题会议,进一步增强对漂绿行为的有效监督、制衡和控制,充分发挥公司治理机制在漂绿防控中的积极作用。

在我国,除了前述的"内部人控制"外,上市公司股权高度集中,甚至"一股独大"的现象亦十分普遍,并逐渐演化出另一类独具中国特色的代理问题——控股股东(大股东)与中小股东的代理问题。"一股独大"使股东与经理人身份合二为一,很大程度上削弱了中小股东对大股东操控企业信息披露等行为的应有的监督、制衡作用,这很可能导致中小股东成为大股东漂绿机会主义行为后果的买单者。为此,应结合国家统一要求,进一步深化混合所有制改革,引入更多的优质外部投资者,实现企业股权结构的多元化。这不仅有利于提高中小股东参与监督的积极性,且可以形成对大股东操控环境信息披露的良好监督与制衡机制,进而推动企业"真绿"的社会责任实践。此外,员工直接参与企业日常生产经营活动的各项流程和各个环节,且长期处于企业清洁生产与管理实践的"第一线"。在"全员参与"的绿色治理理念下,可以考虑完善针对不同层级职工的员工持股计划,构建企业(股东)利益与员工利益一致的"命运共同体",深化混合所有制改革,形成更广泛的多元股权结构,缓解"内部人控制"和"一股独大"问题。

14.3.2 制定绿色发展规划

Hart 和 Dowel(2011)指出,企业对污染防治行动进行固化实际上是构建可持续竞争优势的过程,从而拓展了传统的资源基础观。无论是监管压力抑或资源整合,都需要企业由"浅绿化"环境保护向"深绿化"环境治理转型,而这正是企业环境责任响应的高级阶段。

建立以可持续发展战略为引领的绿色发展规划被视为企业"真绿"环境责任响应的重要前提。企业应将环境问题及其改善作为增强可持续发展能力的"商机",制定并实施前瞻性环境战略(Buysse & Verbeke,2003),主动履行更多的环境责任,助力建设资源节约型和环境友好型企业。具体来说,一方面,应构建完整的绿色供应链系统,全面和严格地推行绿色采购、绿色生产、绿色办公、绿色产品(服务)、绿色营销。另一方面,要制定企业生产活动或投资项目的节能减排与能源利用规划,明确相关环保约束性指标,合理评估对周边环境的潜在消极影响并积极担负相关责任与义务。此外,还应建立健全以可持续发展能力为导向的绩效考核评价体系,将环保约束性指标及传统的财务、市场、管理等绩效指标统一纳入考核评价体系(肖红军等,2013)。为了具体落实企业的绿色发展规划,有条件的企业应设置环境保护专职机构,必要时甚至可以成立专门协调和处理公司环保事务的环保子公司。环保专职机构的设立与运行有利于加强对企业绿色发展规划执行情况的协调、监督与控制,且在发生突发性情况时能够做到及时响应、积极解决问题。环保专职机构还应该负责定期对外披露企业环境报告,努力向利益相关者提供和传递高标准的环境信息,发挥其漂绿行为治理的积极作用。

14.3.3　推进环境会计核算

尽管已有一些将环境成本纳入企业会计核算的尝试,但相较于传统的财务会计核算,系统的环境会计核算尚属于一项新生事物(周守华和陶春华,2012)。环境会计核算体系发展的滞后性固然与环境会计准则缺乏、环境事项的复杂性等因素有关,但更与企业缺乏应有的重视有关。实施环境会计核算有助于财务报表更真实、准确而全面地反映企业活动对资源环境的影响(王成利,2017)。因此,抑制漂绿行为、加强绿色治理有必要持续推进企业环境会计核算工作。具体来说,首先应加强企业高层对环境会计核算的重视,牢固树立环境会计核算理念,减少环境会计核算工作的随意性。其次,应加强相关教育和培训工作,将环境会计核算统一纳入企业会计核算体系中,保持已有会计核算的延续性;要以“环境成本”的核算为核心,同时重点关注“环境负债”的确认与计量;配合ESG 报告(可持续发展报告)的编制,尝试编制独立的环境会计报表(如环境资产负债表、环境效益表等)及其附注,并统一对外披露(肖序,2003)。最后,应将环境会计核算与环境信息披露密切联系起来,加强环境会计核算所反映信息与企业环境报告、ESG 报告或可持续发展报告中披露环境信息的钩稽核对,压缩企业实施漂绿行为的空间。

14.3.4 健全与环境事项相关的内部控制

内部控制的作用边界已由早期的"内部牵制"扩展至财务、环境、社会、治理等多个领域,高质量内部控制有助于提高企业对外环境信息披露的可靠性(李志斌,2014)。在加强与环境事项相关的内部控制制度体系建设方面,一是要将提高环境治理能力作为持续优化内部控制水平的重要目标(南开大学绿色治理准则课题组,2017);二是要明确和建立"全员参与、全过程融合、全方位覆盖"的绿色管理体系;三是结合对环境事项的风险评估,在采购、生产、废物处理、营销、财务、日常管理等流程或环节建立关键控制点,绘制绿色管理流程图;四是真正做到以流程管控为重点,加强防控与约束,不断完善和落实与环境事项相关的内部控制规章制度(黄溶冰和赵谦,2018)。

14.3.5 加强企业绿色文化建设

已有研究发现,传统文化显著改善了企业的环境信息披露水平,且与环境规制制度形成良好的互补效应(毕茜等,2015)。而认知行为理论的观点进一步认为,认知与行为密切关联,企业在绿色文化的熏陶下会更关注自身活动对生态环境的潜在影响,并主动披露高质量的环境信息,传递绿色、环保的积极信号。企业文化及其引导功能亦是漂绿治理的重要因素之一。为此,企业要牢固树立和贯彻"绿水青山就是金山银山"的社会主义生态文明观,应努力营造与外部环境压力相适应的绿色文化氛围,提高员工的环境认知、绿色信念,激发全员参与监督、践行清洁生产的积极性和主动性。

参考文献

Aerts, W. & Cormier, D. Media Legitimacy and Corporate Environmental Communication[J]. Accounting, Organization and Society, 2009, 34 (1): 1-27.

Aerts, W., Cormier, D. & Magnan, M. Corporate Environmental Disclosure, Financial Markets and the Media: An International Perspective [J]. Ecological Economics, 2008, 64(3):643-659.

Aerts, W., Cormier, D. & Magnan, M. Intra-industry Imitation in Corporate Environmental Reporting: An International Perspective [J]. Journal of Accounting and Public Policy, 2006, 25(3):299-331.

Ai-tuwaijri, S. A., Christensen, T. E. & Hughes, K. E. The Relations among Environmental Disclosure, Environmental Performance, and Economic Performance: A Simultaneous Equations Approach [J]. Accounting, Organizations and Society, 2004, 29(5):447-471.

Ashbaugh-Skaife, H. A., Collins, D. W., Kinney, W. R., et al. The Effect of SOX Internal Control Deficiencies and Their Remediation on Accrual Quality [J]. The Accounting Review, 2008, 83(1):217-250.

Avery, D. R. & Mckay, P. F. Target Practice: An Organizational Impression Management Approach to Attraction Minority and Female Job Applications [J]. Personnel Psychology, 2010, 59(1):157-187.

Baas, L. W. Cleaner Production: Beyond Projects[J]. Journal of Cleaner Production, 1995, 3(1):55-59.

Ball, A., Owen, D. L. & Gray, R. External Transparency or Internal Capture? The Role of Third-Party Statements in Adding Value to Corporate

Environmental Reports [J]. Business Strategy and Enviroment,2000,9(1):
1-23.

Balsam, S. , Krishnan, J. & Yang, J. G. Auditor Industry Specialization and
the Earnings Quality[J]. Auditing: A Journal of Practice and Theory,2003,
22(2):71-97.

Bansal, P. & Roth, K. Why Companies Go Green: A Model of Ecological
Responsiveness [J]. The Academy of Management Journal, 2000, 43 (4):
717-736.

Bao, Q. , Chen, Y. Y. & Song, L. G.. Foreign Direct Investment and
Environmental Pollution in China: A Simultaneous Equations Estimation
[J]. Environment and Development Economics,2011,16(1):71-92.

Barakat, F. S. , López Pérez, M. V. & Rodríguez Ariza, L. Corporate Social
Responsibility Disclosure (CSRD) Determinants of Listed Companies in
Palestine (PXE) and Jordan (ASE)[J]. Review of Managerial Science,2015,
9(4):681-702.

Barker, T. & Kfhler, J. Equity and Ecotax Reform in The EU: Achieving A
10 Per Cent Reduction in CO_2 Emissions Using Excise Duties[J]. Fiscal
Studies,1998,19(4):375-402.

Baumeister, R. F. A Self-presentational View of Social Phenomena [J].
Psychological Bulletin,1982,91(1):3-26.

Baumol, W. J. & Oates, W. E. The Theory Of Environmental Policy[M].
Cambridge, England: Cambridge University Press,1988.

Bedard, J. C. & Johnstone, K. M. Earnings Manipulation Risk, Corporate
Governance Risk, and Auditors' Planning and Pricing Decision[J]. The
Accounting Review,2004,79(2):277-304.

Beers, D. Capellaro, C. Greenwash[J]. Mother Jones,1991,16(2):38-40.

Bemelmans-Videc, M. L. , Rist, R. C. & Vedung, E. Carrots, Sticks and
Sermons: Policy Instruments and Their Evaluation[M]. New Brunswick:
Transaction,1998.

Bennear, L. S. & Olmstead, S. M. The Impacts of The "Right to Know":

Information Disclosure and The Violation of Drinking Water Standards[J].
Journal of Environmental Economics and Management, 2008, 56 (2):
117-130.

Berry, M. A. & Rondinelli, D. A. Proactive Corporate Environmental
Management: A New Industrial Revolution [J]. The Academy of
Management Executive, 1998, 12(2):38-50.

Bertomeu, J. & Magee, R. Mandatory Disclosure and Asymmetry in
Financial Reporting[J]. Journal of Accounting and Economics, 2015, 59(2/
3):284-299.

Beuren, I. M., Nascimento, S. D. & Rocha, I. Corporate Environmental
Disclosure and Economic Performance Levels: Data Envelopment Analysis
Application[J]. Future Studies Research Journal Trends & Strategies, 2013,
5(1):198-226.

Blackman, A. Can Voluntary Environmental Regulation Work in Developing
Countries? Lessons from Case Studies[J]. The Policy Studies Journal, 2008,
36(1):119-141.

Blackman, A. & Harrington, W. The Use of Economic Incentives in
Developing Countries: Lessons from International Experience with
Industrial Air Pollution[J]. Journal of Environment and Development, 2000,
9(1):5-44.

Blackman, A. Alternative Pollution Control Policies in Developing Countries
[J]. Review of Environmental Economics and Policy, 2010, 4(2):234-253.

Bodger, A. & Monks, M. Legal and Regulatory Update Getting in the Red
Over Green: The Risks with "Green" Marketing [J]. Journal of
Sponsorship, 2010, 3(3):284-293.

Boiral, O., Heras-Saizarbitoria, I. & Brotherton, M. C. Assessing and
Improving the Quality of Sustainability Reports: The Auditors' Perspective
[J]. Journal of Business Ethics, 2019, 155(3):703-721.

Borgstedt, P., Nienaber, A. M., Liesenktter, B., et al. Legitimacy
Strategies in Corporate Environmental Reporting: A Longitudinal Analysis

of German DAX Companies' Disclosed Objectives[J]. Journal of Business Ethics,2019,158(1):177-200.

Bowen, F. & Aragon-Correa, J. Greenwashing in Corporate Environmentalism Research and Practice: The Importance of What We Say and Do[J]. Organization & Environment,2014,27(2):107-112.

Brammer, S. & Pavelin, S. Factors Influencing the Quality of Corporate Environmental Disclosure[J]. Business Strategy and the Environment,2008, 17(2):120-136.

Brammer, S. & Pavelin, S. Voluntary Environmental Disclosures by Large UK Companies[J]. Journal of Business Finance & Accounting,2006,33(7-8):1168-1188.

Brennan, N. M., Guillamon-Saorin, E. & Pierce, A. Methodological Insights: Impression Management: Developing and Illustrating a Scheme of Analysis for Narrative Disclosures—A Methodological Note[J]. Accounting Auditing & Accountability Journal,2009,225(5):789-832.

Brouhle, K., Grifiths, C. & Wolverton, A. Evaluating The Role of EPA Policy Levers: An Examination of A Voluntary Program And Regulatory Threat in The Metal-Finishing Industry [J]. Journal of Environmental Economics and Management,2009,57(2):166-181.

Bruvoll, A. & Larsen B. M. Greenhouse Gas Emissions in Norway: Do Carbon Taxes Work[J]. Enegry Policy,2004,32(4):493-505.

Buysse, K. & Verbeke, A. Proactive Environmental Strategies: A Stakeholder Management Perspective[J]. Strategic Management Journal, 2003,24(5):453-470.

Cabe, R. & Herriges, J. The Regulation of Non-Point-Source Pollution Under Imperfect and Asymmetric Information[J]. Journal of Environmental Economics and Management,1992,22(2):134-146.

Campbell, D. Intra- and Intersectoral Effects in Environmental Disclosures: Evidence for Legitimacy Theory? [J]. Business Strategy and the Environment,2003,12(6):357-371.

Cano-Rodríguez, M., Márquez-Illescas, G. & Núñez-Nickel, M. Experts or Rivals: Mimicry and Voluntary Disclosure [J]. Journal of Business Research, 2017(73): 46-54.

Carpenter, V. L & Feroz, E. H. Institutional Theory and Accounting Rule Choice: An Analysis of Four US State Governments' Decisions to Adopt Generally Accepted Accounting Principles[J]. Accounting, Organization and Society, 2001, 29(7/8): 565-596.

Carrol, A. B. A Commentary and an Overview of Key Questions on Corporate Social Performance Measurement [J]. Business & Society, 2000, 39 (4): 466-478.

Carrol, A. B. A Three-Dimensional Conceptual Model of Corporate Social Performance[J]. Academy of Management Review, 1979, 4(4): 497-505.

Casey, R. J. & Grenier, J. H. Understanding and Contributing to the Enigma of Corporate Social Responsibility (CSR) Assurance in the United States[J]. Auditing: A Journal of Practice & Theory, 2015, 34(1): 97-130.

Chelli, M., Durocher, S. & Fortin, A. Normativity in Environmental Reporting: A Comparison of Three Regimes[J]. Journal of Business Ethics, 2018, 149(2): 285-311.

Chen, S. & Bouvain, P. Is Corporate Responsibility Converging? A Comparison of Corporate Responsibility Reporting in the USA, UK, Australia, and Germany [J]. Journal of Business Ethics, 2009, 87 (S1): 299-317.

Chen, Y. & Chang, C. Greenwash and Green Trust: The Mediation Effects of Green Consumer Confusion and Green Perceived Risk [J]. Journal of Business Ethics, 2013, 114(3): 489-500.

Cheng, B., Ioannou, I. & Serafeim, G. Corporate Social Responsibility and Access to Finance[J]. Strategic Management Journal, 2014, 35(1): 1-23.

Cheng, Z., Wang, F., Keung, C., et al. Will Corporate Political Connection Influence the Environmental Information Disclosure Level? Based on the Panel Data of A-Shares from Listed Companies in Shanghai Stock Market

[J]. Journal of Business Ethics,2017,143(1):209-221.

Cheung,Y. L. , Jiang,P. & Tan, W. Q. A Transparency Disclosure Index Measuring Disclosures: Chinese Listed Companies [J]. Journal of Accounting and Public Policy,2010,29(3):259-280.

Cho, C. H. & Patten, D. M. The Role of Environmental Disclosures as Tools of Legitimacy: A Research Note[J]. Accounting, Organization and Society,2007,32(7/8):639-647.

Cho, C. H. , Guidry, R. P. , Hageman, A. M. , et al. Do Actions Speak Louder Than Words? An Empirical Investigation of Corporate Environmental Reputation [J]. Accounting, Organizations and Society, 2012,37(1):14-25.

Chris C. C. & Paul, W. B. The Impact of Institutional Reforms on Characteristics and Survival of Foreign Subsidiaries in Emerging Economies [J]. Journal of Management Studies,2005,42(1):35-62.

Christmann, P. & Taylor, G. Firm Self-Regulation through International Certifiable Standards: Determinants of Symbolic versus Substantive Implementation [J]. Journal of International Business Studies,2006,37(6): 863-878.

Clarkson, P. M. , Li, Y. , Richardson, G. D. , et al. Revisiting The Relation Between Environmental Performance And Environmental Disclosure: An Empirical Analysis[J]. Accounting, Organizations and Society,2008,33(4-5):303-327.

Clarkson, P. M. , Overell, M. B. & Chappel, L. Environmental Reporting and Its Relation to Corporate Environmental Performance[J]. Abacus,2011, 47(1):27-60.

Cormier, D. & Magnan, M. The Revisited Contribution of Environmental Reporting to Investors' Valuation of A Firm's Earnings: An International Perspective[J]. Ecological Economics,2007,62(3-4):613-626.

Cormier, D. & Magnan, M. The Economic Relevance of Environmental Disclosure and Its Impact on Corporate Legitimacy: An Empirical

Investigation[J]. Business Strategy and the Environment, 2015, 24（6）: 431-450.

Cormier, D., Gordon, I. M. & Magnan, M. Corporate Environmental Disclosure: Contrasting Management's Perceptions with Reality[J]. Journal of Business Ethics, 2004, 49(2): 143-165.

Cormier, D., Magnan, M. & Velthoven, B. Environmental Disclosure Quality in Large German Companies: Economic Incentives, Public Pressures or Institutional Conditions? [J]. European Accounting Research, 2005, 14(1): 3-39.

D'amico, E., Coluccia, D., Fontana, S. & Solimene, S. Factors Influencing Corporate Environmental Disclosure [J]. Business Strategy and the Environment, 2016, 25(3): 178-192.

Darnall, N., Henriques, I. & Sadorsky, P. Adopting Proactive Environmental Strategy: The Influence of Stakeholders and Firm Size[J]. Journal of Management Studies, 2010, 47(6): 1072-1094.

Darrell, W. & Schwartz, B. N. Environmental Disclosures and Public Policy Pressure[J]. Journal of Accounting and Public Policy, 1997, 16(2): 125-154.

Dasgupta, S., Bi, J., Wheeler, D., et al. Environmental Performance Rating and Disclosure: China's Greenwatch Program[J]. Journal of Environmental Management, 2004, 71(2): 123-133.

Dasgupta, S., Laplante, B., Mamingi, N., et al. Inspection, Pollution Price, and Environmental Performance: Evidence From China [J]. Ecological Economics, 2001, 36(3): 487-498.

Davis, G. F. & Marquis, C. Prospects for Organization Theory in the Early Twenty-First Century, Institutional Fields and Mechanisms [J]. Organization Science, 2005, 16(4): 332-343.

De Villiers, C. & Van Staden, C. J. Can Less Environmental Disclosure Have a Legitimising Effect? Evidence from Africa [J]. Accounting, Organizations and Society, 2006, 31(8): 763-781.

De Villiers, C., Low, M. & Samkin, G. The Institutionalisation of Mining

Company Sustainability Disclosures[J]. Journal of Cleaner Production,2014a (84):51-58.

De Villiers, C. & Alexander, D. The Institutionalisation of Corporate Social Responsibility Reporting[J]. The British Accounting Review,2014b,46(2): 198-212.

Deegan, C. Do Australian Companies Report Environmental News Objectively? An Analysis Of Environmental Disclosures by Firms Prosecuted Successfully by The Environmental Protection Authority[J]. Accounting, Auditing and Accountability Journal,1996,9(2):50-67.

Deegan, C. & Gordon, B. A Study of the Environmental Disclosure Practices of Australian Corporations[J]. Accounting and Business Research,1996,26 (3):187-199.

Defond, M. & Zhang, J. A Review of Archival Auditing Research[J]. Journal of Accounting and Economics,2014,52(2-3):275-326.

Delmas, M. A. & Burbano, V. C. The Drivers of Greenwashing[J]. California Management Review,2011,54(1):64-87.

Delmas, M. A. & Montes-Sancho, M. J. Voluntary Agreements to Improve Environmental Quality: Symbolic and Substantive Cooperation[J]. Strategic Management Journal,2010,31(6):575-601.

Dhaliwal, D. S., Li, O. Z., Tsang, A., et al. Voluntary Nonfinancial Disclosure and the Cost of Equity Capital: The Initiation of Corporate Social Responsibility Reporting[J]. The Accounting Review,2011,86(1):59-100.

DiMaggio, J. W. & Powell, W. W. The Iron Cage Revisited: Institutional Isomorphism and Collective Rationality in Organizational Fields [J]. American Sociological Review,1983,48(2):147-160.

Donaldson, G. A New Tool for Boards: the Strategic Audit[J]. Harvard Business Review,1995,73(4):90-107.

Doyle, J. T., Ge, W. & McVay, S. Accruals Quality and Internal Control over Financial Reporting [J]. The Accounting Review, 2007, 82 (5): 1141-1170.

Du, X. How The Market Values Greenwashing? Evidence from China[J]. Journal of Business Ethics,2015,128(3):547-574.

Du, X., Weng, J., Zeng, Q., et al. Do Lenders Applaud Corporate Environmental Performance? Evidence from Chinese Private-Owned Firms [J]. Journal of Business Ethics,2017,143(1):179-207.

Durnev, A. A. & Kim, E. H. To Steal or Not to Steal: Firm Attributes, Legal Environment, and Valuation[J]. Journal of Finance, 2005, 60 (3): 1461-1493.

Dye, R. A. An Evaluation of "Essays on Disclosure" and Disclosure Literature in Accounting[J]. Journal of Accounting and Economics,2001,32 (1):181-235.

Eisenhardt, K. & Graebner, M. Theory Building from Cases: Opportunities and Challenges [J]. The Academy of Management Journal,2007,50(1): 25-32.

Eric, L. L. Green Marketing Goes Negative: The Advent of Reverse Greenwashing [J]. European Journal of Risk Regulation, 2012, 3 (4): 582-588.

Faccio, M., Marchica, M. & Mura, R. Large Shareholder Diversification and Corporate Risk-taking[J]. Review of Financial Studies,2011,24(11): 3601-3641.

Feinstein, N. Learning from the Past Mistakes: Future Regulation to Prevent Greenwashing[J]. Boston College Environmental Affairs Law Reviews, 2013,40(1):229-257.

Feng, Y.C., Huang, R.B., Chen, Y.D., et al. Assessing the Moderating Effect of Environmental Regulation on the Process of Media Reports Affecting Enterprise Investment Inef? ciency in China[J]. Humanities & Social Sciences Communications,2024,11(1):171.

Fifka, M. S. Corporate Responsibility Reporting and Its Determinants in Comparative Perspective—A Review of the Empirical Literature and a Meta-Analysis[J]. Business Strategy and the Environment,2013,22(1):1-35.

Foucault，T. & Fresard，L. Learning from Peers' Stock Prices and Corporate Investment[J]. Journal of Financial Economics,2014,111(3):554-577.

Foulon，J.，Lanoie，P. & Laplante，B. Incentives for Pollution Control: Regulation or Information[J]. Journal of Environmental Economics and Management,2002,44(1):169-187.

Gamper-Rabindran，S. & Finger，S. R. Does Industry Self-Regulation Reduce Pollution? Responsible Care in the Chemical Industry[J]. Journal of Regulation Economics,2013,43(1):1-30.

García，J. H.，Afsah，S. & Sterner，T. Which Firms Are More Sensitive to Public Disclosure Schemes for Pollution Control? Evidence From Indonesia's PROPER Program[J]. Environmental and Resource Economics,2009,42(2):151-168.

García，J. H.，Sterner，T. & Afsah，S. Public Disclosure of Industrial Pollution: The PROPER Approach For Indonesia[J]. Environment and Development Economics,2007,12(6):739-756.

Gcrcía-Ayuso，M. & Larrinaga，C. Environmental Disclosure in Spain: Corporate Characteristics and Media Exposure[J]. Spanish Journal of Finance and Accounting,2003,32(1):184-214.

Garrod，N. Environmental Contingencies and Sustainable Modes of Corporate Governance[J]. Journal of Accounting and Public Policy,2000,19(3):237-261.

Ghazali，N. A. Ownership Structure and Corporate Social Responsibility Disclosure: Some Malaysian Evidence[J]. Corporate Governance: The International Journal of Business in Society,2007,7(3):251-266.

Giannarakis，G.，Andronikidis，A. & Sariannidis，N. Determinants of Environmental Disclosure: Investigating New and Conventional Corporate Governance Characteristics[J]. Annals of Operations Research,2019,294(1-2):87-105.

Gillespie，E. Stemming the Tide of Greenwash[J]. Consumer Policy Review,2008,18(3):79-83.

Goh, B. W. & Li, D. Internal Controls and Conditional Conservatism[J]. The Accounting Review,2011,86(3):975-1005.

Goss, A. & Roberts, G. S. The Impact of Corporate Social Responsibility on the Cost of Bank Loans[J]. Journal of Banking and Finance,2011,35(7): 1794-1810.

Graffin, S. D. , Carpenter, M. A. & Boivie, S. What's All That (Strategic) Noise? Anticipatory Impression Management in CEO Succession[J]. Strategic Management Journal,2011,32(7):748-770.

Griffin, P. A. & Sun, Y. Going Green: Market Reaction to CSR Wire News Releases[J]. Journal of Accounting and Public Policy,2013,32(2):93-113.

Grossman, G. M. & Krueger, A. Economic Growth and The Environment [J]. Quarterly Journal of Economics,1995,110(2):353-377.

Guo, J. , Huang, P. , Zhang, Y. , et al. The Effect of Employee Treatment Policies on Internal Control Weaknesses and Financial Restatements[J]. The Accounting Review,2016,91(4):1167-1194.

Hall, A. , Bockett, G. , Taylor, S. , et al. Why Research Partnerships Really Matter: Innovation Theory, Institutional Arrangements and Implications for Developing New Technology for the Poor[J]. World Development,2001, 29(5):783-797.

Harris, K. J. , Kacmar, K. M. & Zivnuska, S. The Impact of Political Skill on Impression Management Effectiveness[J]. Journal of Applied Psychology,2007,92(1):278-85.

Hart, S. L. & Dowel, G. A Natural-resource-based View of the Firm: Fifteen Years After[J]. Journal of Management,2011,37(5):1461-1479.

Harwood, T. G. & Garry, T. An Overview of Content Analysis[J]. The Marketing Review,2003,3(4):479-498.

Haunschild, P. R. & Miner, A. S. Modes of Inter-organizational Imitation: The Effects of Outcome Salience and Uncertainty[J]. Administrative Science Quarterly,1997,42(3):472-500.

Heflin, F. & Wallace, D. The BP Oil Spill: Shareholder Wealth Effects and

Environmental Disclosures[J]. Journal of Business Finance & Accounting, 2017,44(3-4):337-374.

Henriques, I. & Sadorsky, P. The Relationship between Environmental Commitment and Managerial Perceptions of Stakeholder Importance[J]. The Academy of Management Journal,1999,42(1):87-99.

Hettige, H., Huq, M., Pargal, S., et al. Determinants of Pollution Abatement in Developing Countries: Evidence from South and Southeast Asia[J]. World Development,1996,24(12):1891-1904.

Hillman, A. J. & Wan, W. P. The Determinants of MNE Subsidiaries' Political Strategies: Evidence of Institutional Duality [J]. Journal of International Business Studies,2005,36(3):322-340.

Hoang, P. C., Mcguire, W. & Prakash, A. Reducing Toxic Chemical Pollution in Response to Multiple Information Signals: The 33/50 Voluntary Program and Toxicity Disclosures [J]. Ecological Economics, 2018,146:193-202.

Hodgson, G. Darwinism in Economics from Analogy to Ontology[J]. Journal of Evolutionary Economics,2002,12(3):259-281.

Holcomb, J. Environmentalism and the Internet: Corporate Greenwashers and Environmental Groups[J]. Contemporary Justice Review,2008,11(3): 203-211.

Hu, X., Hua, R., Liu, Q., et al. The Green Fog: Environmental Rating Disagreement and Corporate Greenwashing [J]. Pacific-Basin Finance Journal,2023(78):101962.

Huang, R. B & Chen, D. P. Does Environmental Information Disclosure Benefit Waste Discharge Reduction? Evidence from China[J]. Journal of Business Ethics,2015,129(3):535-552.

Huang R. B. Auditing the Environmental Accountability of Local Officials and the Corporate Green Response: Evidence from China [J]. Applied Economics,2023,55(34):3950-3970.

Hunt, C. B. & Auster, E. R. Proactive Environmental Management:

Avoiding the Toxic Trap [J]. Sloan Management Review,1990,31(2):7-18.

Husted, B. W. & Allen, D. B. Strategic Corporate Social Responsibility and Value Creation: A Study of Multinational Enterprises in Mexico [J]. Management International Review,2009,49(6):781-799.

Iatridis, G. E. Environmental Disclosure Quality: Evidence on Environmental Performance, Corporate Governance and Value Relevance [J]. Emerging Markets Review,2013,14(1):55-75.

Jensen, M. C. & Meckling, W. H. Theory of the Firm: Managerial Behavior, Agency Costs, and Ownership Structure[J]. Journal of Financial Economics,1976,3(4):305 -360.

Jia, K. & Chen, S. W. Could Campaign-Style Enforcement Improve Environmental Performance? Evidence from China's Central Environmental Protection Inspection[J]. Journal of Environmental Management,2019,245 (9):282-290.

John, K. , Litov, L. & Yeung, B. Corporate Governance and Risk Taking [J]. Journal of Finance,2008,63(4):1679-1728.

Johnstone, K. M. & Bedard, J. C. Risk Management in Client Acceptance Decisions[J]. The Accounting Review,2003,78(4):1003-1025.

Johnstone, K. M. , Li, C. & Rupley, K. H. Changes in Corporate Governance Associated with the Revelation of Internal Control Material Weakness and Their Subsequent Remediation[J]. Contemporary Accounting Research,2011,28(1):331-381.

Jordan, A. , Wurzel, R. & Zito, A. R. "New" Instruments of Environmental Governance: Patterns and Pathways of Change[J]. Environmental Politics, 2003,12(1):1-24.

Jose, A. & Lee, S. M. , Environmental Reporting of Global Corporations: A Content Analysis Based on Website Disclosures [J]. Journal of Business Ethics,2007,72(4):307-321.

Joshi, S. , Ranjani, K. & Lester, L. Estimating The Hidden Costs of Environmental Regulation [J]. The Accounting Review, 2001, 76 (2):

171-198.

Julian, S. D. & Ofori-Dankwa, J. C. Financial Resource Availability and Corporate Social Responsibility Expenditures in a Subsaharan Economy: The Institutional Difference Hypothesis[J]. Strategic Management Journal, 2013,34(11):1314-1330.

Kang, Y. F. & Liu, Y. L. Environmental Stringency and Foreign Direct Investment Inflows: Testing The Pollution Haven Hypothesis in China[J]. Journal of International Business and Economics,2009,9(3):19-31.

Karna, J., Juslin, H., Ahonen, V., et al. Green Advertising: Greenwash or A True Reflection of Marketing Strategy [J]. Greener Management International,2001,33(3):59-70.

Kathuria, V. Controlling Water Pollution In Developing and Transition Countries: Lessons From Three Successful Cases [J]. Journal of Environmental Management,2006,78(4):405-426.

Kathuria, V. Public Disclosures: Using Information to Reduce Pollution in Developing Countries[J]. Environment, Development and Sustainability, 2009,11(5):955-970.

Keshk, O. M. CDSIMEQ: A Program to Implement Two-stage Probit Least Squares[J]. The Stata Journal,2003,3(2):157-167.

Khan, A., Muttakin, M. B. & Siddiqui, J. Corporate Governance and Corporate Social Responsibility Disclosure: Evidence from An Emerging Economy[J]. Journal of Business Ethics,2013,114(2):207-223.

Khanna, M. Non-Mandatory Approaches to Environmental Protection[J]. Journal of Economic Surveys,2001,15(3):291-324.

King, A. A., Lenox, M. J. & Terlaak, A. The Strategic Use of Decentralized Institutions: Exploring Certification with the ISO 14001 Management Standards[J]. Academy of Management Journal,2005,48(6): 1091-1106.

Koehler, D. A. The Effectiveness of Voluntary Environmental Programs—A Policy at a Crossroads[J]. Policy Studies Journal,2008,35(4):689-722.

Koehler, D. A. & Spengler, J. D. The Toxic Release Inventory: Fact or Fiction? A Case Study of The Primary Aluminum Industry[J]. Journal of Environmental Management,2007,85(2):296-307.

Kollman, K. & Prakash, A. Green by Choice? Cross-National Variations in Firms' Responses to EMS-Based Environmental Regimes [J]. World Politics,2001,53(3):399-430.

Kolstad,D. C. Empirical Properties of Economic Incentives and Command-And-Control Regulations For Air Pollution Control[J]. Land Economics, 1986,62(3):250-268.

Konisky, D. Public Preferences for Environmental Policy Responsibility[J]. Publius: The Journal of Federalism,2011,41(1):76-100.

Kouloukoui, D. , Sant'Anna, Â. M. , Silva, G. S. , et al. Factors Influencing the Level of Environmental Disclosures in Sustainability Reports: Case of Climate Risk Disclosure by Brazilian Companies [J]. Corporate Social Responsibility and Environmental Management, 2019, 26 (4):791-804.

Kuo, L. , Yeh, C. C. & Yu, H. C. Disclosure of Corporate Social Responsibility and Environmental Management: Evidence from China[J]. Corporate Social Responsibility and Environmental Management, 2012, 19 (5):273-287.

Kvalseth,T. A Coefficient of Agreement for Nominal Scales: An Asymmetric Version of Kappa[J]. Educational and Psychological Measurement,1991,51 (1):95-101.

Lagasio, V. & Cucari, N. Corporate Governance and Environmental Social Governance Disclosure: A Meta-Analytical Review [J]. Corporate Social Responsibility and Environmental Management,2019,26(4):701-711.

Lan, J. , Kakinaka,M. & Huang,X. G. Foreign Direct Investment, Human Capital and Environmental Pollution in China [J]. Environmental and Resource Economics,2012,51(2):255-275.

Laufer, W. S. Social Accountability and Corporate Greenwashing[J]. Journal of Business Ethics,2003,43(3):253-261.

Leary, M. & Kowalski, R. Impression Management: A Literature Review and Two-Component Model[J]. Psychological Bulletin,1990,107(1):34-47.

Lennox, C. Do Companies Successfully Engage in Opinion Shopping? Evidence from the UK[J]. Journal of Accounting and Economics,2000,29 (3):321-337.

Lewis, B. W., Walls, J. L. & Dowell, G. W. Difference in Degrees: CEO Characteristics and Firm Environmental Disclosure [J]. Strategic Management Journal,2014,35(5):712-722.

LI, H. & Zhou, L. Political Turnover and Economic Performance: The Incentive Role of Personnel Control in China [J]. Journal of Public Economics,2005,89(9):1743-1762.

Li, K., Long, C. & Wan, W. Public Interest or Regulatory Capture: Theory and Evidence from China's Airfare Deregulation[J]. Journal of Economic Behavior & Organization,2019,160(5):343-365.

Li, P., Lu, Y. & Wang, J. Does Flattening Government Improve Economic Performance? Evidence from China[J]. Journal of Development Economics, 2016,123(11):18-37.

Li, Q., Li, T., Chen, H., et al. Executives' Excess Compensation, Legitimacy, and Dnvironmental Information Disclosure in Chinese Heavily Polluting Companies: The Moderating Role of Media Pressure [J]. Corporate Social Responsibility and Environmental Management, 2019, 26 (1):248-256.

Li, W. & Lu, X. Institutional Interest, Ownership Type, and Environmental Capital Expenditures: Evidence from the Most Polluting Chinese Listed Firms[J]. Journal of Business Ethics,2016,138(3):459-476.

Li, W. X. Self-Motivated Versus Forced Disclosure of Environmental Information in China: A Comparative Case Study of The Pilot Disclosure Programmes[J]. The China Quarterly,2011,206(6):331-351.

Li, W. X., Liu, J. Y. & Li, D. D. Getting Their Voices Heard: Three Cases

Of Public Participation in Environmental Protection in China[J]. Journal of Environmental Management,2012,98(1):65-72.

Liao, L. , Luo, L. & Tang, Q. L. Gender Diversity, Board Independence Environmental Committee and Greenhouse Gas Disclosure[J]. The British Accounting Review,2015,47(4):409-424.

Lieberman, M. B. & Asaba, S. Why Do Firms Imitate Each Other[J]. The Academy of Management Review,2006,31(2):366-385.

Lightfoot, S. & Burchell, J. Green Hope or Greenwash? The Actions of the European Union at the World Summit on Sustainable Development [J]. Global Environmental Change,2004,14(4):337-344.

Lim, A. & Tsutsui, K. Globalization and Commitment in Corporate Social Responsibility: Cross-national Analysis of Institutional and Political-economy Effects[J]. American Sociological Review,2012,77(1):69-98.

Lin, J. Y. , Long, C. H. & Yi, C. Z. Has Central Environmental Protection Inspection Improved Air Quality? Evidence from 291 Chinese Cities[J]. Environmental Impact Assessment Review,2021(90):106621.

Lokuwaduge, C. & Heenetigala, K. Integrating Environmental, Social and Governance (ESG) Disclosure for a Sustainable Development: An Australian Study[J]. Business Strategy and the Environment,2017,26(4): 438-450.

Lu, H. , Richardson, G. & Salterio, S. Direct and Indirect Effects of Internal Control Weaknesses on Accrual Quality: Evidence from a Unique Canadian Regulatory Setting[J]. Contemporary Accounting Research,2011, 28(2):675-707.

Lu, Y. & Abeysekera, I. Stakeholders' Power, Corporate Characteristics, and Social and Environmental Disclosure: Evidence from China[J]. Journal of Cleaner Production,2014(64):426-436.

Lundqvist, L. J. Implementation from Above: The Ecology of Sweden's New Environmental Governance[J]. Governance,2001,14(3):319-337.

Lyon, T. P. & Maxwell, J. W. Greenwash: Corporate Environmental

Disclosure under Threat of Audit[J]. Journal of Economics & Management Strategy,2011,20(1):3-41.

Lyon, T. P. & Montgomery, A. W. Tweetjacked: The Impact of Social Media on Corporate Greenwash[J]. Journal of Business Ethics,2013,118 (4):747-757.

Mahenc, P. Wasteful Labeling[J]. Journal of Agricultural & Food Industrial Organization,2009,7(2):1-18.

Marquis, C. , Toffel, M. W. & Zhou, Y. Scrutiny, Norms, and Selective Disclosure: A Global Study of Greenwashing[J]. Organization Science, 2016,27(2):483-504.

Masli, A. , Peters, G. F. , Richardson, V. J. , et al. Examining the Potential Benefits of Internal Control Monitoring Technology[J]. The Accounting Review,2010,85(3):1001-1034.

Matejek, S. & Gössling, T. Beyond Legitimacy: A Case Study in BP's "Green Lashing"[J]. Journal of Business Ethics,2014,120(4):571-584.

Meng, X. H. , Zeng, S. X. , Shi, J. J. , et al. The Relationship between Corporate Environmental Performance and Environmental Disclosure: An Empirical Study in China[J]. Journal of Environmental Management,2014 (145):357-367.

Meng, X. H. , Zeng, S. X. , Tam, C. M. et al. Whether Top Executives' Turnover Influence Environmental Responsibility: From the Perspective of Environmental Information Disclosure [J]. Journal of Business Ethics, 2013a,114(2):341-353.

Meng, X. H. , Zeng, S. X. & Tam, C. M. From Voluntarism to Regulation: A Study on Ownership, Economic Performance and Corporate Information Disclosure in China[J]. Journal of Business Ethics,2013b,116 (1):217-232.

Merchant, K. The Effect of Financial Controls on Data Manipulation and Management Myopia[J]. Accounting, Organizations and Society,1990,15 (4):297-313.

Meyes, J. W. & Rowan, B. Institutionalized Organizations: Formal Structure as Myth and Ceremony[J]. American Journal of Sociology, 1977, 83(2):340-363.

Miller, A. M. & Bush, S. R. Authority without Credibility? Competition and Conflict between Ecolabels in Tuna Fisheries[J]. Journal of Cleaner Production, 2015(107):137-145.

Mitra, S., Jaggi, B. & Hossain, M. Internal Control Weaknesses and Accounting Conservatism: Evidence From the Post-Sarbanes-Oxley Period [J]. Journal of Accounting, Auditing & Finance, 2013, 28(2):152-191.

Mohamed, A. A., Gardner, W. L. & Paolillo, J. P. A Taxonomy of Organizational Impression Management Tactics [J]. Advances in Competitiveness Research, 1999, 7(1):108-130.

Molina-Azorín, J., Claver-Cortés, E., López-Gamero, M., et al. Green Management and Financial Performance: A Literature Review [J]. Management Decision, 2013, 47(7):1080-1100.

Moon, J., Crane, A. & Matten, D. Can Corporations Be Citizens? Corporate Citizenship as A Metaphor for Business Participation in Society[J]. Business Ethics Quarterly, 2005, 15(3):429-453.

Moser, D. V. & Martin, P. R. A Broader Perspective on Corporate Social Responsibility Research in Accounting[J]. The Accounting Review, 2012, 87(3):797-806.

Neal, T. L. & Riley, R. R. Auditor Industry Specialist Research Design[J]. Auditing: A Journal of Practice & Theory, 2004, 23(2):169-177.

Neu, D., Warsame, H. & Pedwell, K. Managing Public Impressions: Environmental Disclosure in Annual Reports[J]. Accounting, Organizations and Society, 1998, 23(3):265-282.

Newell, S. L., Goldsmith, R. E. & Banzhaf, E. J. The Effect of Misleading Environmental Claims on Consumer Perceptions of Advertisements [J]. Journal of Marketing Theory and Practice, 1998, 6(2):48-60.

Niskala, M. & Pretes, M. Environmental Reporting in Finland: A Note on the Use of Annual Reports[J]. Accounting, Organizations and Society, 1995,20(6):457-566.

Nordberg-Bohm, V. Stimulating "Green" Technological Innovation: An Analysis of Alternative Policy Mechanisms[J]. Policy Sciences,1999,32(1): 13-38.

Nylasy, G. , Gangadharbatla, H. & Paladino, A. Perceived Greenwashing: The Interactive Effects of Green Advertising and Corporate Environmental Performance on Consumer Reactions[J]. Journal of Business Ethics,2014, 125(4):693-707.

O'Dwyer, B. & Owen, D. L. Assurance Statement Practice in Environmental, Social and Sustainability Reporting: A Critical Evaluation [J]. British Accounting Review,2005,37(2):205-229.

Oliver, C. Strategic Responses to Institutional Processes[J]. Academy of Management Review,1991,16(1):145-179.

Ordanini, A. , Rubera, G. & Defillippi, R. The Many Moods of Inter-Organizational Imitation: A Critical Review[J]. International Journal of Management Review,2008,10(4):375-398.

Orsato, R. J. Competitive Environmental Strategies: When Does it Pay to Be Green? [J]. California Management Review,2006,48(2):127-143.

Ortas, E. , Gallego-Alvarez, I. & Álvarez Etxeberria, I. Financial Factors Influencing the Quality of Corporate Social Responsibility and Environmental Management Disclosure: A Quantile Regression Approach [J]. Corporate Social Responsibility and Environmental Management,2015, 22(6):362-380.

Osma, B. G. & Guillamón-Saorín, E. Corporate Governance and Impression Management in Annual Results Press Releases [J]. Accounting Organizations and Society,2011,36(4):187-208.

Ozen, S. & Kusku, F. Corporate Environmental Citizenship Variation in Developing Countries: An Institutional Framework[J]. Journal of Business Ethics,2009,89(2):297-313.

Parguel, B., Benoît-Moreau, F. & Larceneux, F. How Sustainability Ratings Might Deter "Greenwashing": Closer Look at Ethical Corporate Communication[J]. Journal of Business Ethics, 2011, 102(1): 15-28.

Patten, D. M. Exposure, Legitimacy & Social Disclosure[J]. Journal of Accounting and Public Policy, 1991, 10(4): 297-308.

Patten, D. M. Intraindustry Environment at Disclosures in Response to the Alaskan Oil Spill: Anode on Legitimacy Theory [J]. Accounting, Organizations and Society, 1992, 17(5): 471-475.

Patten, D. M. The Accuracy of Financial Report Projections of Future Environmental Capital Expenditures: A Research Note[J]. Accounting, Organizations and Society, 2005, 30(5): 457-468.

Patten, D. M. & Trompeter, G. Corporate Responses to Political Costs: An Examination of the Relation between Environmental Disclosure and Earnings Management[J]. Journal of Accounting and Public Policy, 2003, 22(1): 83-94.

Pedersen, E. R. & Neergaad, P. Caveat Emptor—Let the Buyer Beware! Environmental Labelling and the Limitations of "Green" Consumerism[J]. Business Strategy and the Environment, 2006, 15(1): 15-29.

Peters, G. F. & Romi, A. M. Does the Voluntary Adoption of Corporate Governance Mechanisms Improve Environmental Risk Disclosures? Evidence from Greenhouse Gas Emission Accounting[J]. Journal of Business Ethics, 2014, 125(4): 637-666.

Pflugrath, G., Roebuck, P. & Simnett, R. Impact of Assurance and Assurer's Professional Affiliation on Financial Analysts' Assessment of Credibility of Corporate Social Responsibility Information[J]. Auditing: A Journal of Practice & Theory, 2011, 30(3): 239-254.

Polonsky, M. J., Grau, S. L. & Garma, R. The New Greenwash? Potential Marketing Problems with Carbon Offsets [J]. International Journal of Business Study, 2010, 18(1): 49-54.

Power, M. Expertise and the Construction of Relevance Accountants and

Environmental Audit [J]. Accounting, Organization and Society, 1997, 22 (2):123-146.

Powers, N., Blackman, A., Lyon, T. P., et al. Does Disclosure Reduce Pollution? Evidence from India's Green Rating Project[J]. Environmental and Resource Economics, 2011, 50(1):131-155.

Pucheta-Martínez, M. C. & López-Zamora, B. Engagement of Directors Representing Institutional Investors on Environmental Disclosure [J]. Corporate Social Responsibility and Environmental Management, 2018, 25 (6):1108-1120.

Qiu, Y., Shaukat, A. & Tharyan, R. Environmental and Social Disclosures: Link with Corporate Financial Performance[J]. British Accounting Review, 2016, 48(1):102-116.

Ramus, C. A. & Montiel, I. When are Corporate Environmental Policies a Form of Greenwashing[J]. Business and Society, 2005, 44(4):377-414.

Ricky, Y. K. & Lorett, B. Y. Antecedents Of Green Purchases: A Survey in China[J]. Journal of Consumer Marketing, 2000, 17(4):338-357.

Robert, K. Y. Case Study: Research: Design and Methods[M]. 4th Edition. California: Sage Publications, 2009.

Roberts, L. M. Changing Faces: Professional Image Construction in Diverse Organizational Settings[J]. Academy of Management Review, 2005, 30(4): 685-711.

Rock, M. T. Pathways to Industrial Environmental Improvement in The East Asian Newly Industrializing Economies [J]. Business Strategy and the Environment, 2002, 11(2):90-102.

Roulet, T. J. & Touboul, S. The Intentions with Which the Road is Paved: Attitudes to Liberalism as Determinants of Greenwashing[J]. Journal of Business Ethics, 2015, 128(2):305-320.

Roychowdhury, S. Earnings Management through Real Activities Manipulation[J]. Journal of Accounting and Economics, 2006, 42(3): 335-370.

Rupley, K. H. , Brown, D. & Marshall, R. S. Governance, Media and the Quality of Environmental Disclosure[J]. Journal of Accounting and Public Policy,2012,31(6):610-640.

Salmeron, J. L. An Information Technologies and Information Systems Industry-based Classification in Small and Medium-sized Enterprises: An Institutional View[J]. European Journal of Operational Research,2006,173 (3):1012-1025.

Scott, W. R. Institutions and Organizations[M]. Thousand Oaks: Sage, 1995:76.

Sharfman, M. P. & Fernando, C. S. Environmental Risk Management and the Cost of Capital[J]. Strategic Management Journal,2008,29(6):569-592.

Sharma, S. & Vredenburg, H. Proactive Corporate Environmental Strategy and the Development of Competitively Valuable Organizational Capabilities [J]. Strategic Management Journal,1998,19(8):729-753.

Shyam-Sunder, L. & Myers, S. C. Testing Static Tradeoff against Pecking Order Models of Capital Structure[J]. Journal of Financial Economics,1999, 51(2):219-244.

Siboni, B. AAA1000 Assurance Standard[R]. London: Accountability,2008, 1-26.

Simunic, D. The Pricing of Audit Services: Theory and Evidence[J]. Journal of Accounting Research,1980,18(1):161-190.

Slack, K. Mission Impossible? Adopting A CSR-based Business Model for Extractive Industries in Developing Countries[J]. Resource Policy,2012,37 (2):179-184.

Slaughter, S. The Republican State and Global Environmental Governance [J]. Good Society Journal,2008,17(2):25-31.

Stavins, R. N. Correlated Uncertainty and Policy Instrument Choice [J]. Journal of Environmental Economics and Management, 1996, 30 (2): 218-232.

Suchman, M. C. Managing Legitimacy: Strategic and Institutional

Approaches [J]. Academy of Management Review,1995,20(3):571-610.

Tagesson, T., Blank, V., Broberg, P., et al. What Explains the Extent and Content of Social and Environmental Disclosures on Corporate Websites: A Study of Social and Environmental Reporting in Swedish Listed Corporatons [J]. Corporate Social Responsibility and Environmental Management,2009, 16(6):352-364.

Testa, F., Boiral, O. & Iraldo, F. Internalization of Environmental Practices and Institutional Complexity: Can Stakeholders Pressures Encourage Greenwashing [J]. Journal of Business Ethics, 2018, 147 (2): 287-307.

Tetlock, P. E. & Manstead, A. S. Impression Management versus Intrapsychic Explanations in Social Psychology [J]. Psychological Review, 1985,92(1):59-77.

Tietenberg, T. H. Disclosure Strategies for Pollution Control [J]. Environmental and Resource Economics,1998,11(3):587-602.

Todd, A. M. The Aesthetic Turn in Green Marketing: Environmental Consumer Ethics of Natural Personal Care Products [J]. Ethics and the Environment,2004,9(2):86-102.

Toni, M. & John, B. In and Out the Revolving Door: Making Sense of Regulatory Capture[J]. Journal of Public Policy,1992,12(1):61-78.

Uchida, T. Information Disclosure Policies: When Do They Bring Environmental Improvements [J]. International Advances in Economic Research,2007,13(1):47-64.

Ufere, N., Perelli, S., Boland, R., et al. Merchants of Corruption: How Entrepreneurs Manufacture and Supply Bribes [J]. World Development, 2012,40(12):2440-2453.

Van Der Ploeg, L. & Vanclay, F. Credible Claim or Corporate Spin?: A Checklist to Evaluate Corporate Sustainability Reports [J]. Journal of Environmental Assessment Policy and Management,2013,15(3):1-21.

Venard, B & Hanafi, M. Organizational Isomorphism and Corruption in

Financial Institutions: Empirical Research in Emerging Countries[J]. Journal of Business Ethics,2008,81(2):481-498.

Vromen, J. J. Evolutionary Economics: Precursors, Paradigmatic Propositions: Puzzles and Prospects[C]//Reijnders, J (ed.). Economics and Evolution. Cheltenham: Edward Elgar Publishing Limited,1997:54-55.

Waarden, F. V. & Drahos, M. Courts and (Epistemic) Communities in the Convergence of Competition Policies[J]. Journal of European Public Policy, 2002,9(6):913-934.

Walden, D. W. & Schwartz, B. Environmental Disclosures and Public Policy Pressure[J]. Journal of Accounting and Public Policy,1997,16(2):125-154.

Walker, K. & Wan, F. The Harm of Symbolic Actions and Green-washing: Corporate Actions and Communications on Environmental Performance and Their Financial Implications[J]. Journal of Business Ethics, 2012, 109(2): 227-242.

Wang, H. Pollution Regulation and Abatement Efforts: Evidence From China [J]. Ecological Economics,2002,41(1):85-94.

Wang, H. & Jin, Y. H. Industrial Ownership and Environmental Performance: Evidence from China [J]. Environmental and Resource Economics,2007,36(3):255-273.

Wang, H. & Wheeler, D. Financial Incentives and Endogenous Enforcement in China's Pollution Levy System[J]. Journal of Environmental Economics and Management,2005,49(1):174-196.

Wang, H. & Wheeler, D. Equilibrium Pollution and Economic Development in China[J]. Environment and Development Economics,2003,8(3):451-466.

Wang, H., Bi, J., Wheeler, D., et al. Environmental Performance Rating and Disclosure: China's Green Watch Program[J]. Journal of Environmental Management,2004,71(2):123-133.

Wang, Y. C., Huang, H. W., Chiou, J. R. et al. The Effects of Industry Expertise on Cost of Debt: An Individual Auditor-level Analysis[J]. Asian Review of Accounting,2017,25(3):322-334.

Weaver, G. R. , Treviño, L. K. & Cochran, P. L. Integrated and Decoupled Corporate Social Performance: Management Commitments, External Pressures, and Corporate Ethics Practices[J]. Academic of Management Journal,1999,42(5):539-552.

Wiseman, J. An Evaluation of Environmental Disclosures Made in Corporate Annual Reports[J]. Accounting, Organizations and Society,1982,7(1): 53-63.

Witt, U. Evolution as the Theme of a New Heterodoxy in Economics[C]// Witt, U. (ed.). Explaining Process and Change: Approaches to Evolutionary Economics. Ann Arbor: University of Michigan Press,1992: 3-5.

Wu, T. , Wu, J. C. , Chen, Y. J. , et al. Aligning Supply Chain Strategy with Corporate Environmental Strategy: A Contingency Approach[J]. International Journal of Production Economics,2014,147(1):220-229.

Wu, Y. R. Regional Environmental Performance and Its Determinants in China[J]. China & World Economy,2010,18(3):73-89.

Xiang, C. & van Gevelt, T. Central Inspection Teams and The Enforcement of Environmental Regulations in China[J]. Environmental Science & Policy, 2020,112(10):431-439.

Yang, Y. & Driffield, N. Multinationality-performance Relationship[J]. Management International Review,2012,52(1):23-47.

Yang, Z. , Nguyen, TTH. , Nguyen, H. N. , et al. Greenwashing Behaviours: Causes, Taxonomy and Consequences Based on A Systematic Literature Review[J]. Journal of Business Economics and Management, 2020,21(5):1486-1507.

Yao, S. & Liang, H. Firm Location, Political Geography and Environmental Information Disclosure[J]. Applied Economics,2017,49(3):251-262.

Yusoff, H. & Lehman, G. Corporate Environmental Reporting Through the Lens of Semiotics[J]. Asian Review of Accounting,2009,17(3):226-246.

Zeng, S. X. , Xu, X. D. , Yin, H. T. , et al. Factors that Drive Chinese

Listed Companies in Voluntary Disclosure of Environmental Information [J]. Journal of Business Ethics,2012,109(3):309-321.

Zeng,S. X.,Xu,X. D.,Dong,Z. Y.,et al. Towards Corporate Environmental Information Disclosure:An Empirical Study In China[J]. Journal of Cleaner Production,2010,18(12):1142-1148.

Zhang,D. Y. Green Financial System Regulation Shock and Greenwashing Behaviors:Evidence from Chinese Firms[J]. Energy Economics,2022(111):106064.

Zhu,Z. C. & Linstone,H. A. Towards Synergy in Multi Perspective Management:An American-Chinese Case [J]. Human Systems Management,2000,19(1):25-37.

包群,邵敏,杨大利.环境管制抑制了污染排放吗[J].经济研究,2013(12):42-54.

毕茜,顾立盟,张济建.传统文化、环境制度与企业环境信息披露[J].会计研究,2015(3):12-19,94.

毕茜,彭珏,左永彦.环境信息披露制度、公司治理和环境信息披露[J].会计研究,2012(7):39-47.

毕思勇,张龙军.企业漂绿行为分析[J].财经问题研究,2010(10):97-100.

蔡海静,汪祥耀,谭超.绿色信贷政策、企业新增银行借款与环保效应[J].会计研究,2019(3):88-95.

常莹莹,曾泉.环境信息透明度与企业信用评级——基于债券评级市场的经验证据[J].金融研究,2019(5):132-151.

陈冬华,陈信元,万华林.国有企业中的薪酬管制与在职消费[J].经济研究,2005(2):92-101.

陈立敏,刘静雅,张世蕾.模仿同构对企业国际化—绩效关系的影响——基于制度理论正当性视角的实证研究[J].中国工业经济,2016(9):127-143.

陈璇,钱维.新《环保法》对企业环境信息披露质量的影响分析[J].中国人口、资源与环境,2018,28(12):76-86.

陈毓圭.环境会计和报告的第一份国际指南——联合国国际会计和报告标准政府间专家工作组第 15 次会议记述[J].会计研究,1998(5):2-9.

陈振明.公共政策分析[M].北京:中国人民大学出版社,2003.

谌仁俊,肖庆兰,兰受卿,等.中央环保督察能否提升企业绩效?——以上市工业企业为例[J].经济评论,2019(5):36-49.

崔也光,李博,孙玉清.公司治理、财务状况能够影响碳信息披露质量吗?——基于中国电力行业上市公司的数据[J].经济与管理研究,2016(8):125-133.

戴慧婷,沈洪涛.国外企业社会责任报告鉴证研究述评[J].会计与经济研究,2012(6):44-48.

邓辉,甘天琦,涂正革.大气环境治理的中国道路——基于中央环保督察制度的探索[J].经济学(季刊),2021(5):1591-1614.

翟华云,郑军,方芳.社会责任表现、报告鉴证与审计定价[J].证券市场导报,2014(6):32-37.

丁志国,张洋,丁钰洋.上市公司委托代理成本内生时变特征的实证判别与理论猜想[J].数量经济技术经济研究,2016(9):95-111.

杜建军,刘洪儒,吴浩源.环保督察制度对企业环境保护投资的影响[J].中国人口、资源与环境,2020(11):151-159.

方颖,郭俊杰.中国环境信息披露政策是否有效:基于资本市场反应的研究[J].经济研究,2018(10):158-174.

葛家澍,李若山.九十年代西方会计理论的一个新思潮——绿色会计理论[J].会计研究,1992(5):1-6.

耿建新,焦若静.上市公司环境会计信息披露初探[J].会计研究,2002(1):43-47.

缑倩雯,蔡宁.制度复杂性与企业环境战略选择:基于制度逻辑视角的解读[J].经济社会体制比较,2015(1):125-138.

顾基发.物理事理人理系统方法论的实践[J].管理学报,2011(3):317-322.

韩丽荣,高瑜彬,盛金,等.注册会计师是否关注了环境事项——来自中国沪市重污染行业的经验证据[J].当代会计评论,2013(2):37-53.

何贤杰,肖士盛,陈信元.企业社会责任信息披露与公司融资约束[J].财经研究,2012(8):60-71.

胡光旗,踪家峰,甘任嘉.中央督察下的地方环境竞赛与区域协同治理模式[J].人文杂志,2022(2):50-60.

黄北辰,聂卓,席天扬.环保督察与企业信息披露——来自上市公司的证据[J].
　南方经济,2021(6):87-100.

黄珺,陈英.企业社会贡献度对环境信息披露的影响——来自上证治理板块上
　市公司的经验证据[J].湖南大学学报(社会科学版),2012(2):55-58.

黄凯南.现代演化经济学基础理论研究[M].浙江:浙江大学出版社,2010.

黄溶冰,陈伟,王凯慧.外部融资需求、印象管理与企业漂绿[J].经济社会体制
　比较,2019(3):81-93.

黄溶冰,储芳.第三方鉴证是否有助于抑制企业"漂绿"[J].中国注册会计师,
　2021(8):38-42.

黄溶冰,储芳.中央环保督察、绩效考核压力与企业"漂绿"[J].中国地质大学学
　报(社会科学版),2023(1):70-86.

黄溶冰,谢晓君,周卉芬.企业漂绿的"同构"行为[J].中国人口、资源与环境,
　2020(11):139-150.

黄溶冰,赵谦.演化视角下的企业漂绿问题研究:基于中国漂绿榜的案例分析
　[J].会计研究,2018(4):11-19.

黄溶冰.基于 WSR 的人本和谐与内部控制有效性[J].管理评论,2021(5):
　76-86.

黄溶冰.企业漂绿问题及其治理[J].湖湘论坛,2022(5):98-107.

黄溶冰.企业漂绿行为影响审计师决策吗[J].审计研究,2020(3):57-67.

黄世忠.谱写欧盟 ESG 报告新篇章——从 NFRD 到 CSRD 的评述[J].财会月
　刊,2021(20):16-23.

黄艺翔,姚铮.企业社会责任报告、印象管理与企业业绩[J].经济管理,2016
　(1):105-115.

贾根良.演化经济学导论[M].北京:中国人民大学出版社,2015.

蒋先玲,徐鹤.中国商业银行绿色信贷运行机制研究[J].中国人口、资源与环
　境,2016(5):490-492.

蒋尧明,郑莹."羊群效应"影响下的上市公司社会责任信息披露同形性研究
　[J].当代财经,2015(12):109-117.

颉茂华,焦守滨.不同所有权公司环境信息披露质量对比研究[J].经济管理,
　2013(11):178-188.

黎文靖.所有权类型、政治寻租与公司社会责任报告:一个分析性框架[J].会计研究,2012(1):81-88,97.

李朝芳.地区经济差异、企业组织变迁与环境会计信息披露——来自中国沪市污染行业 2009 年度的经验数据[J].审计与经济研究,2012(1):68-78.

李大元,黄敏,周志方.组织合法性对企业碳信息披露影响机制研究——来自 CDP 中国 100 的证据[J].研究与发展管理,2016(5):44-54.

李大元,贾晓琳,辛琳娜.企业漂绿行为研究述评与展望[J].外国经济与管理,2015(12):86-96.

李建发,肖华.我国企业环境报告:现状、需求与未来[J].会计研究,2002(4):42-50.

李维安,徐建,姜广省.绿色治理准则:实现人与自然的包容性发展[J].南开管理评论,2017(5):23-28.

李伟.不确定环境下会计稳健性对审计收费、审计意见的影响[J].审计研究,2015(1):91-98.

李依,高达,卫平.中央环保督察能否诱发企业绿色创新?[J].科学学研究,2021(8):1504-1516.

李哲,王文翰,王遥.企业环境责任表现与政府补贴获取——基于文本分析的经验证据[J].财经研究,2022(2):78-92.

李哲."多言寡行"的环境披露模式是否会被信息使用者摒弃[J].世界经济,2018(12):167-188.

李正,李增泉.企业社会责任报告鉴证意见是否具有信息含量——来自我国上市公司的经验证据[J].审计研究,2012(1):78-86.

李正,向锐.中国企业社会责任信息披露的内容界定、计量方法和现状研究[J].会计研究,2007(7):3-11,95.

李志斌.内部控制与环境信息披露——来自中国制造业上市公司的经验证据[J].中国人口、资源与环境,2014(6):77-83.

林斌,林东杰,谢凡,等.基于信息披露的内部控制指数研究[J].会计研究,2016(12):12-20,95.

林润辉,谢宗晓,李娅,等.政治关联、政府补助与环境信息披露——资源依赖理论视角[J].公共管理学报,2015(2):30-41,154-155.

蔺雪春,甘金球,吴波.当前生态文明政策实施困境与超越——基于第一批中央环保督察"回头看"案例分析[J].社会主义研究,2020(1):76-83.

刘传红,王春淇.社会监督创新与"漂绿广告"有效监管[J].中国地质大学学报(社会科学版),2016(6):90-97.

刘海龙.对生物进化自组织理论具体机制的探讨[J].科学技术与辩证法,2005(6):36-39.

刘海英.企业环境绩效与绿色信贷的关联性——基于采掘服务、造纸和电力行业的数据样本分析[J].中国特色社会主义研究,2017(3):85-92.

刘满凤,陈梁.环境信息公开评价的污染减排效应[J].中国人口、资源与环境,2020(10):53-63.

刘瑞明,金田林.政绩考核、交流效应与经济发展——兼论地方政府行为短期化[J].当代经济科学,2015(3):9-18.

刘文军,米莉,傅倞轩.审计师行业专长与审计质量——来自财务舞弊公司的经验证据[J].审计研究,2010(1):47-54.

刘亦文,王宇,胡宗义.中央环保督察对中国城市空气质量影响的实证研究——基于"环保督查"到"环保督察"制度变迁视角[J].中国软科学,2021(10):21-31.

刘张立,吴建南.中央环保督察改善空气质量了吗?——基于双重差分模型的实证研究[J].公共行政评论,2019(2):23-42.

刘长翠,孔晓婷.社会责任会计信息披露的实证研究——来自沪市 2002 年—2004 年度的经验数据[J].会计研究,2006(10):36-43,95.

龙硕,胡军.政企合谋视角下的环境污染:理论与实证研究[J].财经研究,2014(10):131-144.

娄成武,韩坤.嵌入与重构:中央环保督察对中国环境治理体系的溢出性影响——基于央地关系与政社关系的整体性视角分析[J].中国地质大学学报(社会科学版),2021(5):58-69.

陆蓉,常维.近墨者黑:上市公司违规行为的"同群效应"[J].金融研究,2018(8):172-189.

陆正飞,胡诗阳.股东—经理代理冲突与非执行董事的治理作用——来自中国 A 股市场的经验证据[J].管理世界,2015(1):129-138.

陆正飞,祝继高,樊静.银根紧缩、信贷歧视与民营上市公司投资者利益损失[J].金融研究,2009(8):124-136.

罗三保,杜斌,孙鹏程.中央生态环境保护督察制度回顾与展望[J].中国环境管理,2019(5):16-19.

罗小芳,卢现祥.环境治理中的三大制度经济学学派:理论与实践[J].国外社会科学,2011(6):56-66.

吕明晗,徐光华,沈弋,等.异质性债务治理、契约不完全性与环境信息披露[J].会计研究,2018(5):67-74.

孟晓华,张曾.利益相关者对企业环境信息披露的驱动机制研究——以 H 石油公司渤海漏油事件为例[J].公共管理学报,2013(3):90-102,141.

纳尔逊·温特.经济变迁的演化理论[M].胡世凯,译.北京:商务印书馆,1997.

南开大学绿色治理准则课题组.《绿色治理准则》及其解说[J].南开管理评论,2017(5):4-22.

倪娟,孔令文.环境信息披露、银行信贷决策与债务融资成本——来自我国沪深两市 A 股重污染行业上市公司的经验证据[J].经济评论,2016(1):147-156.

欧文·戈夫曼.日常生活中的自我呈现[M].黄爱华,冯刚,译.杭州:浙江人民出版社,1989.

潘爱玲,刘昕,邱金龙,等.媒体压力下的绿色并购能否促使重污染企业实现实质性转型[J].中国工业经济,2019(2):174-192.

潘克勤.客户潜在法律风险、审计师规模层级与审计应对策略差异[J].中国会计评论,2011(4):461-483.

钱先航,曹廷求,李维安.晋升压力、官员任期与城市商业银行的贷款行为[J].经济研究,2011(12):72-85.

钱雪松,彭颖.社会责任监管制度与企业环境信息披露:来自《社会责任指引》的经验证据[J].改革,2018(10):139-149.

权小锋,陆正飞.投资者关系管理影响审计师决策吗[J].会计研究,2016(2):73-80.

权小锋,吴世农,尹洪英.企业社会责任与股价崩盘风险:"价值利器"或"自利工具"[J].经济研究,2015(11):49-64.

权小锋,徐星美,许荣.社会责任强制披露下管理层机会主义行为考察——基于

A 股上市公司的经验证据[J].管理科学学报,2018(12):95-110.

申慧慧,吴联生,肖泽忠.环境不确定性与审计意见:基于股权结构的考察[J].
会计研究,2010(12):57-64.

沈洪涛,陈涛,黄楠.身不由己还是心甘情愿:社会责任报告鉴证决策的事件史
分析[J].会计研究,2016(3):79-86,96.

沈洪涛,冯杰.舆论监督、政府监管与企业环境信息披露[J].会计研究,2012
(2):72-78.

沈洪涛,黄珍,郭肪汝.告白还是变白——企业环境表现与环境信息披露关系研
究[J].南开管理评论,2014(2):56-63.

沈洪涛,李余晓璐.我国重污染行业上市公司环境信息披露现状分析[J].证券
市场导报,2010(6):51-57.

沈洪涛,刘江宏.国外企业环境信息披露的特征、动因和作用[J].中国人口、资
源与环境,2010(1):76-80.

沈洪涛,苏德亮.企业信息披露中的模仿行为研究——基于制度理论的分析
[J].南开管理评论,2012(3):82-90,100.

沈洪涛,王立彦,万拓.社会责任报告及鉴证能否传递有效信号?——基于企业
声誉理论的分析[J].审计研究,2011(4):87-93.

沈洪涛,杨熠,吴奕彬.合规性、公司治理与社会责任信息披露[J].中国会计评
论,2010a(3):363-376.

沈洪涛,游家兴,刘江宏.再融资环保核查、环境信息披露与权益资本成本[J].
金融研究,2010b(12):159-172.

沈艳,蔡剑.企业社会责任意识与企业融资关系研究[J].金融研究,2009,(12):
127-135.

沈永健,徐巍,蒋德权.信贷管制、隐性契约与贷款利率变相市场化——现象与
解释[J].金融研究,2018(7):49-66.

史贝贝,冯晨,康蓉.环境信息披露与外商直接投资结构优化[J].中国工业经
济,2019(4):98-116.

舒利敏,张俊瑞.环境信息披露对银行信贷期限决策的影响——来自沪市重污
染行业上市公司的经验证据[J].求索,2014(6):45-51.

斯科特·W.理查德.制度与组织:思想观念与物质利益(第 3 版)[M].姚伟,王

黎芳,译.北京:中国人民大学出版社,2010.

宋建波,李丹妮.企业环境责任与环境绩效理论研究及实践启示[J].中国人民大学学报,2013(3):80-86.

孙蔓莉.论上市公司信息披露中的印象管理行为[J].会计研究,2004(3):40-45.

孙兴华,王兆蕊.绿色会计的计量与报告研究[J].会计研究,2002(3):54-57.

谭志东,张学慧,谭建华.环保督察与环保投资:基于中介效应的路径分析[J].统计与决策,2021(16):167-170.

汤谷良,栾志乾.非财务信息披露、管控能力和企业业绩[J].北京工商大学学报(社会科学版),2015(5):4-14.

汤亚莉,陈自力,刘星,等.我国上市公司环境信息披露状况及影响因素的实证研究[J].管理世界,2006(1):158-159.

唐国平,刘忠全.《中华人民共和国环境保护税法》对企业环境信息披露质量的影响——基于湖北省上市公司的经验证据[J].湖北大学学报(哲学社会科学版),2019(1):150-157.

王成利.环境会计:要素界定、成本核算与信息披露——环境会计基本理论回顾与展望[J].山东社会科学,2017(7):145-150.

王鸿儒,陈思丞,孟天广.高管公职经历、中央环保督察与企业环境绩效——基于A省企业层级数据的实证分析[J].公共管理学报,2021(1):114-125.

王惠娜.自愿性环境政策工具在中国情境下能否有效[J].中国人口、资源与环境,2010(9):89-94.

王建明.环境信息披露、行业差异和外部制度压力相关性研究——来自我国沪市上市公司环境信息披露的经验证据[J].会计研究,2008(6):54-62,95.

王疆,陈俊甫.组织间模仿能够解释IPO企业的承销商选择行为吗——基于新制度理论和组织学习理论的分析[J].商业经济与管理,2015(11):44-53.

王杰琼,黄楠,尚文秀,等.环境绩效研究:文献综述与研究展望[J].科学决策,2013(2):81-94.

王开田,蒋琰,高三元.政策制度、企业特征及社会责任信息披露——基于降低融资成本的研究视角[J].产业经济研究,2016(6):77-88,99.

王垒,曲晶,刘新民.异质机构投资者投资组合、环境信息披露与企业价值[J].管理科学,2019(4):31-47.

王立彦,杨松.环境事项影响财务信息的审计问题——解读国际性标准和审计意见[J].审计研究,2003(5):16-21.

王立彦,尹春艳,李维刚.关于企业家环境观念及环境管理的调查分析[J].经济科学,1997(4):35-40.

王立彦,尹春艳,李维刚.我国企业环境会计实务调查分析[J].会计研究,1998(8):19-25.

王岭,刘相锋,熊艳.中央环保督察与空气污染治理——基于地级城市微观面板数据的实证分析[J].中国工业经济,2019(10):5-22.

王霞,徐晓东,王宸.公共压力、社会声誉、内部治理与企业环境信息披露——来自中国制造业上市公司的证据[J].南开管理评论,2013(2):82-91.

王欣,郑若娟,马丹丹.企业漂绿行为曝光的资本市场惩戒效应研究[J].经济管理,2015(11):176-187.

危平,曾高峰.环境信息披露、分析师关注与股价同步性——基于强环境敏感型行业的分析[J].上海财经大学学报,2018(2):39-58.

吴德军.责任指数、公司性质与环境信息披露[J].中南财经政法大学学报,2011(5):49-54.

吴红军,刘啟仁,吴世农.公司环保信息披露与融资约束[J].世界经济,2017(5):124-147.

吴红军.环境信息披露、环境绩效与权益资本成本[J].厦门大学学报(哲学社会科学版),2014(3):129-138.

吴联生.审计意见购买:行为特征与监管策略[J].经济研究,2005(7):66-76.

伍利娜.审计定价影响因素研究——来自中国上市公司首次披露审计费用的证据[J].中国会计评论,2003(1):113-128.

武恒光,王守海.债券市场参与者关注公司环境信息吗?——来自中国重污染上市公司的经验证据[J].会计研究,2016(9):68-74.

肖红军,张俊生,李伟阳.企业伪社会责任行为研究[J].中国工业经济,2013(6):109-121.

肖华,李建发,张国清.制度压力、组织应对策略与环境信息披露[J].厦门大学学报(哲学社会科学版),2013(3):33-40.

肖华,张国清,李建发.制度压力、高管特征与公司环境信息披露[J].经济管理,

2016(3):168-180.

肖华,张国清.公共压力与公司环境信息披露——基于"松花江事件"的经验研究[J].会计研究,2008(5):15-22,95.

肖序.建立环境会计的探讨[J].会计研究,2003(11):31-33,43.

辛清泉,谭伟强.市场化改革、企业业绩与国有企业经理薪酬[J].经济研究,2009(11):68-81.

刑立全,陈汉文.产品市场竞争、竞争地位与审计收费——基于代理成本与经营风险的双重考量[J].审计研究,2013(3):50-58.

徐细雄,李摇琴.社会责任报告审计能否提升 CSR 信息披露质量——来自我国上市公司的经验证据[J].审计与经济研究,2016(5):46-56.

徐玉德,李挺伟,洪金明.制度环境、信息披露质量与银行债务融资约束[J].财贸经济,2011(5):51-57.

许家林,蔡传里.中国环境会计研究回顾与展望[J].会计研究,2004(4):87-92.

严伟.演化经济学视角下的旅游产业融合机理研究[J].社会科学家,2014(10):97-101.

杨波.消费品市场漂绿问题及治理[M].北京:社会科学文献出版社,2014.

杨汉明,吴丹红.企业社会责任信息披露的制度动因及路径选择——基于制度"同形"的分析框架[J].中南财经政法大学学报,2015(1):55-62,159.

杨雄胜.内部控制理论研究新视野[J].会计研究,2005(7):49-54,97.

姚圣,杨洁,梁昊天.地理位置、环境规制空间异质性与环境信息选择性披露[J].管理评论,2016(6):192-204.

叶陈刚,王孜,武剑锋,等.外部治理、环境信息披露与股权融资成本[J].南开管理评论,2015(5):85-96.

余明桂,李文贵,潘红波.民营化、产权保护与企业风险承担[J].经济研究,2013(9):112-124.

郁建兴,刘殷东.纵向政府间关系中的督察制度:以中央环保督察为研究对象[J].学术月刊,2020(7):69-80.

苑春荟,燕阳.中央环保督察:压力型环境治理模式的自我调适——一项基于内容分析法的案例研究[J].治理研究,2020(1):57-68.

张彩江,孙东川.WSR 方法论的一些概念和认识[J].系统工程,2001(6):1-8.

张国清,肖华.高管特征与公司环境信息披露——基于制度理论的经验研究 [J].厦门大学学报(哲学社会科学版),2016(4):84-95.

张国兴,林伟纯,郎玫.中央环保督察下的地方环境治理行为发生机制——基于 30个案例的 fsQCA 分析[J].管理评论,2021(7):326-336.

张俊瑞,余思佳,程子健.大股东质押会影响审计师决策吗——基于审计费用与 审计意见的证据[J].审计研究,2017(3):65-73.

张凌云,齐晔,毛显强,等.从量考到质考:政府环保考核转型分析[J].中国人 口、资源与环境,2018(10):105-111.

张敏,董丽静,许浩然.社会网络与企业风险承担——基于我国上市公司的经验 证据[J].管理世界,2015(11):161-175.

张秀敏,汪瑾,薛宇,等.语义分析方法在企业环境信息披露研究中的应用[J]. 会计研究,2016(1):87-94,96.

张秀敏,杨连星.环境信息披露的评价与监管研究——基于中国上市企业经验 数据分析与相关政策建议[M].北京:科学出版社,2016.

张彦,关民.企业环境信息披露的外部影响因素实证研究[J].中国人口、资源与 环境,2009(6):103-106.

张长江,施宇宁,张龙平.绿色文化、环境绩效与企业环境绩效信息披露[J].财 经论丛,2019(6):83-93.

张正勇,邓博夫.社会责任报告鉴证会降低企业权益资本成本吗[J].审计研究, 2017(1):98-112.

赵海峰,李世媛,巫昭伟.中央环保督察对制造业企业转型升级的影响——基于 市场化进程的中介效应检验[J].管理评论,2022(6):3-14.

赵晓丽,赵越,王玫.演化经济学视角下的环境管制政策与企业竞争力[J].管理 学报,2013(4):602-611.

赵萱,张列柯,郑开放.企业环境责任信息披露制度绩效及其影响因素实证研究 [J].西南大学学报(社会科学版),2015(3):64-74,190.

赵颖,马连福.海外企业社会责任信息披露研究综述及启示[J].证券市场导报, 2007(8):14-22.

郑思尧,孟天广.环境治理的信息政治学:中央环保督察如何驱动公众参与[J]. 经济社会体制比较,2021(1):80-92.

郑新业,李芳华,李夕璐,等.水价提升是有效的政策工具吗[J].管理世界,2012(4):45-59,69.

周开国,应千伟,钟畅.媒体监督能够起到外部治理的作用吗——来自中国上市公司违规的证据[J].金融研究,2016(6):193-206.

周楷唐,麻志明,吴联生.高管学术经历与公司债务融资成本[J].经济研究,2017(7):169-183.

周黎安.中国地方官员的晋升锦标赛模式研究[J].经济研究,2007(7):36-50.

周晓博,马天明.基于国家治理视角的中央环保督察有效性研究[J].当代财经,2020(2):27-39.

朱炜,孙雨兴,汤倩.实质性披露还是选择性披露:企业环境表现对环境信息披露质量的影响[J].会计研究,2019,(3):10-17.